新编五笔字型标准教程

五笔教学研究组　编著

本书从电脑基础知识讲起，全面系统地介绍了指法练习、86 版和 98 版五笔字型输入法，是一本指导读者学习五笔字型输入法的培训教程。全书层次分明、内容丰富、语言通俗，并通过图解和实例详细叙述了五笔字型输入法及相关内容，可以帮助读者以最高的效率，快速掌握五笔字型输入法。

本书非常适合作为五笔字型培训班的教材，也可作为五笔字型初学者的自学用书。

图书在版编目（CIP）数据

新编五笔字型标准教程 / 五笔教学研究组编著. —2 版. —北京：机械工业出版社，2008.3

（超级五笔训练营）

ISBN 978-7-111-23691-7

Ⅰ. 新… Ⅱ. 五… Ⅲ. 汉字编码，五笔字型-教材 Ⅳ. TP391.14

中国版本图书馆 CIP 数据核字（2008）第 032419 号

机械工业出版社（北京市百万庄大街 22 号　邮政编码 100037）

责任编辑：孙　业

责任印制：李　妍

保定市中画美凯印刷有限公司印刷

2008 年 4 月 • 第 2 版第 1 次印刷

184 mm×260 mm • 12 印张 • 292 千字

标准书号：ISBN 978-7-111-23691-7

ISBN 978-7-89482-606-0（光盘）

定价：28.00 元（含 1CD+训练卡+键盘贴）

凡购本书，如有缺页、倒页、脱页，由本社发行部调换

销售服务热线电话：（010）68326294

购书热线电话：（010）88379639　88379641　88379643

编辑热线电话：（010）88379753　88379739

前 言

随着现代科学技术的高速发展，电脑的应用已经渗透到人类社会生产和生活的各个领域。在社会优胜劣汰的无情竞争中，掌握电脑的应用已经成为各行各业工作人员的基本要求之一，而掌握一种快速的汉字输入法能帮助你更好地使用各种汉字处理系统，在竞争中赢得先机。

五笔字型以86版五笔字型为代表，在国内拥有最为庞大的用户群。为了使读者更好地学习和掌握五笔字型输入法，同时为满足各类电脑培训班的需要，我们编写了这本书。

本书是在2002年由机械工业出版社出版的《新编五笔字型教程》的基础上重新改编而成的。《新编五笔字型教程》自出版以来，收到了大量的读者来信，很多读者提出了很有价值的意见和建议，编者把读者的反馈意见综合起来，并且总结近段时间的教学经验，对《新编五笔字型教程》内容进行了修改。这本《新编五笔字型教程》属于“超级五笔训练营”丛书中的一本，书中内容更加准确，结构更加完整，实用性技巧性更强，不仅适用于电脑培训班教学并可满足初学电脑的广大读者需要。在此感谢广大热心读者的积极交流，也感谢他们无私地提供了很多好的经验和方法。

本书除了为初学者简单地介绍了电脑基础知识，通过指法练习及训练，使读者能养成良好的打字姿势和打字习惯，能熟练地进行英文录入，为中文的录入打下坚实的基础。全书系统、全面地讲述了五笔字型的使用方法，还结合读者在实际应用中常遇到的问题，提出了解决方法。第1～8章介绍了86版五笔字型，第9章介绍了98版五笔字型，附录中给出了五笔字型86版字根及编码字典，以方便读者的查阅，本书还增加了练习题的量，书中的练习可以帮助读者以最快的速度掌握五笔字型输入法。

编者本着指引读者准确、快速、顺利掌握五笔字型输入法这一目的编写了本书。书中的内容由浅入深、循序渐进、条理清楚、可操作性强，是初学者的良师益友。本书非常适合作为五笔培训班教材，也可以作为五笔初学者的自学用书。

参加本书编写工作的有杜吉祥、郭浩、李发松、杨文、孙长虹、陈锦辉、张坤、陈金凤、张幸淑、刘尚武、张慧敏、吕俊、孙丹阳、陈香等。由于作者水平有限，错漏之处在所难免，恳请广大读者批评指正。

编 者

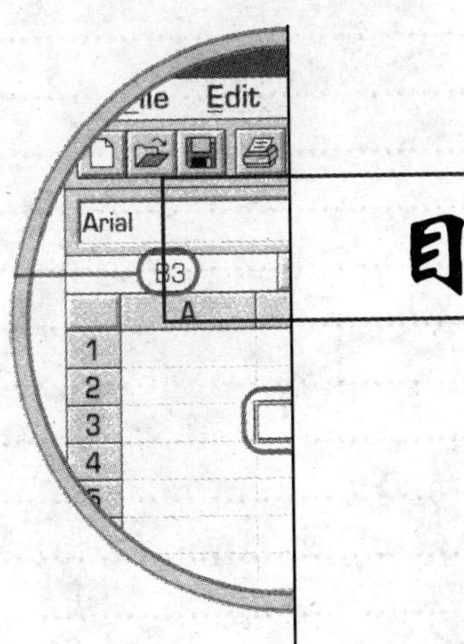

目录

CONTENTS

电脑基础知识

计算机是一种能自动、高速、精确完成大量算术运算、逻辑运算和信息处理的电子设备，是本世纪最重大的发明成就之一。它的问世标志着人类文明已经进入到一个崭新的历史阶段。50 多年来，计算机几乎渗透到人类社会的各个领域，越来越多地代替了人脑的一些功能，因此人们称其为“电脑”。计算机技术的应用不仅直接创造了社会财富，而且也改变了人类的思维和行为，使人类社会进入了信息时代。

学习流程

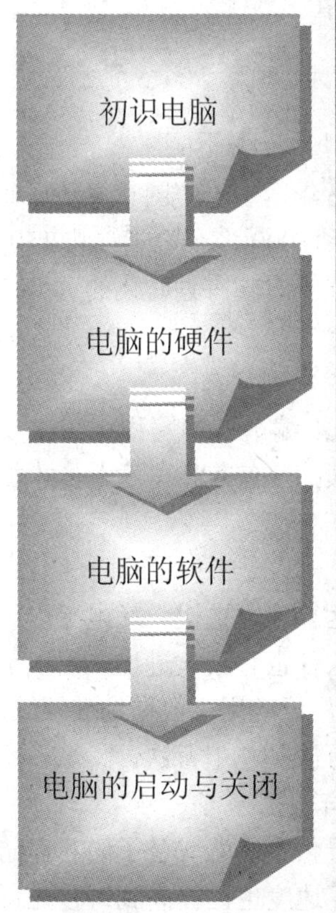

1.1 初识电脑

要想学会使用电脑，首先要对电脑有一个简单的认识，然后才能由浅入深地学习并掌握它。以下内容是电脑的一些基础知识。

1.1.1 什么是电脑

目前办公和家庭使用的电脑大都属于PC机（又叫个人电脑），一般由主机和各种外围设备组成，常用的外围设备有键盘、鼠标、显示器、打印机等。微型计算机可分为台式电脑、笔记本电脑和掌上电脑3种，如图1-1所示。

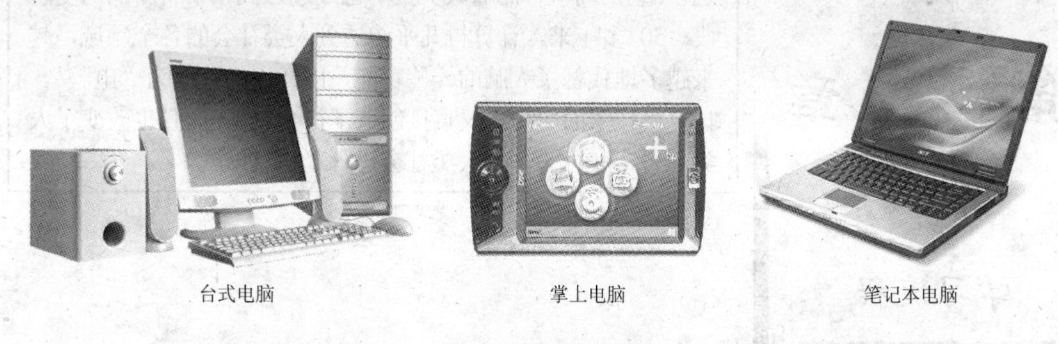

图1-1　电脑的外形

1.1.2 电脑发展的几个阶段

世界上第一台电子计算机是美国出于军事需要而研制的，1946年诞生于美国宾夕法尼亚大学，取名为ENIAC。它有两间房子那么大，重30余吨，使用了18000多个电子管和1500多个继电器。虽然ENIAC每秒只能执行5000次加法运算，但是在当时却有划时代的意义。根据电脑所使用的主要元器件，可将电脑的发展分为4个阶段。

1．第1代——电子管电脑时期（1946～1957年）

电子管电脑采用电子管作为运算和逻辑元件，用机器语言和汇编语言编写程序，主要用于科学和工程计算。那时的电脑体积庞大，价格昂贵，操作繁琐，只有专业技术人员才能使用。

2．第2代——晶体管电脑时期（1957～1964年）

用晶体管作为运算和逻辑元件使电脑的体积大大缩小，而且运算速度更快，耗电更少，寿命更长。晶体管电脑使用磁芯和磁盘作为存储设备，所运行的软件也有很大进步，出现了操作系统和高级程序设计语言。电脑不仅用来进行科学计算而且还广泛应用于数据处理领域，同时开始用于控制生产过程。第2代电脑的运算速度可达每秒几万次到几十万次。

3．第3代——中、小规模集成电路电脑时期（1965～1970年）

第3代电脑的运算和逻辑电路采用更为先进的集成电路；半导体存储器代替了磁芯存储器；电脑体积明显减小；软件更加丰富，而且功能日趋成熟；运算速度也已提高到每秒几百万次。这一时期，电脑的应用已深入到许多领域，并已发展成为一个大产业。

4. 第4代——大规模集成电路电脑时期（1971年以后）

以大规模集成电路和超大规模集成电路为主要功能部件的第4代电脑的性能进一步提高，出现了许多不同类型的大、中、小型电脑以及功能强劲的巨型机。特别是20世纪80年代出现的微型电脑，大大推动了电脑的普及，使电脑走出实验室，成为人人都离不开的工具。从20世纪90年代以来，电脑网络的发展更使电脑成为信息处理的核心。

1.1.3 电脑的分类

根据电脑在信息处理系统中的地位与作用，大致可以分为五大类。

1. 巨型电脑

巨型电脑也称为超级电脑，它采用大规模并行处理的体系结构，有数以百计、千计的处理器，运算能力极强，在军事、科研、气象、石油勘探等数据和运算量极大的领域里有着广泛的应用。我国的银河系列机和曾于1997年打败国际象棋世界冠军卡斯帕罗夫的电脑“深蓝”都是巨型机。

2. 大型电脑

大型电脑是指运算速度快、处理能力强、存储容量大、功能完善的一类电脑。它的软、硬件规模较大，价格高。大型机多采用对称多处理器结构，有数十个处理器，在系统中起着核心作用，承担主服务器的功能。

3. 小型电脑

小型电脑是60年代开始出现的一种供部门使用的电脑，以DEC公司的VAX系列机和IBM公司的AS/400为代表，曾在学校、企业等单位广泛使用。近年来，小型机正逐步为高性能的服务器所取代。

4. 工作站

工作站是指用于工程与产品设计的一类具有高速运算能力和强大图形处理功能的电脑。工作站体积小、功能强，有很好的网络通信能力，是工业设计的得力助手。

5. 个人电脑

个人电脑又叫PC机或微型电脑，是日常生活中使用最为普遍的电脑。个人电脑操作简便，非常适合办公和家庭使用，是人们进行信息处理的重要工具。本书介绍的就是个人电脑的基本知识和使用方法。

1.1.4 电脑的特点

电脑主要以电子器件为基本部件，内部数据采用二进制编码表示，工作原理采用“存储程序”原理，具有运算速度快、精确度高、存储容量大、记忆能力强，而且有逻辑运算功能、自动控制能力和通用性等特点。

1.2 电脑的硬件和软件

通常我们把组成电脑系统的所有机器设备称为硬件；那些为运行、维护管理和应用电脑所编制的所有程序和数据则称为软件。硬件是看得见、摸得着的物体；软件则是无形的，这就好像录音机和音乐的关系：录音机和磁带是硬件，它们所播放的音乐可以看作软件。硬件和软件是相辅相成的，硬件需要软件才能工作，软件的功能发挥也必须建立在硬件的基础之上。硬件好比是电脑的躯体，软件则是电脑的灵魂。二者协同工作，电脑的功能才能够得到充分的发挥。

1.2.1 电脑的硬件组成

电脑的种类繁多，形态各异，外形和用途千差万别，但是它们都具有相似的基本体系结构和工作原理。1945 年，美国科学家冯·诺依曼提出了电脑基本体系结构：电脑由运算器、控制器、存储器、输入设备和输出设备 5 部分组成；程序和数据采用二进制，并且都存放于存储器中，程序按预定顺序执行；所有的操作都要经过运算器处理。大部分电脑系统仍然沿用这种体系结构。冯·诺依曼因而被称为“电脑之父”。

根据冯·诺依曼结构，电脑各部分的组成和工作原理如图 1-2 所示。

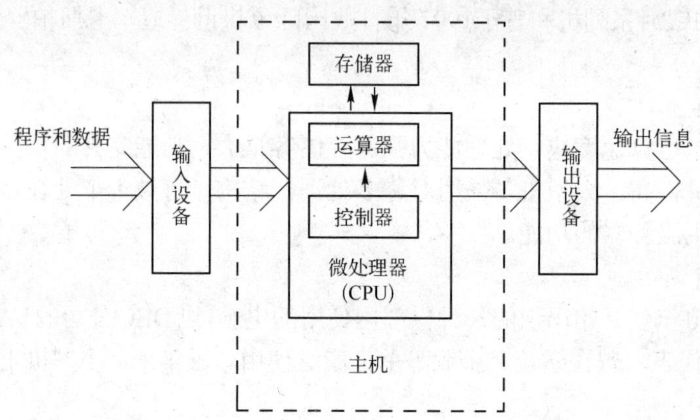

图 1-2 电脑的基本组成框图

1．运算器和控制器

运算器负责数据的算术运算和逻辑运算，是处理数据的部件；控制器负责调度指挥电脑各部分协调工作。运算器和控制器组成了电脑的中央处理单元（Central Processing Unit，简称 CPU）。CPU 往往采用大规模集成电路技术将成千上万的电子器件安置在一块半导体芯片上，这样可以使电脑的结构更加紧凑。CPU 是电脑的控制与运算部件，相当于电脑的大脑，它的性能直接决定了电脑的性能。CPU 也被称为微处理器。

2．存储器

存储器是电脑的记忆部件，所有的数据和信息都存放在存储器中。我们常把向存储器存入数据的过程称为“写入”；从存储器中取出数据的过程称为“读出”。存储器分为内存储器和外存储器两部分。

（1）内存储器简称内存，CPU 所处理的数据都是从内存里读出的，运算结果也是写入内存的，因此内存也被称作主存。内存一般是用半导体器件制成，运算速度较快。内存可分为只读存储器和随机存储器。

只读存储器（Read Only Memory，简称 ROM）只能读出而不能写入，因此，ROM 里的内容是不能改变的。无论电脑有没有通电都不会改变 ROM 里存储的信息。ROM 用来保存电脑启动所必需的基本数据，如自检和初始化程序、系统信息等。

随机存储器（Random Access Memory，简称 RAM）在电脑工作时可以随时读出所存放的数据，也可以随时写入新的内容或修改已经存在的内容。电脑关机或断电后，RAM里的内容会全部丢失。RAM 的容量和运行速度对电脑的整体性能也有很大的影响，因此，RAM 的容量是电脑的一个重要性能指标。

（2）外存储器简称为外存，用来存储电脑所用的程序和数据。外存储器容量很大，价格低廉，但存取速度较慢。由于RAM里的信息在关机以后会全部丢失，所以必须使用外存来存储数据，使用时再调入主存运行。因此外存也被称为“辅存”。常用的外存储器有软磁盘、硬磁盘、光盘等。

3．输入设备和输出设备

“输入”是指把信息送入电脑的过程，输入设备是用来向电脑输入信息的部件；“输出”是从电脑送出信息的过程，输出设备是用来把电脑的运算结果和其他信息向外部输出的部件。输入和输出设备是电脑与外界（人或其他电脑）进行联系和沟通的桥梁，用户只有通过输入和输出设备才能与电脑进行对话。常用的输入设备有键盘、鼠标、扫描仪、数码相机等，常用的输出设备有显示器、打印机、音箱等。

现在已进入网络信息时代，电脑已经可以用网络来进行信息交换。用网络交换信息也就要求有相应的硬件设备，例如网卡、调制解调器、网络服务器等。

1.2.2 电脑的硬件简介

1．电脑的外设

现在，电脑的外观越来越多样化。但不管如何，肯定会有 3 种最基本的硬件，即主机、显示器和键盘，其他常见的设备还有鼠标、音箱、打印机、扫描仪、麦克风等。图 1-3 所示是两款新型电脑的外形。

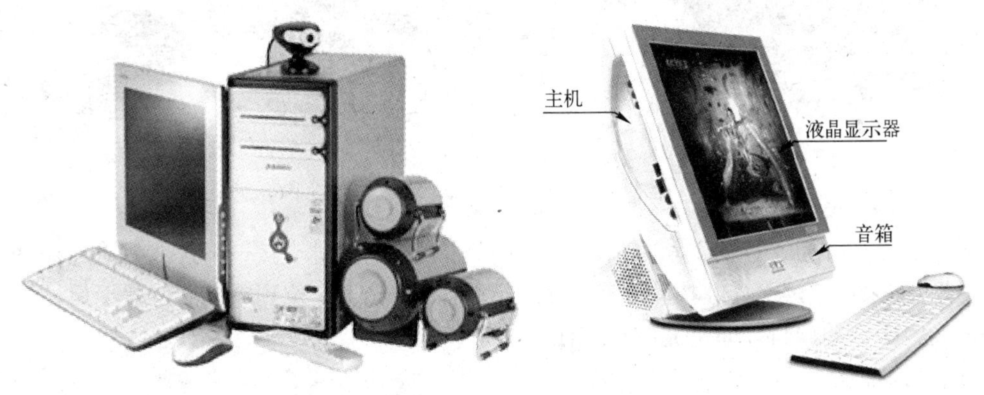

图 1-3 两款电脑的各个组成部分

读者可能还见到电脑上连接着一些别的设备，比如打印机、扫描仪、调制解调器等，这些设备能使电脑做更多的事情，例如，扫描图片、上网等。

（1）显示器

显示器又称监视器（Monitor），是电脑的输出设备，它能将电脑中的信息和电脑处理工作的结果显示给用户。显示器分为 CRT（阴极射线管）显示器和 LCD（液晶）显示器两种，其外观如图 1-4 所示。

CRT显示器

LCD显示器

图 1-4　显示器

（2）键盘

键盘是人和电脑进行沟通的一种输入设备，其外形如图 1-5 所示。键盘可以把各种命令、字母和数字、符号键等组成的信息输入电脑。

（3）鼠标

鼠标是一种使用很“灵活”的输入设备，有 2～3 个按键。因其有一根长电缆与主机相连，形状像一只小老鼠而被人们形象地称为鼠标。目前市场上还有一种无线光电鼠标。鼠标外观如图 1-6 所示。

图 1-5　键盘

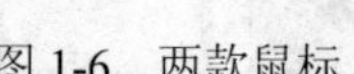
图 1-6　两款鼠标

鼠标的操作分为“移动”和“按键”两种：在鼠标的按键上按一下，然后迅速松开，叫“单击”；如果在按键上连续按动两次，叫“双击”。把光标定位到需要的位置上后，再按动按键来确定所选的项目，即可完成指定任务。

（4）扫描仪

扫描仪是用来把图形或文字输入到电脑里的一种设备。我们可以把照片通过扫描仪输入电脑，然后再进行修改和处理。图 1-7 所示是一款扫描仪的外形图。

（5）打印机

打印机是将文字或图形输出到纸上的设备，可分为击打式和非击打式两大类。常见的针式打印机属于击打式，而喷墨打印机和激光打印机属于非击打式，后二种打印机如图 1-8 所示。

图 1-7　扫描仪

喷墨打印机

激光打印机

图 1-8　打印机

（6）数码相机

我们能将数码相机采集到的图像直接存储并且输出到电脑上，利用软件（如 PhotoShop）进行编辑加工，然后用打印机打印输出。数码相机由于有方便、快捷、拍照片成本低等优点，越来越受到人们的青睐，应用也越来越广泛。图 1-9 所示为二种数码相机的外形图。

图 1-9　数码相机

（7）音箱

音箱是计算机的发音设备，如图 1-10 所示。

图 1-10　各种音箱

（8）优盘

优盘（如图 1-11 所示）又称闪盘，较之于 1.44 MB 容量的软盘，优盘具有极大的优势：具有防磁、防振、防潮的特点；其性能优良，大大加强了数据的安全性；优盘可重复使用，性能稳定，可反复擦写达100 万次，数据至少可保存10 年；其传输速度快，是普通软盘的数十倍；外观更是小巧时尚，轻便耐用。另外，有的 MP3 机也可以当优盘用。

由于优盘具有热插拔功能，无需驱动器，即插即用。现在几乎所有的计算机主板都提供了USB接口，如图 1-12 所示。随着价格的不断走低，优盘已成为目前最流行的移动存储器。

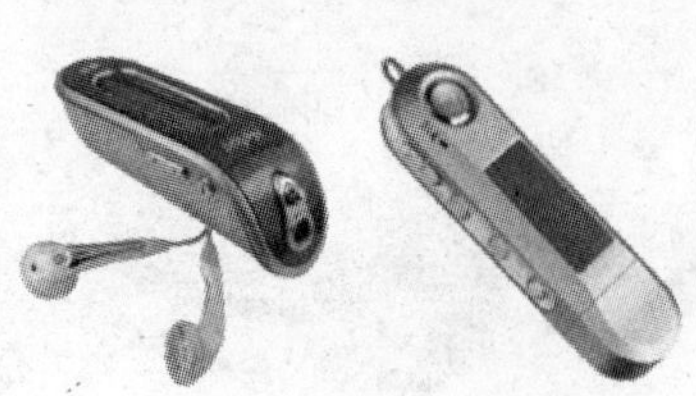

图 1-11　优盘

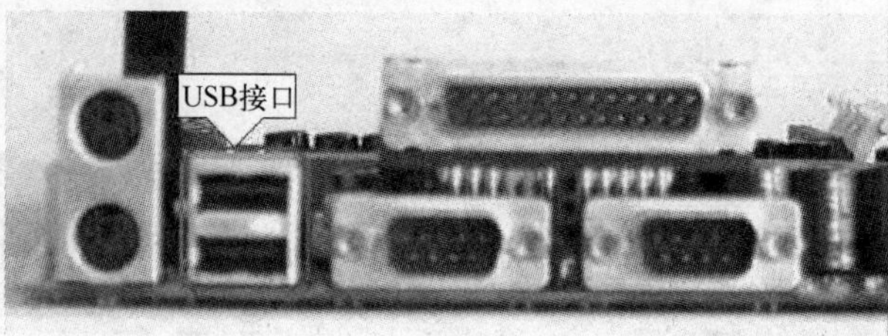

图 1-12　USB 接口

（9）连接电脑的外设

安装完计算机内部，接下来就可把刚才介绍这些电脑外设与主机后面的各种接口相连接，如图 1-13 所示。如果是有螺钉的接口应将螺钉拧紧。用户安装时需要注意不管何种情况下，一定要在插接硬件设备前断电。接网线和电话线的接口是供用户上网使用的。

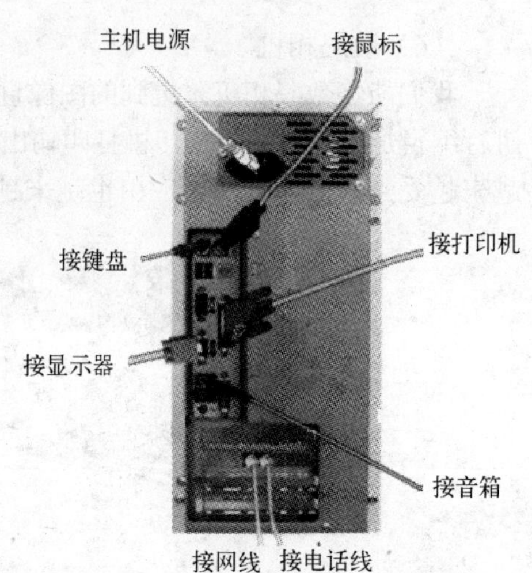

图 1-13　主机与常见设备的连接

2．电脑主机的内部组成

主机内部的部件是电脑的核心部分，如图 1-14 所示。它包括：主板、CPU、内存、显卡、声卡、硬盘驱动器（HDD）、软盘驱动器（FDD）、光盘驱动器（CD–ROM）、电源等。其中，CPU（中央处理器）是电脑的“心脏”，大家常听说的奔腾 4、酷睿等就是 CPU 的不同型号。

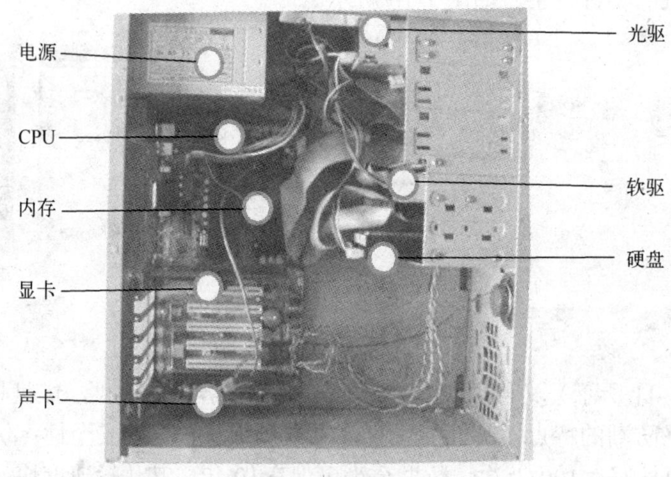

图 1-14　电脑的内部结构

（1）主板

主板又称系统板、母板，是位于主机箱底部的一块大型印制电路板，如图 1-15 所示。

图 1-15 主板外形图

主板是主机的核心部件，从图 1-15 中可以看到，主板上有许多插槽，是用来插网卡、声卡、显卡、内存等，另外一些数据线也插在主板上。目前，电脑的大部分部件都集成在主板上的。

主板上有许多接口，有电源接口、键盘接口、PC 扬声器接口、电源指示灯接口、硬盘锁接口、RESET 按钮接口、内部电池接口等。

（2）中央处理器（CPU）

微处理器就是人们常说的CPU（Central Processing Unit），也称中央处理器，如图 1-16 所示。因为CPU 是计算机解释和执行指令的部件，它控制整个计算机系统的操作。因此人们形象地称CPU 是计算机的心脏或称之为计算机的大脑。CPU 主要包括运算器、控制器和寄存器三部分。

CPU 通过 CPU 插座与主板相连。CPU 插座主要有两类：一种是插拔式，需要借助工具进行插拔，否则容易弄坏 CPU 的插针；另一种是称为 ZIF（Zero Insertion Force）的插座，它安装简单省力，可以很容易地插上和拔下 CPU，且不用借助工具。拉起它的手柄，就可以毫不费力地安装或拆除 CPU；按下手柄，CPU 就可以被牢牢到固定在主板上面，如图 1-17 所示。

图 1-16 CPU

图 1-17 CPU 插座

（3）内存

我们通常说的内存是指 RAM（Random Access Memory），即随机存储器。它的特点是：当计算机运行时，随时可以读里面的信息，也可以随时往里面写入新的信息。但是一旦断电，里面的信息就将全部丢失。如图 1-18 所示。

内存按照物理性质分为 ROM 和 RAM 两种。ROM（Read Only Memory）即只读存储器。它的特点是：只能读取不能写入。一般用于一些不允许修改的数据或资料的保存空间。

内存通过内存插槽与主板相连，如图 1-19 所示。现在的主板大多数是 DDR 插槽，而以前的主板上一般都是提供 168 线的 DIMM 槽，用来安装 SDRAM——同步动态内存。

图 1-18　内存

图 1-19　内存插槽

（4）硬盘

硬盘是电脑的外部存储器，它被安装在主机箱内部。硬盘的容量很大，计算机所有信息都是存放在硬盘上的。常用的硬盘容量有60 GB、80 GB 等。平时各种程序和软件都存储在硬盘上，电脑工作时，硬盘上的信息被调入到内存使用。硬盘如图 1-20 所示。

（5）显卡

主板要把控制信号传送到显示器，并将数码信号转变为图像信号，就需要在主板和显示器之间安装一个中间通信连接件，这就是显示适配器，简称为显示卡，如图1-21 所示。显示卡分辨率越高，显示的图形越逼真。

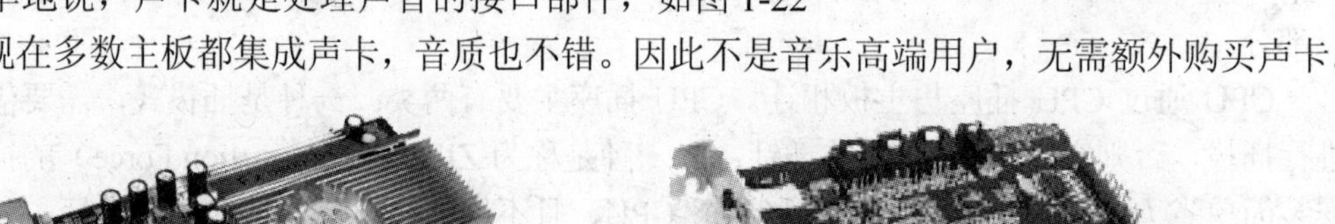

图 1-20　硬盘

（6）声卡

简单地说，声卡就是处理声音的接口部件，如图 1-22 所示。现在多数主板都集成声卡，音质也不错。因此不是音乐高端用户，无需额外购买声卡。

图 1-21　显示卡

图 1-22　声卡

（7）调制解调器（Modem）

调制解调器是拨号上网的必备工具，能让电脑通过常用的电话线和Internet相连。在发送端，调制解调器把电脑的数字信号转化成模拟信号，然后通过电话线输送出去。在接收端，调制解调器解调模拟信号，把它转换成数字信号，再输送给另一台电脑。随着宽带网的兴起，

目前又出现各种宽带上网的 Modem。如图 1-23 所示为常见的 Modem。

图 1-23 Modem 的外观

（8）光盘和光盘驱动器

我们所称的光盘是只读光盘存储器，其突出优点是存储量大，小巧轻便，便于携带。光盘的外形与小唱盘一样，如图1-24 所示，它表面涂有一层极薄的保护膜，面上的数据是用专门的激光设备刻写的，容量可达 700 MB，DVD 的容量光盘可以达到几个 GB。

光盘的类型主要有：只读型光盘、一次写入型光盘与可擦除型光盘。我们使用最多的是只读型光盘。

光驱大部分都是内置式的，它在机箱的前面，像一个小抽屉，如图 1-25 所示，当光驱托盘弹出时，可以放进或取出光盘。近年来出现的刻录机（CD-R/RW）和DVD 驱动器，也可归纳为光驱类产品。

图 1-24 光盘

图 1-25 光驱

（9）机箱和电源

机箱是电脑的外壳，也就是我们常看到的主机箱，用于安装电脑系统的所有部件，随着电脑技术的进步，机箱也具备越来越多的功能，如图 1-26 所示。

电源的外形是一个方箱，一般安装在主机箱的后部，如图1-27 所示。电源主要是用来将 220 V 交流电转变为计算机所用的±5 V 和±12 V 直流电，供计算机主机内的主板、软驱、硬盘、光驱等使用。

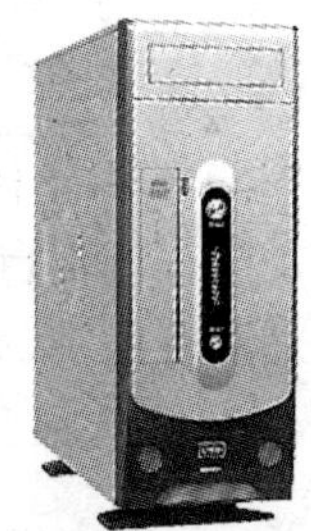

图 1-26 机箱

图 1-27 电源

3．电脑的存储硬件

电脑不仅能在用户控制下完成许多工作，还能为用户长期存储大量的信息。电脑是通过一些存储部件来保存这些信息的，常见的存储部件有：内存条、硬盘、软盘、光盘。

电脑存放信息的基本单位为“字节”（B），一个字节能存放一个英文字母。电脑存储信息的单位还有千字节（KB）、兆字节（MB）、吉字节（GB），具体的换算关系如下：

1 KB=1024 B　1 MB=1024 KB　1 GB=1024 MB

1.2.3　电脑的软件

用户使用电脑就是在使用许多不同类型的电脑软件。用户只有通过软件才能与电脑进行交流，指挥电脑来完成各种工作。电脑软件可分为系统软件和应用软件两大类。

1．系统软件

系统软件是用来管理、维护电脑的程序，是电脑系统必备的软件。系统软件可分为操作系统、工具软件和编程语言 3 种。

1）操作系统是直接和电脑硬件打交道的程序，是所有其他软件的基础。操作系统是管理电脑的助手，通过操作系统，可以管理电脑的资源进行工作，Windows，Linux 等就属于操作系统。

2）工具软件又叫实用程序，它可以执行一些专门的功能，例如检查电脑的故障等。

3）编程语言是用来编制电脑程序的软件。我们可用编程语言编写电脑程序，例如C语言就是一种编程语言。

2．应用软件

应用软件是为了解决实际问题而编写的电脑程序。应用软件是根据用户的需要而编制的，例如，想用电脑来写文章，就需要使用像 WPS，Word 这样的文字处理软件，还要用到五笔字型或智能 ABC 这样的输入法软件；如果想用电脑查单词，就可以使用“金山词霸”。电脑的应用软件有许多种，常见的有各种学习软件、游戏软件、影视播放软件等。

1.3　电脑的启动与关闭

1.3.1　启动电脑

电脑的启动是指给电脑通电，使它进入工作状态。电脑有 3 种启动方式：冷启动、热启动和复位。

1．冷启动

冷启动是指电脑在关机状态下，接通电脑的电源，然后按动主机上的“POWER”按钮，使电脑进入工作状态。电脑启动以后，我们会听见电脑有响声，这时电脑要执行一下自检程序，进行机器的检测。如果系统检测出错，屏幕上就会提示出错信息；如果没有出错，电脑开始自动装入操作系统。

2．热启动

在电脑的使用过程中，经常会发生一些错误，甚至机器会不接受发出的指令，也不作任何反应，像死了一样，人们形象地称这种情况为“死机”。在发生死机情况后，只能重新装入操作系统并运行。这时并不需要关掉电源进行冷启动，可以同时按电脑键盘上的〈Ctrl+Alt+Del〉键，启动“Windows 任务管理器”，单击“关机”菜单中的“重新启动”选项，电脑自动会重新开始启动，这就是热启动。如图 1-28 所示。

图 1-28　Windows 任务管理器

3．复位

在有些情况下，电脑的运行发生了一些严重的错误而死机，即使按下〈Ctrl+Alt+Del〉键，进行热启动也不能重新启动电脑，这时就需要使用复位 RESET 按钮了。在电脑的机箱上，一般都设有复位按钮。在发生死机后，如果热启动无法使电脑正常工作，可以按动主机上的复位按钮，使电脑重新启动。

1.3.2　电脑的关机

当不需要使用电脑时，应该将电脑关闭。关机前要先保存需要的数据，然后退出所有的程序。关闭电脑的顺序是先关闭电脑主机的电源，然后关显示器、打印机等外部设备的电源。如果在关机以后需要再次开机，至少要间隔 10 秒钟以上。这是为了避免损坏电脑。

1.3.3　使用电脑的注意事项

电脑是工作和学习中不可缺少的工具，应该爱惜电脑，使它能正常工作。在使用过程中，要注意以下几点：

1）要保证电脑的工作温度在 15～30℃，不要把它放在潮湿或高温的地方。

2）不要连续启动电脑，两次冷启动电脑的时间间隔不应少于 10 秒。

3）不要随便使用别人的软盘，以免病毒侵入电脑。

4）不要在机房里吃东西，更不能把食物或饮料弄到键盘上。

一、填空题

1．电脑共分为_________、_________、__________、_________和__________五类。

2．电脑最基本的部件有________、__________和__________。其他常见的设备包括______、________、________等。

3．电脑由_______系统和_______系统两大部分组成。

4．电脑上网必须要有________、_________和__________。

二、简答题

1．电脑的发展分为哪几个阶段？

2．电脑有哪些应用领域？

3．试述微型电脑的组成。

4．电脑有哪几种启动方法？尝试电脑的 3 种启动方式和关机的操作。

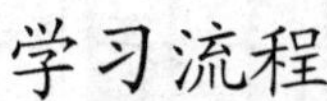

第2章 指法练习

在学习五笔字型输入法过程中，熟练地使用键盘，能够快速、准确地输入信息，是重要的第一步。

只有指法熟练，才能为提高输入的速度及输入汉字的正确率打好基础。因此，学习者必须从一开始就严格按照正确的键盘指法进行学习。本章讲述如何掌握正确、熟练的指法。

学习流程

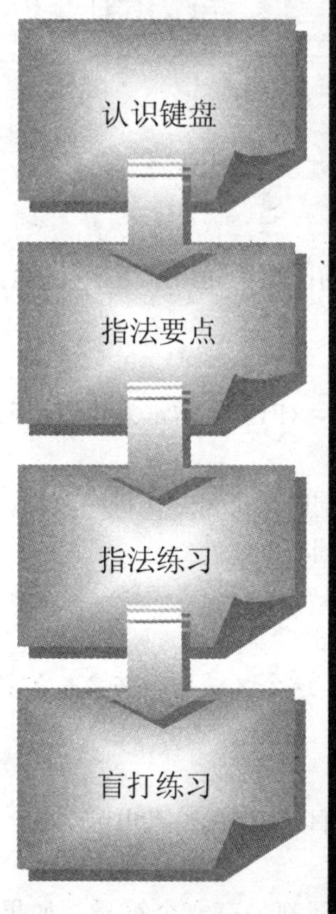

2.1 认识键盘

键盘是电脑必备的输入设备，人们可以通过它与电脑进行“对话”。只有对键盘有足够的认识，才能熟练地使用它。我们根据键盘上键数的多少，将键盘分为 84 键、101 键、104 键等。比较常用的是 101 键和 104 键的标准键盘。下面就以常用的 104 键键盘为例来认识键位的分布情况。

大家可能觉得键盘上的按键分布没有规律，其实键盘的这种布局是人们根据键盘上的按键使用次数的多少排列出来的。键盘可以分为 4 个区：功能键区、打字键区、辅助键区及小键盘区，如图 2-1 所示。

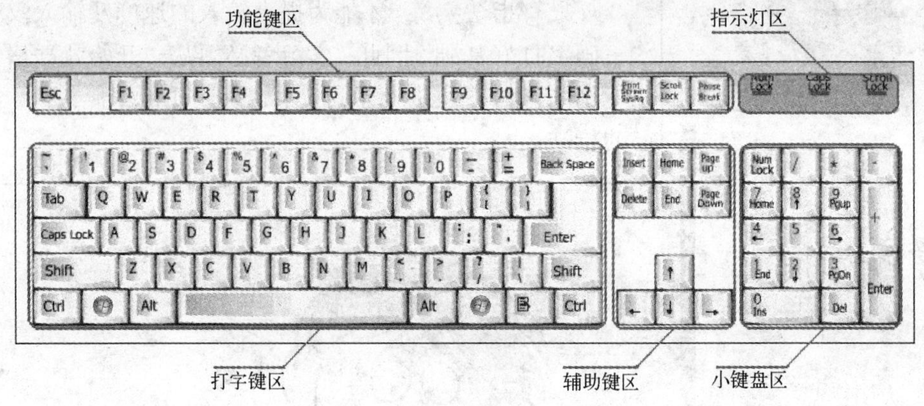

图 2-1　键盘分布

1. 功能键区

功能键区位于键盘上方，每个键的含义是由不同的软件定义的；在不同情况下，它们的作用也不一样。

Esc ：常用来表示取消或中止某种操作。

F1 ～ F12 ：12个键在不同的软件中有不同的作用。其中，〈F1〉键常常为我们带来帮助信息。

Pause ：暂停键。按该键可以暂停屏幕显示，与〈Ctrl〉键同时按下可终止程序执行。

Scroll Lock ：卷动锁定键。按该键可以让屏幕的内容不再翻动。

Print Screen ：屏幕打印键。按该键可以打印屏幕上的内容。

2. 打字键区的使用

打字键区位于键盘的左部，包括字母键、数字键、标点符号，这个区域是用来输入文字和符号的，这个区域还包括一些辅助的控制键。

（1）字母键

字母键是 a～z 共 26 个英文字母。在键盘上按下这些键，就可以把字母输入电脑。

（2）数字键

数字键是用来往电脑中输入数字的，但是每一个数字键上部都另有一个符号，如果

我们先按住 Shift 键不放，再按下某个数字键，则输入的是这个数字键上部的符号。例如，数字键〈5〉上是符号“%”，如果我们先按住 Shift 键，再按下数字键〈5〉，则输入电脑的是符号“%”。

（3）标点符号键

标点符号键上有两种符号，直接按某个符号键，输入的是其下部的符号，先按住 Shift 键，再按某一符号，则输入的是上方的符号。

（4）控制键

字母键区还包括了一些控制键，其功能如下：

Caps Lock ：大写锁定键。按下这个键，可以将键盘设置为大写状态，此时输入的字母是大写字母。如果要恢复为小写状态，再按一次该键就行了。

Shift ：上档键。按住这个键，再按字母键，则输入的是大写的字母。为了能输入更多的字符，除了字母键以外，其他字符键都对应两个符号，按住上档键就可以输入键位上部的字符。

　　　　 ：空格键。键盘下部没有印字符的长条键。用来输入空格。

Tab ：跳格键。表示输入空格，在进行文字处理时，按一次可输入 1～8 个空格。

Enter ：回车键。表示一次输入的结束或换行。

Back Space ：退格键。按一次，光标向回退一格，删除光标所在位置前的一个字符。

Esc ：取消键。按该键取消输入或退出程序。

Ctrl ：控制键。一般不单独使用，与其他键同时按下可完成特殊功能。

Alt ：转换键。也是与其他键配合完成特殊功能。

3．辅助键区

辅助键区有 13 个键，其中有 4 个键是光标移动键。它们的功能如下：

→ ：光标右移键。按该键可让光标右移一个字符。

← ：光标左移键。按该键可让光标左移一个字符。

↑ ：光标上移键。按该键可让光标上移一行。

↓ ：光标下移键。按该键可让光标下移一行。

其余键的作用如下：

Insert ：插入键。按该键可进入插入状态。在插入状态下，输入的字符插进光标位置，其余的字符顺序右移。再按一次该键，可以取消插入状态。

Delete ：删除键。按该键可以删除光标所在位置后的一个字符。

Home ：起始键。按该键可以使光标移到行首。

End ：终止键。按该键可以使光标移到行尾。

Page Up ：上翻键。按该键可以使屏幕上的内容向上翻一页。

Page Down ：下翻键。按该键可以使屏幕上的内容向下翻一页。

4．小键盘区的使用

在小键盘区，只有一个键是别的键区里找不到的，它就是小键盘区左上角的 Num Lock 键，它叫数字切换键（也叫数字锁定键）。如果按下 Num Lock 键，键盘左上角的 Num Lock 灯亮，表示在小键盘上输入的是数字。如果再按下 Num Lock 键，使 Num Lock 指示灯灭，则小键盘上的输入是对光标的操作。

2.2 键盘的操作和指法要点

键盘的操作包括姿势、击键、指法这几个步骤。只要掌握这几个环节的操作要领和击键的节奏，按标准指法进行练习，就一定能够得心应手。

2.2.1 键盘的操作

键盘上有 101 个键位，要想正确熟练地使用键盘，不仅要了解键盘各键位的分布和功能，又要掌握键盘操作的指法。

图 2-2　正确的打字姿势

1. 姿势正确

（1）正确的打字姿势如图 2-2 所示。坐姿：上机操作键盘时，首先要调整椅子的高度，使前臂与键盘平行，前臂与后臂的夹角略小于 90°；我们坐的位置应该与键盘正中对准，稍微偏向键盘右侧。坐姿要端正，上身挺直微微前倾，背靠椅背，双脚平放。上身要与键盘距离 20 cm 左右。

（2）手臂、手腕姿势：操作键盘时两肩放松，手上臂要下垂不要前伸，下臂要向前伸，手腕放平直，不要拱起，也不要碰到键盘。

（3）手部姿势：手掌要与键盘的斜度平行，手指要自然弯曲，指端的第一关节与键盘垂直。要用指尖击键，手指轻放在基准键上，左右手的大拇指都要放在空格键上。两手与两前臂成直线，手不要过于向里或向外弯曲。

2. 击键方法

伸指时，手指随手腕抬起。击键时，指尖垂直向下，瞬间发力触键，用指尖轻快一击，然后借助按键对手指的反作用力，立即返回基准键。

小技巧

击空格键时，用大拇指外侧击键；击回车键时，用小手指击键。

2.2.2 指法要点

击键时，各个手指有分工，不同的手指要管理不同的键，要求操作者必须严格按照键盘指法分区规定的指法敲击键盘，每个手指应打所规定的字符，完成自己的工作。各手指管理的范围如图 2-3 所示。

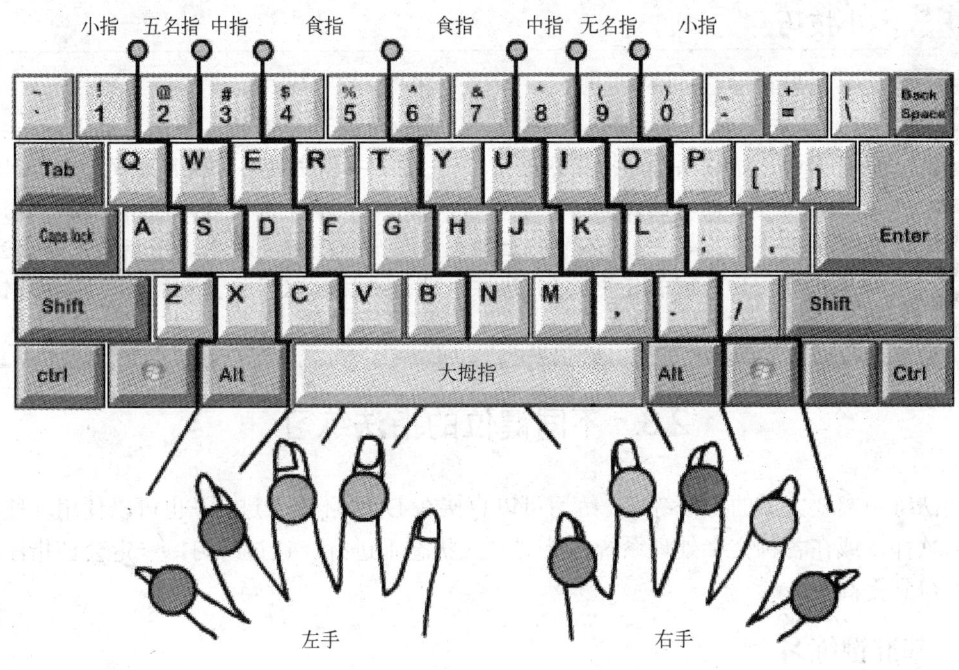

图 2-3 指法的分工图

（1）键盘中间的“A，S，D，F，J，K，L”和“；”这 8 个基准键

每个基准键对应着一个手指头，其他键的位置都是以它们为基准来记忆的。左手的食指放在〈F〉键上，其他指头依次放在〈D〉，〈S〉，〈A〉键上，右手的食指放在〈J〉键上，其他指头依次放在〈K〉，〈L〉，〈;〉键上。当用户不击键时，手指要自然放在基准键上。击键以后，手指要回到基准键上。在〈F〉和〈J〉键上还有两个小凸起，用户用食指一摸就能找到，不需要看键盘去找。

（2）10 个手指所规定分管的字符键

每个手指头都按照图 2-3 的斜线方向负责一列按键。下面我们来详细说一下每个手指的分工，请读者对照图 2-3 来进行记忆。

1）左手小指负责击打〈1〉，〈Q〉，〈A〉，〈Z〉，〈Shift〉这 5 个键；

2）左手无名指负责击打〈2〉，〈W〉，〈S〉，〈X〉这 4 个键；

3）左手中指负责击打〈3〉，〈E〉，〈D〉，〈C〉这 4 个键；

4）左手食指负责击打〈4〉，〈R〉，〈F〉，〈V〉以及〈5〉，〈T〉，〈G〉，〈B〉这 8 个键；

5）右手食指负责击打〈6〉，〈Y〉，〈H〉，〈N〉以及〈7〉，〈U〉，〈J〉，〈M〉这 8 个键；

6）右手中指负责击打〈8〉，〈I〉，〈K〉，〈,〉这 4 个键；

7）右手无名指负责击打〈9〉，〈O〉，〈L〉，〈.〉这 4 个键；

8）右手小指负责击打〈0〉，〈P〉，〈;〉，〈/〉，〈Shift〉，〈Enter〉这 6 个键；

9）两个大拇指负责击打空格键。

了解了击键的方法和手指的分工，在用键盘的时候就要按照手指分工去按键，千万要避免只用食指击键的坏习惯，只有按照指法去用键盘才能做到不看键盘，自由自在地输入任何文字。当然，开始的时候按照指法规定打字可能有些不习惯，只要坚持不懈地练习，就会打得又快又准确。

小技巧

击键的技巧：

1）击键时，左右手八个手指轻放在位于键盘中部的八个基准键上，手指保持弯曲，稍微拱起，拇指靠近空格键。2）手指击键要轻快、短促，有弹性，不要按键（击键时间过长），也不可用力过猛。3）击键时，应用手指击键，而不是用手腕。4）手掌不要向上翘或向下压，手腕要放平，手指太平或太立都不正确，切忌留长指甲。5）熟练以后，击键时双眼尽量看稿件，不要看键盘，实现“盲打”。

2.3　不同键位的指法练习

指法练习需要大量的上机练习。练习可以直接在 DOS 环境下进行，也可以使用一些专用的练习软件，或在各种文字处理系统的英文输入状态下进行。通过练习，一定会使指法的熟练程度得到提高。

2.3.1　基准键练习

基准键是位于键盘中部的“A，S，D，F，J，K，L”和“;”这 8 个字符键。当我们不击键时，手指要自然放在基准键上（如图 2-4 所示）。因为所有键都是与基准键对应着来记忆的，所以熟悉基准键的位置非常重要。

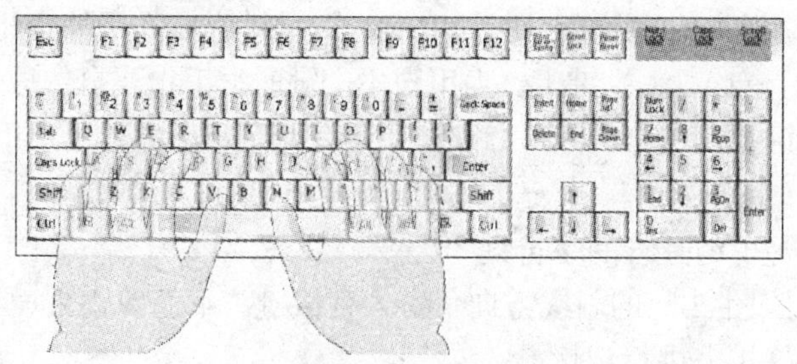

图 2-4　基准键的分布与手指分工

请按介绍过的指法要点，输入以下的字符（如果要换行，单击〈Enter〉键）：

aaa　　sss　　ddd　　fff　　jjj　　kkk　　lll　　;;;

jjj kkk lll ;;; aaa sss ddd fff
as as df df jk jk l; l;
asdf asdf asdf asdf jkl; jkl; jkl; jkl;
ass ass sdd sdd dff dff jkk jkk
kll kll l;; l;; ass sdd dff jkk
sas sas sas sas dsd dsd dsd dsd
fdf fdf fdf fdf kjk kjk kjk kjk
lkl lkl lkl lkl ;l; ;l; ;l; ;l;
asjk asjk asjk asjk dfl; dfl; dfl; dfl;
asl; asl; asl; asl; dfjk dfjk dfjk dfjk
ass; ass; ass; ass; dffk dffk dffk dffk
jkka jkka jkka jkka klls klls klls klls
dasf dasf dasf dasf sdaf sdaf sdaf sdaf
j;kl j;kl j;kl j;kl klj; klj; klj; klj;
dad dad dad dad fall fall fall fall
lad lad lad lad lass lass lass lass
kaka kaka kaka kaka lsls lsls lsls lsls
fakk fakk fakk fakk jdss jsdd jdss jsdd
dklj dkjl dklj dkjl sdf; sdf; sdf; sdf;

2.3.2 〈G〉键和〈H〉键与基准键的混合练习

中排的〈G〉键归左手食指管，而〈H〉键则由右手食指管。图 2-5 为〈G〉,〈H〉键的键盘所在位置。

练习时应注意：

（1）〈G〉,〈H〉两个字符键被夹在 8 个基准键的中央，是左右食指的击键范围。

（2）输入G 时，用放在基准键〈F〉上的左手食指向右伸一个键位，击〈G〉键结束后，手指立即返回基准键〈F〉上。

（3）输入〈H〉时，用放在基准键〈J〉上的右手食指向左伸一个键位，击〈H〉键结束后，手指立即放回基准键〈J〉上。

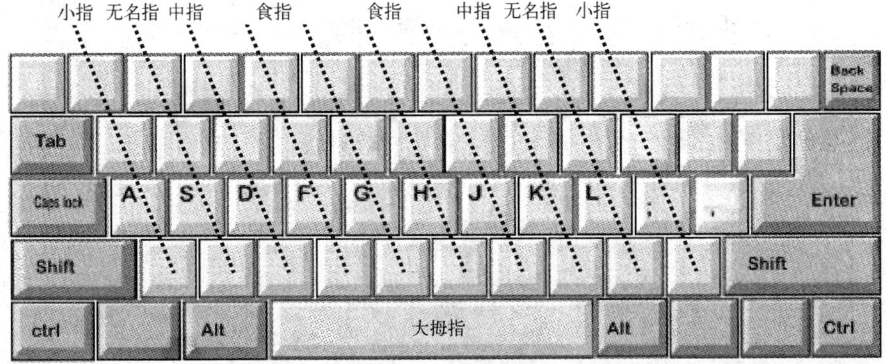

图 2-5 〈G〉,〈H〉键的分布与手指分工

请按照上面的方法练习以下字符：

ggg ggg ggg ggg hhh hhh hhh hhh
gh gh gh gh hg hg hg hg
fg fg jh jh gf gf hj hj
dg dg kh kh gd gd hk hk
sg sg lh lh gs gs lh lh
ag ag h; h; ga ga ;h ;h
fghj fghj fghj fghj jhgf jhgf jhgf jhgf
hjgf hjgf hjgf hjgf gfhj gfhj gfhj gfhj
ghfj ghfj ghfj ghfj fjgh fjgh fjgh fjgh
fgkl fgkl fgkl fgkl hjds hjds hjds hjds
gfdsa gfdsa gfdsa gfdsa gfdsa gfdsa gfdsa gfdsa
hjkl; hjkl; hjkl; hjkl; hjkl; hjkl; hjkl; hjkl;
sakgh sakgh sakgh sakgh sakgh sakgh sakgh sakgh
dkgh; dkgh; dkgh; dkgh; dkgh; dkgh; dkgh; dkgh;
f;gjh f;gjh f;gjh f;gjh f;gjh f;gjh f;gjh f;gjh
ashl; ashl; ashl; ashl; ashl; ashl; ashl; ashl;
dfgsa dfgsa dfgsa dfgsa dfgsa dfgsa dfgsa dfgsa
hjsdg hjsdg hjsdg hjsdg hjsdg hjsdg hjsdg hjsdg
kdhfh kdhfh kdhfh kdhfh kdhfh kdhfh kdhfh kdhfh
dfhj; dfhj; dfhj; dfhj; dfhj; dfhj; dfhj; dfhj;

注意

指法练习的重点在于 8 个基本键位的练习，应反复练习，打好基础。

2.3.3 上排键练习

键盘上排的字符有 Q，W，E，R，T，Y，U，I，O 和 P，图 2-6 所示为这 10 个上排键的分布图。

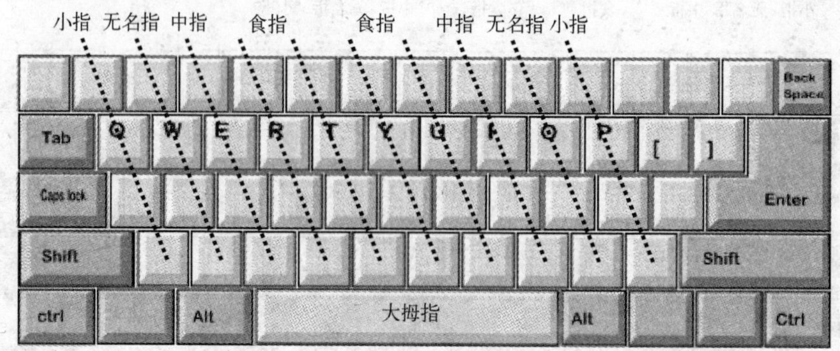

图 2-6　上排键的分布与手指分工

下面将它们进行分组练习。

1．T，Y，R，U 字符的练习

上排中间的〈T〉键、〈R〉键归左手食指管，而〈Y〉键、〈U〉键则由右手食指管。

练习时应注意：

（1）〈T〉与〈Y〉这两个键位于键盘上排中间第一位，是左右手食指的击键范围；〈R〉键与〈U〉键位于键盘上排中间〈T〉、〈Y〉键两侧的第二位，也属左右手食指击键范围。

（2）输入字符 T 时，左手食指向右上方偏一个键位伸出，击〈T〉键结束后，迅速返回基准键〈F〉上；输入字符 R 时，左手食指向左上方偏一个键位伸出，击〈R〉键结束后，迅速返回基准键〈F〉上。

（3）输入字符 Y 时，右手食指向左上方偏一个键位伸出，击〈Y〉键结束后，迅速返回基准键〈J〉上；输入字符 U 时，右手食指向右上方偏一个键位伸出，击〈U〉键结束后，迅速返回基准键〈J〉上。

请按上面的方法练习以下字符：

ttt ttt ttt ttt ttt ttt ttt ttt
yyy yyy yyy yyy yyy yyy yyy yyy
yt yt yt yt yt yt yt yt
ty ty ty ty ty ty ty ty
rrr rrr rrr rrr rrr rrr rrr rrr
uuu uuu uuu uuu uuu uuu uuu uuu
ru ru ru ru ru ru ru ru
ur ur ur ur ur ur ur ur
gtg gtg gtg gtg hyh hyh hyh hyh
ftd ftd ftd ftd kyh kyh kyh kyh
ally ally ally ally ally ally ally ally
ltta ltta ltta ltta ltta ltta ltta ltta
salt salt salt salt salt salt salt salt
kjyl kjyl kjyl kjyl kjyl kjyl kjyl kjyl
asty asty asty asty asty asty asty asty
klyt klyt klyt klyt klyt klyt klyt klyt
stay stay stay stay stay stay stay stay
ftty ftty ftty ftty ftty ftty ftty ftty
ftjya ftjya ftjya ftjya ftjya ftjya ftjya ftjya
hgytl hgytl hgytl hgytl hgytl hgytl hgytl hgytl
katty katty katty katty dttyy dttyy dttyy dttyy
jyykt jyykt jyykt jyykt styal styal styal styal
grd grd grd grd dat dat dat dat
hau hau hau hau krh krh krh krh
jrll jrll jrll jrll dull dull dull dull
kral kral kral kral dark dark dark dark

dusk	dusk	dusk	dusk	laky	laky	laky	laky
dual	dual	dual	dual	usdk	usdk	usdk	usdk
star	star	star	star	star	star	star	star
dusk	dusk	dusk	dusk	dusk	dusk	dusk	dusk
duty	duty	duty	duty	duty	duty	duty	duty
atrk	atrk	atrk	atrk	atrk	atrk	atrk	atrk
jury	jury	jury	jury	jury	jury	jury	jury
fury	fury	fury	fury	fury	fury	fury	fury
drug	drug	drug	drug	aluke	aluke	aluke	aluke

2．E 和 I 字符的练习

上排的〈E〉键归左手中指管，而〈I〉键则由右手中指管。

练习时应注意：

（1）〈E〉与〈I〉两个键位于键盘上排第三位，是左右手中指的击键范围。

（2）输入字符 E 时，左手中指向左上方偏一个键位伸出，击〈E〉键结束后，迅速返回基准键〈D〉上。

（3）输入字符 I 时，右手中指微微向左上方偏一个键位伸出，击〈I〉键结束后，迅速返回基准键〈K〉上。

请按照上面的方法练习以下字符：

eee	eee	eee	eee	eee	eee	eee	eee
iii	iii	iii	iii	iii	iii	iii	iii
ei	ei	ei	ei	ei	ei	ei	ei
ie	ie	ie	ie	ie	ie	ie	ie
fed	fed	fed	fed	kil	kil	kil	kil
fai	fai	fai	fai	keh	keh	keh	keh
jell	jell	jell	jell	lidd	lidd	lidd	lidd
jade	jade	jade	jade	sail	sail	sail	sail
desk	desk	desk	desk	lake	lake	lake	lake
less	less	less	less	idsl	idsl	idsl	idsl
sell	sell	sell	sell	sell	sell	sell	sell
jail	jail	jail	jail	jail	jail	jail	jail
like	like	like	like	like	like	like	like
idea	idea	idea	idea	idea	idea	idea	idea
aleaf	aleaf	aleaf	aleaf	aleaf	aleaf	aleaf	aleaf
said	said	said	said	said	said	said	said
safe	safe	safe	safe	alike	alike	alike	alike
skill	skill	skill	skill	asade	asade	asade	asade

3．W 和 O 字符的练习

上排的〈W〉键归左手无名指管，而〈O〉键则由右手无名指管。

练习时应注意：

（1）〈W〉与〈O〉两个键位于键盘上排第四位，是左右手无名指的击键范围。

（2）输入字符 W 时，左手无名指向左上方偏一个键位伸出，击〈W〉键结束后，迅速返回基准键〈S〉上。

（3）输入字符 O 时，右手无名指微微向左上方偏一个键位伸出，击〈O〉键结束后，迅速返回基准键〈L〉上。

请按上面的方法练习以下字符：

www	www	www	www	www	www	www	www
ooo	ooo	ooo	ooo	ooo	ooo	ooo	ooo
wo	wo	wo	wo	wo	wo	wo	wo
ow	ow	ow	ow	ow	ow	ow	ow
dwa	dwa	dwa	dwa	jol	jol	jol	jol
twy	twy	twy	twy	uio	uio	uio	uio
sswl	sswl	sswl	sswl	load	load	load	load
hold	hold	hold	hold	awkl	awkl	awkl	awkl
hool	hool	hool	hool	lawd	lawd	lawd	lawd
dwff	dwff	dwff	dwff	josl	josl	josl	josl
told	told	told	told	told	told	told	told
assk	assk	assk	assk	assk	assk	assk	assk
slow	slow	slow	slow	slow	slow	slow	slow
slowly	slowly	slowly	slowly	slowly	slowly	slowly	slowly
losw	losw	losw	losw	losw	losw	losw	losw
world	world	world	world	world	world	world	world

4．Q 和 P 字符的练习

上排的〈Q〉键归左手小手指管，而〈P〉键则由右手小手指管。

练习时应注意：

（1）〈Q〉与〈P〉这两个键位于键盘上排最末位，是左右手小手指的击键范围。

（2）输入字符 Q 时，左手小手指微微向左上方偏一个键位伸出，击〈Q〉键结束后，迅速返回基准键〈A〉上。

（3）输入字符 P 时，右手小手指微微向左上方偏一个键位伸出，击〈P〉键结束后，迅速返回基准键〈;〉上。

请按上面的方法练习以下字符：

qqq	qqq	qqq	qqq	qqq	qqq	qqq	qqq
ppp	ppp	ppp	ppp	ppp	ppp	ppp	ppp
qp	qp	qp	qp	qp	qp	qp	qp
pq	pq	pq	pq	pq	pq	pq	pq
qas	qas	qas	qas	;p;	;p;	;p;	;p;
aqd	aqd	aqd	aqd	iop	iop	iop	iop
aqal	aqal	aqal	aqal	pull	pull	pull	pull
quit	quit	quit	quit	pole	pole	pole	pole

pass	pass	pass	pass	pass	pass	pass	pass
aqqa	aqqa	aqqa	aqqa	aqqa	aqqa	aqqa	aqqa
park	park	park	park	park	park	park	park
asql	asql	asql	asql	asql	asql	asql	asql
qowp	qowp	qowp	qowp	qowp	qowp	qowp	qowp
quart	quart	quart	quart	quart	quart	quart	quart
;paqs	;paqs	;paqs	;paqs	;paqs	;paqs	;paqs	;paqs
equal	equal	equal	equal	equal	equal	equal	equal

小技巧

练习击键时，应注意掌握键盘布局，摸清每个手指所控制键位的倾斜方向，再按照倾斜度和距离进行击键练习，逐步掌握各个键位与基准键的参照物关系，可加快熟悉键位及指法的速度。如〈R〉键在基准键〈F〉偏左上方。

2.3.4　下排键练习

键盘下排的字符有“Z”，“X”，“C”，“V”，“B”，“N”，“M”，“,”“.”和“/”，图 2-7 为这 10 个下排键的分布图。

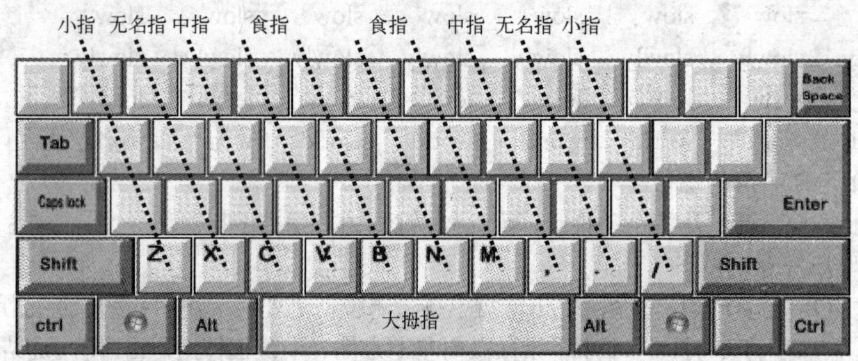

图 2-7　下排键的分布与手指分工

我们同样用分组的方法进行练习。

1．B，N，V，M 字符的练习

下排的〈B〉键、〈V〉键归左手食指管，而〈N〉键、〈M〉键则由右手食指管。

练习时应注意：

（1）〈B〉与〈N〉这两个键位于键盘下排中间第一位，是左右手食指的击键范围；〈V〉与〈M〉这两个键位于键盘下排中间〈B〉、〈N〉键两侧的第二位，也是左右手食指的击键范围。

（2）输入字符 B 时，左手食指向右下方偏一个键位伸出，击〈B〉键结束后，迅速返回基准键〈F〉上；输入字符 V 时，左手食指微微向右下方偏一个键位伸出，击〈V〉键结束后，迅速返回基准键〈F〉上。

（3）输入字符 N 时，右手食指向左下方偏一个键位伸出，击〈N〉键结束后，迅速返回基准键〈J〉上；输入字符 M 时，右手食指向右下方偏一个键位伸出，击〈M〉键结束后，迅速返回基准键〈J〉上。

请按上面的方法练习以下字符：

bbb	bbb	bbb	bbb	bbb	bbb	bbb	bbb
nnn	nnn	nnn	nnn	nnn	nnn	nnn	nnn
nb	nb	nb	nb	nb	nb	nb	nb
bn	bn	bn	bn	bn	bn	bn	bn
vvv	vvv	vvv	vvv	vvv	vvv	vvv	vvv
mmm	mmm	mmm	mmm	mmm	mmm	mmm	mmm
vm	vm	vm	vm	vm	vm	vm	vm
mv	mv	mv	mv	mv	mv	mv	mv
fbf	fbf	fbf	fbf	jnj	jnj	jnj	jnj
gbf	gbf	gbf	gbf	hnj	hnj	hnj	hnj
dbbs	dbbs	dbbs	dbbs	dbbs	dbbs	dbbs	dbbs
knnl	knnl	knnl	knnl	knnl	knnl	knnl	knnl
fbfa	fbfa	fbfa	fbfa	fbfa	fbfa	fbfa	fbfa
jnjl	jnjl	jnjl	jnjl	jnjl	jnjl	jnjl	jnjl
asbn	asbn	asbn	asbn	asbn	asbn	asbn	asbn
klnb	klnb	klnb	klnb	klnb	klnb	klnb	klnb
land	land	land	land	land	land	land	land
bank	bank	bank	bank	bank	bank	bank	bank
nail	nail	nail	nail	nail	nail	nail	nail
boil	boil	boil	boil	boil	boil	boil	boil
bring	bring	bring	bring	board	board	board	board
bonder	bonder	bonder	bonder	sender	sender	sender	sender
fvf	fvf	fvf	fvf	fvf	fvf	fvf	fvf
jmj	jmj	jmj	jmj	jmj	jmj	jmj	jmj
svvg	svvg	svvg	svvg	svvg	svvg	svvg	svvg
lmmh	lmmh	lmmh	lmmh	lmmh	lmmh	lmmh	lmmh
lmva	lmva	lmva	lmva	amvl	amvl	amvl	amvl
kvms	kvms	kvms	kvms	smvk	smvk	smvk	smvk
save	save	save	save	save	save	save	save
mail	mail	mail	mail	mail	mail	mail	mail
mark	mark	mark	mark	mark	mark	mark	mark
gives	gives	gives	gives	gives	gives	gives	gives
moves	moves	moves	moves	moves	moves	moves	moves
above	above	above	above	above	above	above	above

2．C 和“,”字符的练习

下排的〈C〉键归左手中指管，而〈,〉键则由右手中指管。

练习时应注意：

（1）〈C〉与〈,〉这两个键位于键盘下排第三位，是左右手中指的击键范围。

（2）输入字符 C 时，左手中指向右下方偏一个键位伸出，击〈C〉键结束后，迅速返回基准键〈D〉上。

（3）输入字符“,”时，右手中指向右下方偏一个键位伸出，击〈,〉键结束后，迅速返回基准键〈K〉上。

请按上面的方法练习以下字符：

ccc	ccc	ccc	ccc	ccc	ccc	ccc	ccc
,,,	,,,	,,,	,,,	,,,	,,,	,,,	,,,
c,	c,	c,	c,	c,	c,	c,	c,
,c	,c	,c	,c	,c	,c	,c	,c
vcd	vcd	vcd	vcd	vcd	vcd	vcd	vcd
m,l	m,l	m,l	m,l	m,l	m,l	m,l	m,l
cut	cut	cut	cut	n,y	n,y	n,y	n,y
cfg	cfg	cfg	cfg	j,l	j,l	j,l	j,l
city	city	city	city	city	city	city	city
j,op	j,op	j,op	j,op	j,op	j,op	j,op	j,op
cold	cold	cold	cold	cold	cold	cold	cold
u,lp	u,lp	u,lp	u,lp	u,lp	u,lp	u,lp	u,lp
back	back	back	back	back	back	back	back
n,up	n,up	n,up	n,up	n,up	n,up	n,up	n,up
close	close	close	close	close	close	close	close
s,cp	s,cp	s,cp	s,cp	s,cp	s,cp	s,cp	s,cp
check	check	check	check	check	check	check	check
w,lap	w,lap	w,lap	w,lap	w,lap	w,lap	w,lap	w,lap

3．X 和“.”字符的练习

下排的〈X〉键归左手无名指管；而〈.〉键则由右手无名指管。

练习时应注意：

（1）〈X〉与〈.〉这两个键位于键盘下排第四位，是左右手无名指的击键范围。

（2）输入字符 X 时，左手无名指向右下方偏一个键位伸出，击〈X〉键结束后，迅速返回基准键〈S〉上。

（3）输入字符“.”时，右手无名指向右下方偏一个键位伸出，击〈.〉键结束后，迅速返回基准键〈L〉上。

请按上面的方法练习以下字符：

xxx	xxx	xxx	xxx	xxx	xxx	xxx	xxx
...	...	...	...	...	...	...	...
x.	x.	x.	x.	x.	x.	x.	x.
.x	.x	.x	.x	.x	.x	.x	.x
dxa	dxa	dxa	dxa	k.p	k.p	k.p	k.p

sxf	sxf	sxf	sxf	ul.	ul.	ul.	ul.
ssxl	ssxl	ssxl	ssxl	l.ad	l.ad	l.ad	l.ad
s.lo	s.lo	s.lo	s.lo	axkl	axkl	axkl	axkl
h.lx	h.lx	h.lx	h.lx	errx	errx	errx	errx
fix	fix	fix	fix	yl.	yl.	yl.	yl.
next	next	next	next	next	next	next	next
r.lp	r.lp	r.lp	r.lp	r.lp	r.lp	r.lp	r.lp
sixes	sixes	sixes	sixes	sixes	sixes	sixes	sixes
taxes	taxes	taxes	taxes	taxes	taxes	taxes	taxes
sq.lp	sq.lp	sq.lp	sq.lp	sq.lp	sq.lp	sq.lp	sq.lp
example	example	example	example	example	example	example	example

4．Z 和“/”字符的练习

下排的〈Z〉键归左手小手指管；而〈/〉键则由右手小手指管。

练习时应注意：

（1）〈Z〉与〈/〉这两个键位于键盘下排最末位，是左右手小手指的击键范围。

（2）输入字符 Z 时，左手小手指微微向右下方偏一个键位伸出，击〈Z〉键结束后，迅速返回基准键〈A〉上。

（3）输入字符“/”时，右手小手指微微向右下方偏一个键位伸出，击〈/〉键结束后，迅速返回基准键〈;〉上。

请按上面的方法练习以下字符：

zzz	zzz	zzz	zzz	zzz	zzz	zzz	zzz
///	///	///	///	///	///	///	///
z/	z/	z/	z/	z/	z/	z/	z/
/z	/z	/z	/z	/z	/z	/z	/z
zas	zas	zas	zas	;/;	;/;	;/;	;/;
ezf	ezf	ezf	ezf	jo/	jo/	jo/	jo/
jszl	jszl	jszl	jszl	/ull	/ull	/ull	/ull
wzal	wzal	wzal	wzal	/olu	/olu	/olu	/olu
rua/	rua/	rua/	rua/	rua/	rua/	rua/	rua/
zoo	zoo	zoo	zoo	zoo	zoo	zoo	zoo
zero	zero	zero	zero	zero	zero	zero	zero
qu/p	qu/p	qu/p	qu/p	qu/p	qu/p	qu/p	qu/p
zeal	zeal	zeal	zeal	zeal	zeal	zeal	zeal
size	size	size	size	size	size	size	size
;/azs	;/azs	;/azs	;/azs	;/azs	;/azs	;/azs	;/azs
dozen	dozen	dozen	dozen	dozen	dozen	dozen	dozen

2.3.5 〈Shift〉键与〈Enter〉键的练习

〈Shift〉键在键盘下排的两侧各有一个，由左右手的小指负责击打。在键盘右上角的 Caps

Lock 指示灯不亮的情况下，按住〈Shift〉键不放，再按下字符键，该字符变为大写字符；若按住〈Shift〉键不放，再按下双功能键时（所谓双功能键就是指键盘上有些键面上代表两个意义的键。例如：〈1〉键上面还有“！”）可取该键的上档字符。因此，〈Shift〉也叫上档键。

〈Enter〉键也叫回车键，它在主键盘区的右侧，由右手小指负责击打。〈Enter〉键的主要功能是表示确定一项命令。在录入区内，〈Enter〉键表示一次输入的结束或换行。

练习时应注意：

（1）键盘下排左右两侧的〈Shift〉键，分别由左右手的小指负责击打。

（2）击〈Enter〉键时，应由右小指伸向最右边击打〈Enter〉键；击打完后，立即回到基准键位上。

请按上面的方法练习以下内容：

Aa　　Ss　　Dd　　Ff　　Gg　　Hh

Jj　　Kk　　Ll　　QqWw　　EeRr　　TtYy

UuIi　　OoPp　　ZzXx　　CcVv　　BbNn　　Mm

Asdf　　Jkl;　　Qwer　　Uiop　　Zxcv　　Nm,.

China　　France　　England　　America　　Australia　　U.S.A.

School　　Type　　High　　Low　　Fat　　Thin

OPlK　　tUNv　　RalC　　CpiO　　dEEd　　gLAd

j”　　k:　　o<　　u>　　m?　　u{

2.3.6 其他键的输入练习

〈Tab〉键也叫跳格键，位于主键盘区左侧上排，由左手小指负责击键。

〈Back Space〉键是退格键，也叫橡皮键。对退格键没安排专门的手指负责击键，可根据个人习惯快速使用。

〈Caps Lock〉键叫大写锁定键。由左手小指负责击键。〈Caps Lock〉键的功能是：按下这个键，可以将键盘设置为大写状态，此时输入的字母是大写字母。如果要恢复为小写状态，再按一次该键就行了。

空格键是键盘最下排中间，没有标注字符的空白长条键。用来输入字符间的空格。可根据个人的习惯用左手或右手的拇指外侧击键。

〈Ctrl〉键也叫控制键。它位于主键盘区最下排左右两端，分别由左右手的小指负责击键。〈Ctrl〉键一般不单独使用，与其他键同时按下组成快捷键，完成特殊功能。

〈Alt〉键也叫转换键。它位于主键盘区最下排空格键两侧，一般由左右手的无名指负责击键。〈Alt〉键也是需要与其他键配合来完成特殊功能的。

这些键的练习主要是通过长时间使用来达到熟练的目的。

小技巧

按字母顺序练习指法，录入第一遍时在心中默记字母键位，再录入时不要再看键盘，按心中记忆录入，实在想不起时再看，这样有助于快速记忆。要达到指法熟练、正确的目的，以上练习可以反复做。

2.4 数字键和字母键的练习

本节我们首先学习输入数字键，然后进行数字键、字母键及上档字符的混合练习。

2.4.1 数字键的练习

主键盘区的第 1 行为 1～0 这十个数字及上档的一些符号键。参照图 2-3 指法分工图可知 1，2，3 这 3 个数字键分别由左手的小指、无名指、中指来击；4，5，6，7 这 4 个数字键则由右手食指、中指和无名指来击；0，9，8 这 3 个数字键分别为右手的拇指、无名指、中指来击。

因为数字键离基准键较远，因此练习的难度比字母键大，练习时可以放慢一些速度，手指微微伸直，动作要自然。击完数字键后，手指迅速返回基准键位上。

数字也可以用小键盘来输入，小键盘适合于进行大量数字输入的专业人员，如财会人员、售货员、统计人员、银行职员等。小键盘是用右手操作的，其中基准键是〈4〉、〈5〉、〈6〉这 3 个键，中指放在有一个小凸点的〈5〉键上，食指和无名指分别放在〈4〉和〈6〉键上。小键盘的手指分工如图 2-8 所示。小键盘基本指法如图 2-9 所示。

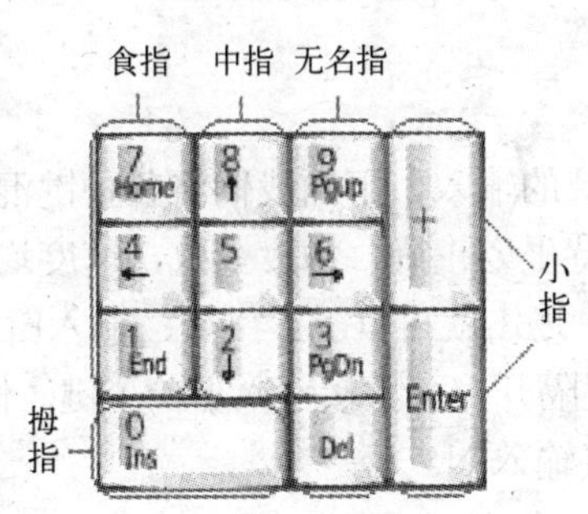

图 2-8 小键盘指法分工图

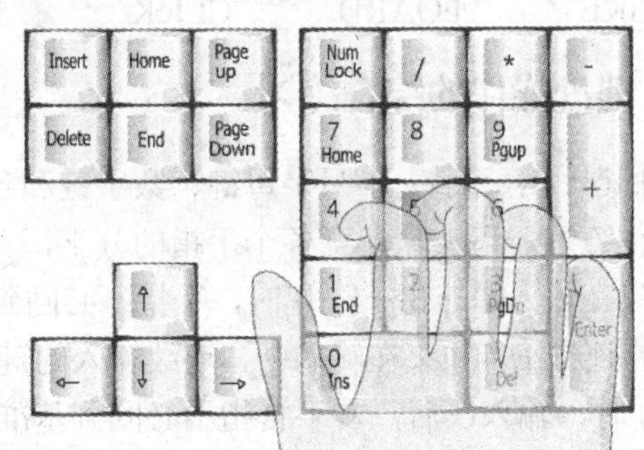

图 2-9 小键盘基本指法

请按上面的方法练习以下数字：

111	222	333	444	555	666
777	888	999	000	12	13
14	15	16	17	18	19
90	01	21	31	41	51
61	71	81	91	29	39
49	59	69	79	89	99
37	47	57	67	77	87
1357	2468	3579	4680	7531	67890
09876	54321	12345	13579	24680	13579
24680	32415	21354	45321	34215	67908
90876	78906	87960	102938	102896	342670
365480	857459	5211314	100544	449448	258257

2.4.2 大写字母的输入练习

前面已经讲过，在键盘右上角的 Caps Lock 指示灯不亮的情况下，如果临时要输入大写字母，只要用小指按住〈Shift〉键不放，再输入字母就可以了；如果要输入符号键上部的符号，先按住〈Shift〉键不放，再按下这个符号键就可以了。

但在输入的过程中，如果需要连续输入大写字母，就需要用左手小指按〈Caps Lock〉键，使键盘右上角的 Caps Lock 指示灯亮，然后输入字母就可以了。如果要恢复小写字母输入，再次按下这个键，使指示灯灭。

根据上面的方法练习以下字符（注意大小写转换）：

aSDF	JKl;	aSDF	JKl;	aSDF	JKl;
QwER	UiOP	QwER	UiOP	QwER	UiOP
ZXCv	NM，。	ZXCv	NM，。	ZXCv	NM，。
GHgH	GHgH	TYtY	TYtY	BNbN	BNbN
AbcD	EFG	HIJk	LMN	OPQrST	uVWXYZ
WE	YOU	HE	SHE	IT	THEY
STUDeNT	TEACHeR	ENGIn	EomER	CXasAL	BbDcn
ALiKE	bOARD	CLIcK	DeCIDE	ENgLISHFRIEnD	

2.4.3 键盘操作的综合练习

我们已经学习了大小写字母键、数字键和各种符号键的输入，下面我们将各种键混合在一起进行练习。请大家注意各个手指的分工，并且要保持坐姿正确，力度一致，速度均匀。

如果在输入中连击一个键时，手指不必回到基准键，连击就可以了。例如：输入EE 时，左手中指连击 E。如果在输入中，连续输入的键被基准键隔开，可直接输入下一个键。例如：输入UN 时，输入U 后，右手食指不必回到基准键，直接输入 N。

小技巧

连续输入归同一个手指管辖范围的字母时，可在输入第一个字母后，手指直接输入第二个字母，不必回到基准键。例如：输入 gr 时，输入 g 后，左手食指不必回到基准键，直接输入 r，以提高录入速度。

请做下面的练习：

about	add	afraid	ago	answer	artist
before	bat	borrow	brush	bear	borrow
call	careful	capital	carriage	chalk	cinema
date	diary	different	each	everyone	except
fly	free	forget	gate	great	guard
hard	have	hold	indeed	into	interesting
July	june	just	keep	king	keep
last	like	library	madam	make	moment

November　　NOVERMBER　　October　　OCTOBER
Summer PALACE　　Summer Palace　　Children　　CHILDRen
Science Museum　　Science MUSEUM　　Alice　　Alice
Great Wall　　Great Wall　　Jerry　　Jerry
A1　　B2　　C3　　1A　　2B　　C3
56sdf　　sdf56　　78jkl　　jkl78　　90ioz　　ioz90
12qwe　　qwe12　　35tyi　　tyi35　　68xtp　　86xtp
W89a　　W89a　　b70U　　b70U　　ty23　　ty23
a<　　a<　　b>　　b>　　c”　　c”
2u;　　7a’　　n9,　　e6.　　3w/　　s4?
~|+　　!<@　　#_)　　($>　　? :”　　%^&*

2.5 英文输入（盲打速成法）练习

指法练习是计算机操作的基础，我们要反复进行练习才能熟练掌握。在练习的过程中一定要养成良好的习惯，坐姿要端正，手指的键盘分工要准确。在反复练习的过程中，要注意速度均匀，左右手灵活、自然。

英文录入实际上就是键面录入。键面录入可分为以下 3 个步骤进行练习。

1．字母顺序练习法

按照英文字母排列的先后顺序，从 A 到 Z 各键分击，反复敲打，以期达到一定的指法熟练程度。

A B C D E F G H I J K L M N O P Q R S T U V W X Y Z

a b c d e f g h i j k l m n o p q r s t u v w x y z

2．分管区域练习法

按照指法的分管区域，分上中下三排键有顺序地反复练习，以达到熟练程度。

Q A Z　W S X　E D C　R F V　T G B　Y H N　U J M　I K <　O L >　P ：?

qaz　wsx　edc　rfv　tgb　yhn　ujm　ik，　ol.　p; /

3．参照物练习法

选择某一英文稿作参照物，对其进行尝试性的录入。

请输入下面的英文，注意临时需要输入大写字母时，先用小指按住〈Shift〉键不放，再按下该字母键。请反复输入下面的短文，直到熟练为止。

（一）

MAN AND THE WEATHER

Weather is one of the most important things in man’s life. For a farmer, wrong weather may mean that he has poor crops, or no crops at all. For sailors and airmen, bad weather often brings danger and sometimes men die.

Now satellites are helping man to forecast the weather. They take photos of the atmosphere and send them back to earth. So man can see the weather of any part of the world. When a storm is beginning, people will get a warning in advance. As a result, they usually have a better chance to protect themselves and their homes.

Scientists in many countries are looking for ways to control storms and rain. They may even change the weather in some parts of the world. For example, they have plans to make some places warmer. They have also a way to destroy the clouds to prevent hail from coming into being. We believe that man can get the weather under control some day.

（二）

THE NEW GENERATION OF INTERNET

What will the Internet become? For one thing, it may actually become smaller and more focused on what it already does well: communicate. The next generation of the Internet is coming into being. US universities are planning the network named Internet II. It is a new and very fast computer network that will avoid the traffic jams that clog the Internet today. Internet II will have speed as much as 10 times as fast as today's Net. It will connect different universities in the country, and distance-learning will be possible for more learners.

In Penn State University, the link runs on the campus between computer and engineering buildings. It can send off a thick book in a few seconds. Nearly 3,000 undergraduate students and graduate students are using two classrooms connected to the highspeed link to solve problems in their fields like chemistry and physics. Internet II can also be used in arts and theater classes. The new generation of Internet sill be one of the most important things of our time.

（三）

THE CAR OF THE FUTURE

What will the future car be like? Some people say the car of tomorrow will have no heater and no air conditioner. It'll have no radio and no lights. Tomorrow's car will be an open air car with on doors and windows. It won't need a pollution control system because it won't use gas. In fact, drivers will push this new car with their feet. Very few people will be killed in accidents, because the top speed will be a few miles per hour. However, these cars may not come in pretty and the car companies will soon solve all our problems by producing the Supercar. Tomorrow's car will be bigger, faster, and more comfortable than before. The Supercar will have four rooms, colour TV, running water, heat, air conditioning, and a swimming pool. Large families will travel on long trips in complete comfort. If gas is in short supply, the Supercar will run on water. Finally, these people believe the car of the future will come in any colour instead of only gray.

一、字符录入练习

1．按照手指分工练习下列英文字母(10 遍)：

a b c d e f g h i j k l m n o p q r s t u v w x y z

2．按照手指分工练习基本键录入(10 遍)：

fff jjj ggg hhh ddd kkk sss lll aaa ;;;

3．按照手指分工练习上排键录入(10 遍)：

ttt yyy rrr uuu eee iii www ooo qqq ppp

4．按照手指分工练习下排键录入(10 遍)：

bbb nnn vvv mmm ccc ,,, xxx … zzz ///

5．按照手指分工练习下列大小写字母、数字及符号：

Al5InGs14,BylkW8;Cx2Ll.YyamSd,kHlE;/hsPy0.nsboU73;zr

二、填空题

1．键盘共分为__________、__________、__________、__________四个区。

2．基本键位是__________键和__________键；由左右手的__________指分管。

3．〈Back Space〉键是删除光标所在位置_____的字符；〈Delete〉键是删除光标所在位置的字符。

4．在小键盘区里，只有一个键是别的键区里找不到的，它是__________，它也是小键盘的__________。

5．输入一个大写字母可按__________键后直接输入，也可按住______键不放，输入需要大写的字母。

三、问答题

1．控制键位于键盘的哪个区？共有哪几个？

2．小键盘关掉数字切换键后有什么功能？

3．正确的姿势要求有哪几项？各项的标准是什么？

五笔输入法的安装与设置

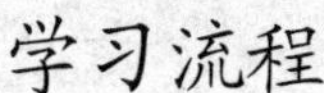

随着现代科学技术的高速发展，电脑的应用已经渗透到人类社会生产和生活的各个领域。掌握计算机的使用已经成为各行各业工作人员的基本技能，而掌握一种快速的输入法能帮助你更好地使用各种汉字处理系统。

在用户的电脑中，一般都配备了多种汉字输入方法，但在具体操作时，如何选择某一种输入方法呢？对于一个电脑使用者来说，首先要了解汉字输入的基本原理，再根据自己的条件和需要选择适合自己的汉字输入法。

学习流程

3.1 汉字输入的基本原理

1．汉字输入的基本原理

电脑处理汉字是把汉字按照共同特点进行编码，并把这些编码合理地分布在键盘上的各字母键上，用户按照输入法规定的编码方法键入编码对应的字母或字符，输入法软件自动在字库里找到相应的汉字并显示在屏幕上。

2．汉字编码的类型

根据不同的编码方式，汉字输入法分为“音码”、“形码”和“音形码”三种。音形码是结合前两种方法进行混合编码的输入法。

（1）音码

音码也叫拼音码，是根据汉语拼音方案对汉字进行编码的输入法。它符合人们的习惯，不需要学习即可使用，受到广泛的欢迎，是使用最多的汉字输入法。但是由于中文里有大量的同音字，拼音输入法的重码较多，使用拼音输入法需要正确掌握汉语拼音。常用的音码有全拼、双拼、简拼等几种。

（2）形码

形码是根据汉字的字形写法进行编码的输入法。它将汉字的笔画和偏旁部首对应于键盘上的按键，输入时根据字形的顺序按键输入汉字。形码输入速度快、重码率低，是专业打字员常用的输入法。但是使用形码必须记忆字根编码和汉字拆分规则，需要学习和训练才能自如的使用。常用的形码有五笔字型等。

（3）音形码

音形码是把拼音方法和字形方法结合起来的一种输入法。一般以拼音为主，字形为辅，音形结合，取长补短。输入时首先输入拼音，再输入偏旁部首的编码以区分重码。偏旁部首的编码一般也是以部首读音的声母字符编码，这样既降低了重码率，又减少了记忆量。常见的音形码有自然码、二笔输入法等。

3．五笔字型的编码原理

五笔字型输入法就是王永民教授根据汉字的结构特点，优化各种形码，最后得到 130 种基本字根，并将它们科学有序地分布在键盘的 25 个英文字母键（除〈Z〉键以外）上，用户就可以用这25 个字母键上的基本字根组合出成千上万个不同的汉字、词组，所述就是五笔字型输入方法的基本原理。

3.2 五笔字型输入法的安装

在学习了五笔字型输入法的原理及使用方法，以及掌握了五笔字型的输入方法后，现在开始给用户介绍一些与五笔字型相关的知识。

会使用输入法了，想知道输入法是怎么安装的吗？在这一部分的内容里就介绍如何安装自己需要的输入法，并将输入法按照自己的需要进行设置，让其最大限度地符合自己的使用习惯。下面就来详细介绍一下五笔字型输入法的安装以及各项功能的设置方法。

本章介绍学习五笔字型前需要先做的一些必要准备工作，比如下载安装五笔输入法，对输入法做一些适合的设置，然后介绍一些五笔字型的基本知识。

3.2.1 五笔字型输入法的版本介绍

五笔输入法问世已有二十多年，以其快速的输入速度在各种汉字输入法中堪称翘首。同时五笔字型输入法也经历了不断更新和发展的过程。

1．五笔字型输入法 86 版

1986 年王永民教授推出“五笔字型 86 版”，它使用 130 个字根，可以处理国际 GB2312 汉字集中的一、二级汉字共 6763 个。经过十多年的推广，86 版输入法逐渐占据了汉字输入法的主导地位，拥有了数以千计的用户。

2．五笔字型输入法 98 版

为了使五笔字型输入法更加完善，经过十多年的努力，王永民教授于 1998 年推出了“王码 98 版五笔输入法”。98 版的五笔输入法不但可以输入 86 版所能输入的全部汉字，更增加了 13053 个繁体字。

除了占据主流的 86 版和 98 版五笔输入法外，还有许多其他种类的五笔字型输入法，如极品五笔输入法、智能陈桥输入法、万能五笔输入法以及五笔加加输入法等。

因 86 版推出时间较早已拥有较多的用户，目前有很多功能比较强大的智能陈桥输入法、王码五笔输入法、万能五笔输入法和极品五笔字型输入法的版本都是采用 86 版的编码方案，使用者较多。建议读者学习 86 版五笔输入法。

3.2.2 五笔字型输入法的下载

得到五笔字型输入法的方法很多，上网下载是最好的方法。目前在网上有很多优秀的输入法，如“极品五笔”、“智能陈桥”、“五笔加加”、“万能五笔”等。下面列出提供常用五笔输入法下载的地址。

华军软件园：http://www.onlinedown.net/ ，天空软件站：http://www.skycn.com/

以天空软件站下载五笔输入法为例，下载的步骤如下：

1）打开浏览器，在地址栏输入 http://www.skycn.com/index.html，打开天空软件站主页，如图 3-1 所示。

图 3-1 天空软件站主页

2）在网站首页的“搜索”输入栏中输入“极品五笔”，点击“查找”按钮。

3）在新打开的网页上显示查找结果，可以根据自己网络连接的类型在显示结果的右下角选择“镜像:[电信 | 网通 | 铁通 | 联通]”，如图 3-2 所示。

图 3-2　极品五笔搜索结果页面

4）以选择“网通”为例，显示所有“极品五笔 V6.7”版输入法介绍页面，拖动滚动条，在网页下方“下载专区”中列出了所有下载地址列表，如图 3-3 所示。

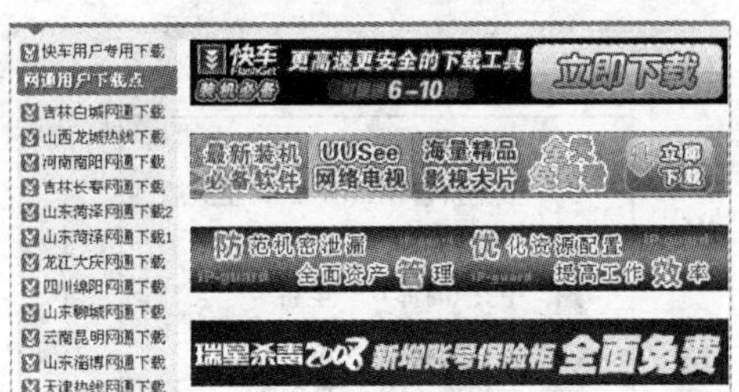

图 3-3　下载专区地址列表

5）选择最近或最快的下载地址，单击鼠标右键选择“目标另存为”，或使用下载软件下载即可。

3.2.3　五笔字型输入法的安装

输入法下载完成后，要把它安装到电脑上才能使用，具体的安装步骤如下：

1）双击“极品五笔”安装图标，然后弹出“极品五笔输入法安装向导”界面，其过程如图 3-4 所示。

2）单击“下一步”按钮，进入“许可协议”界面，选择“我同意此协议”选项。

3）单击“下一步”按钮，进入“目标安装位置”界面，如无特殊情况，按默认位置安装即可。

4）单击“下一步”按钮，进入“准备安装”界面，如确认无误，单击“安装”按钮即可开始安装输入法，如图 3-5 所示。

5）安装完成后，单击“完成”按钮即可。

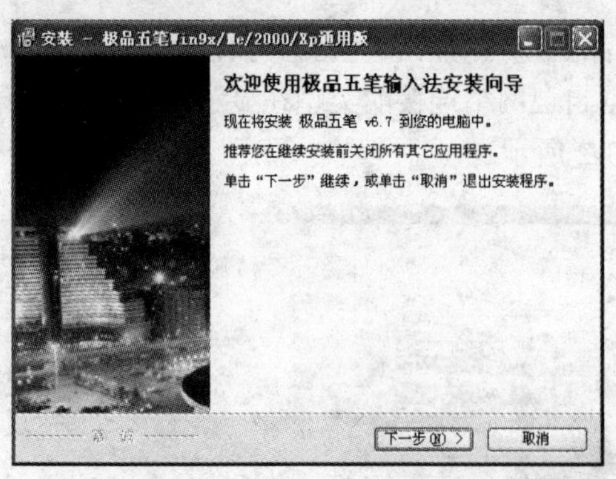

图 3-4 “正在安装”界面

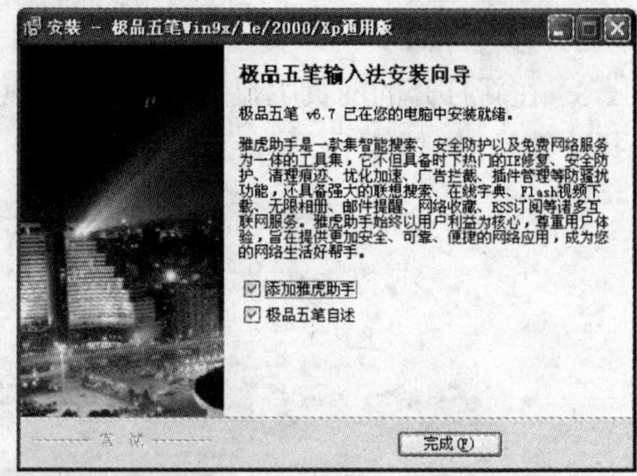

图 3-5 “完成”界面

3.3 五笔字型输入法的设置

在进行五笔字型输入法学习之前，先来熟悉一下汉字输入法的设置，这样在以后的学习中能够更加得心应手。

3.3.1 输入法状态简介

安装了极品五笔输入法后，单击语言栏，该输入法会出现在弹出的输入法列表中，如图 3-6 所示。

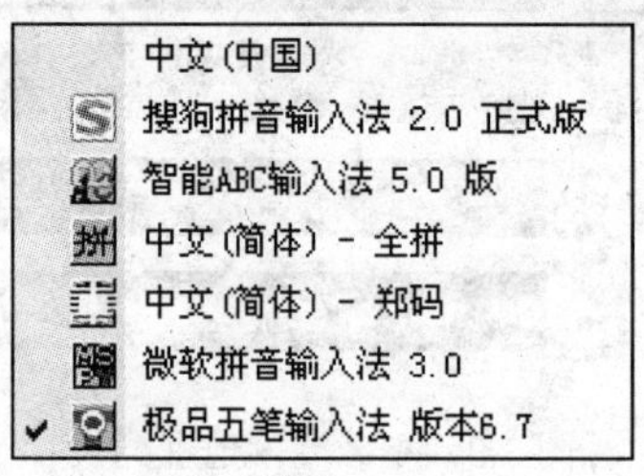

图 3-6 语言栏输入法列表

打开输入法后，在屏幕下方就会出现一个输入法状态条。输入法状态条表示当前的输入状态，可以通过单击它们来切换输入状态。虽然每种输入法所显示的图标有所不同，但是它们都具有一些相同的组成部分，如图 3-7 所示。

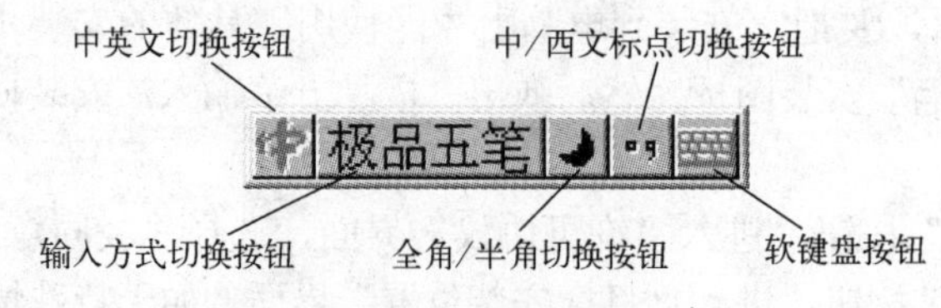

图 3-7 输入法状态条

通过对输入法状态条的操作，可以实现各种输入操作。

1. 输入方式切换

在通常情况下，输入方式切换按钮显示当前输入法的名称。在Windows 内置的某些输入法中，还含有自身携带的其他输入法方式，例如智能ABC包括标准和双打输入方式。用户可以使用输入方式切换按钮进行切换。

2．中英文切换

单击“中英文切换”按钮（中）可实现中英文输入的切换，或者按〈Caps Lock〉键。用户还可以单击任务栏上的“指示器”，在弹出的输入法菜单中选择中文或英文输入法。

3．全角/半角切换

单击“全角/半角切换”按钮（）可进行全角/半角切换，也可以按〈Shift+空格〉组合键。

4．中/西文标点切换

单击“中/西文标点切换”按钮（），或按〈Ctrl+.〉键在中/西文标点之间进行输入切换。

5．使用软键盘

单击“软键盘”按钮（）可打开软键盘，如图 3-8 所示，此时用鼠标在软键盘上单击即可以输入字符。

Windows 共提供了13 种软键盘，通过这些软键盘，可以很容易地输入键盘上没有的字符。图 3-8 显示的只是13 种软键盘中的“PC 键盘”，使用鼠标右键在软键盘按钮上单击，即可弹出所有软键盘菜单，如图 3-9 所示。选择一种软键盘后，相应的软键盘会显示在屏幕上。

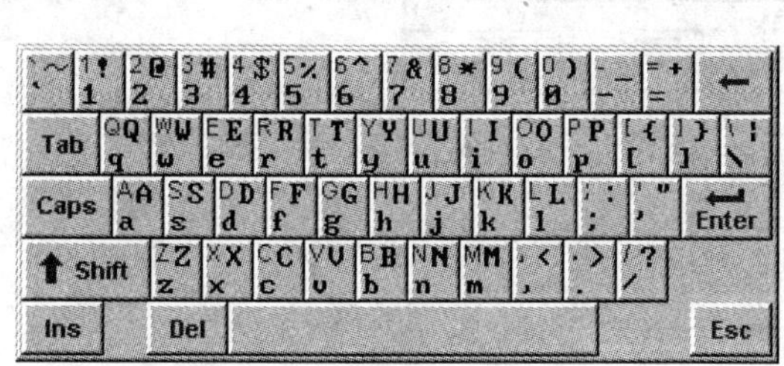

图 3-8　打开软键盘

图 3-9　软键盘菜单

小技巧

其实五笔字型输入法的状态条使用方法、软键盘的各项功能与拼音输入法很类似，这部分不用花费太多的时间。

3.3.2　添加与删除输入法

在使用电脑的过程中，有时需要添加新的输入法。用户可按下述步骤添加输入法。

1．添加输入法

在任务栏右下角的输入法图标（）上右击，在弹出的快捷菜单中选择“设置”选项，可以打开“文字服务和输入语言”对话框来添加输入法。下面以添加“双拼输入法”为例介绍添加输入法的方法。

1）在任务栏右下角的输入法图标（）上单击鼠标右键，弹出输入法菜单，如图 3-10 所示。

2）选择“设置”选项，出现“文字服务和输入语言”对话框，如图 3-11 所示。

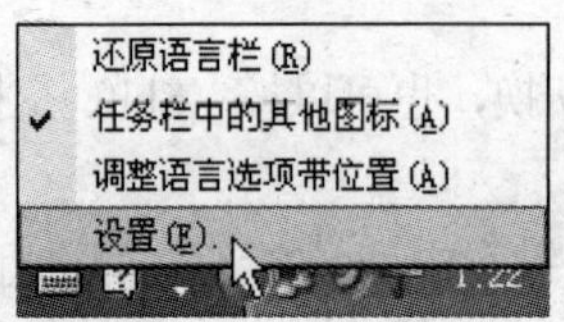

图 3-10 输入法右键菜单

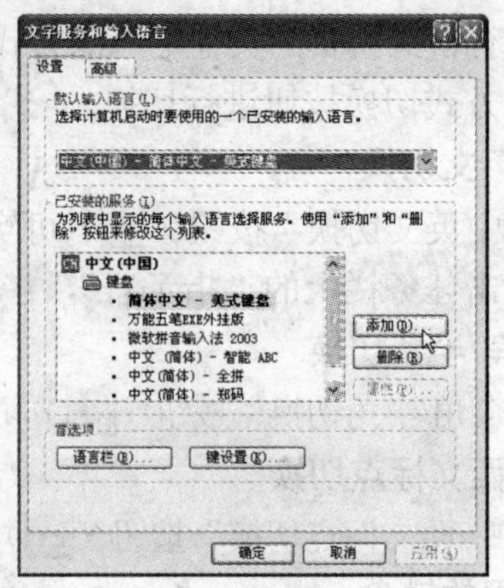

图 3-11 “文字服务和输入语言”对话框

3）单击“添加”命令按钮，出现如图 3-12 所示“添加输入语言”对话框。

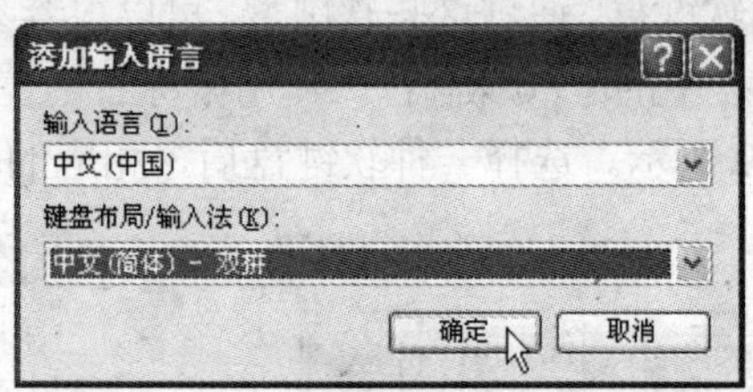

图 3-12 “添加输入语言”对话框

4）在输入法下拉列表框中选中双拼输入法，单击“确定”按钮关闭对话框。

5）单击“应用”按钮后，单击“确定”按钮，输入法添加完成。

2. 删除输入法

删除输入法的操作比添加输入法的操作要简单，只要在“文字服务和输入语言”对话框中选择要删除的输入法，再单击“删除”按钮即可。

3.3.3 把五笔字型设置成默认输入法

虽然 Windows XP 安装了很多种输入法，但经常使用的输入法只有一种。为了方便使用，不妨把最常用的五笔字型输入法定义为系统默认的输入法，这样就不用总是切换了。具体操作步骤如下：

1）在 Windows XP 任务栏中，右击“语言栏”图标，弹出如图 3-13 所示的右键菜单。

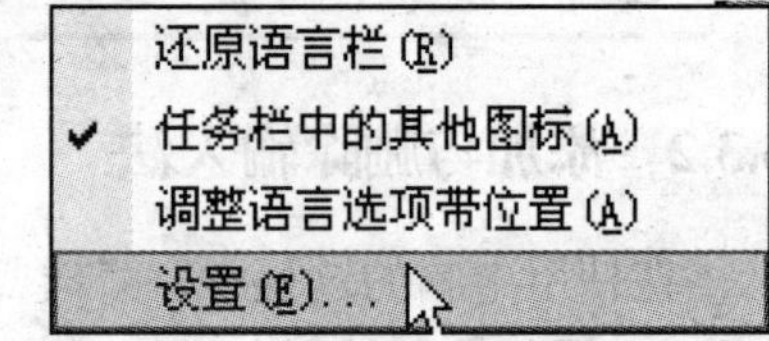

图 3-13 语言栏右键菜单

2）选择“设置”选项，弹出如图 3-14 所示的“文字服务和输入语言”对话框。

3）在“默认输入语言”栏中，单击下拉列表按钮，在弹出的下拉列表中选择“极品五笔输入法”选项。

4）单击“确定”按钮即可。

当然也可以把其他输入法设置成默认输入法。

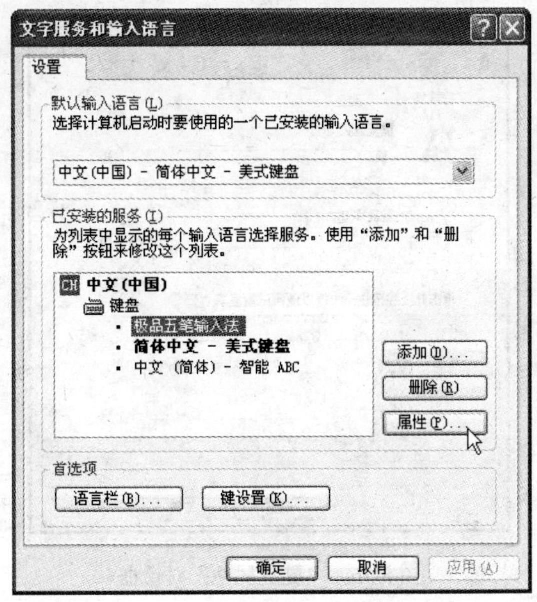

图 3-14 “文字服务和输入语言”对话框

3.3.4 设置键盘按键速度

设置合适的按键速度对下一步要学习的五笔字型输入很有用。仔细研究一下发现，可以在控制面板的键盘应用程序中设置按住按键时产生重复击键的速度和确认产生重复击键的延迟时间。具体的操作步骤如下：

1）单击“开始”菜单→选择“控制面板”选项→弹出“控制面板”窗口，如图 3-15 所示。

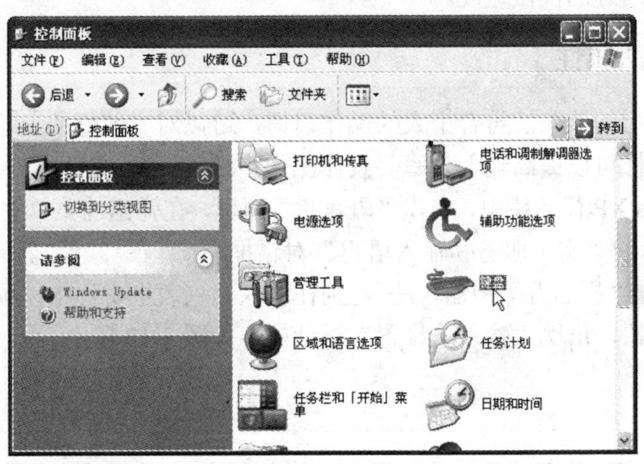

图 3-15 “控制面板”窗口（经典视图）

2）在“控制面板”窗口中双击“键盘”图标（ ），打开“键盘属性”对话框，如图 3-16 所示。

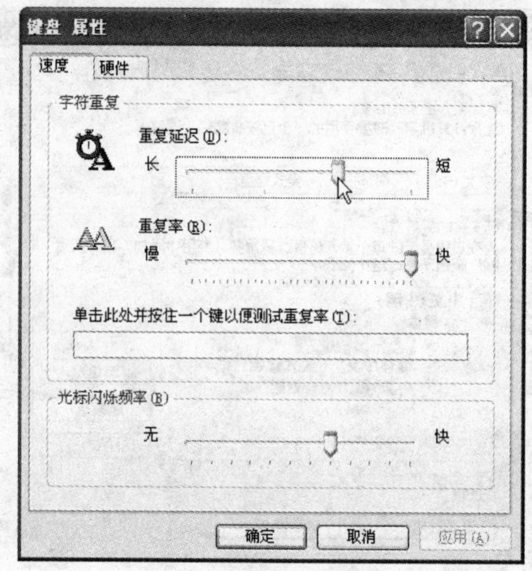

图 3-16 “键盘属性”对话框

注意

本例中所示为在“经典视图”下的“控制面板”窗口。Windows XP 默认的“控制面板”窗口是“分类视图”，这两种视图的切换只需单击“控制面板”窗口左上角的 切换到分类视图 即可实现。

3）在“字符重复”设置框中用鼠标拖动“重复延迟”和“重复率”标尺上的游标便可以设置键盘的按键重复速度。

在该窗口中还可以设置光标闪烁的速度。用户用鼠标拖动“光标闪烁速度”标尺上的游标就可以设置光标闪烁的快慢速度。

3.3.5 设置输入法属性

为了让自己使用的输入法符合个人的操作习惯，可以对安装好的五笔字型或其他中文输入法进行设置，这样可以提高输入效率。具体操作步骤如下：

1）在 Windows XP 任务栏中，右击“语言栏”图标，在弹出的菜单中选择“设置”选项，弹出如图 3-14 所示的“文字服务和输入语言”对话框。

2）如果要设置“极品五笔型输入法”，则在输入法列表框中选中该项，然后单击列表框右侧的“属性”按钮，出现“输入法设置”对话框，如图 3-17 所示。

注意

也可以在任意输入法状态条上单击右键，在显示的快捷菜单中选择“设置”选项，显示“输入法设置”对话框。

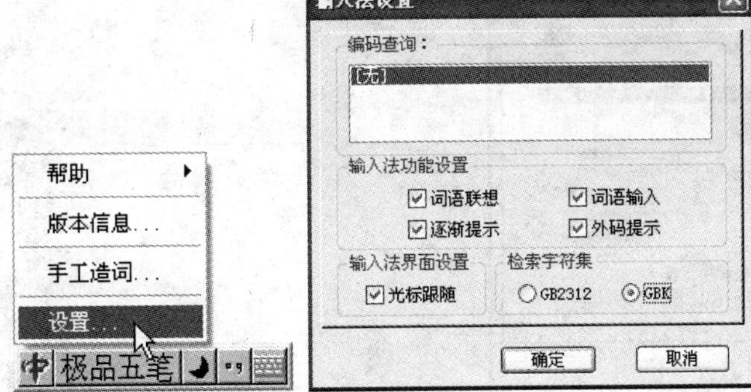

图 3-17 输入法设置

“输入法设置”对话框提供的状态设置项目与中文输入的显示和功能密切相关。

- 词语联想：输入一个汉字，重码栏立即显示由该字打头的联想词组，按词组前的数字键即可输入选择的词组。
- 词语输入：选中此项，表示允许字词混合输入（默认值），否则为取消词语输入，这时，只能输入单个字。
- 逐渐提示：在输入编码未完成时，重码栏显示所有可选择输入的字词。初学五笔时，此功能非常有用。
- 外码提示：选中此项，表示外码提示有效，否则表示外码提示无效。

注意

只有选中“逐渐提示”复选框后，“外码提示”项才有效。否则，即使选中“外码提示”复选框也无效。

- 光标跟随：单击选中“光标跟随”后，输入编码时，编码栏和重码栏显示在文字光标附近，重码栏呈长方形；单击取消后，编码栏和重码栏固定显示在屏幕下方，重码栏呈横条状。

3.3.6 “编码查询”功能

当遇到用五笔不会输入的字或输入了汉字却不认识时，就可使用“编码查询”功能，这要通过对两种输入法的属性设置加以实现。

1．用拼音输入法查询汉字的五笔字型编码

例如使用“全拼输入法”查询汉字“末”的五笔字型编码，具体操作步骤如下：

1）在 Windwos XP 的“语言栏”中选择“全拼输入法”，显示“全拼输入法”状态条。

2）在“全拼输入法”状态条上单击鼠标右键，选择“设置”选项，弹出如图 3-18 所示的“输入法设置”对话框。

3）在“编码查询”栏中，选择“极品五笔”选项，单击“确定”按钮。

4）在文字编辑软件中输入拼音“mo”，选择“末”字输入后，在输入框里就会显示出“末”字的五笔编码“gs”（一般是绿色的），如图 3-19 所示。

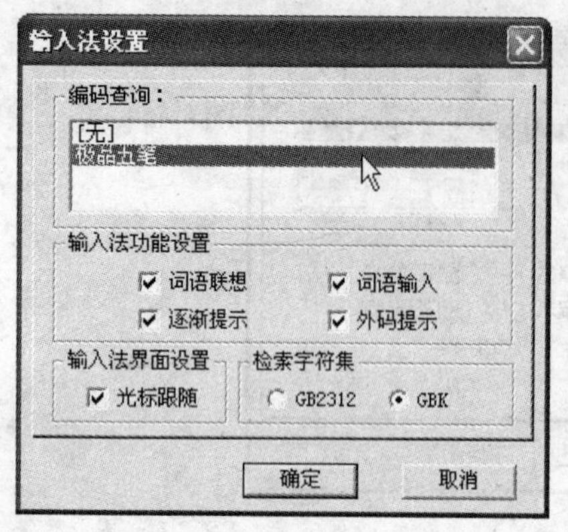

图 3-18　“输入法设置”对话框

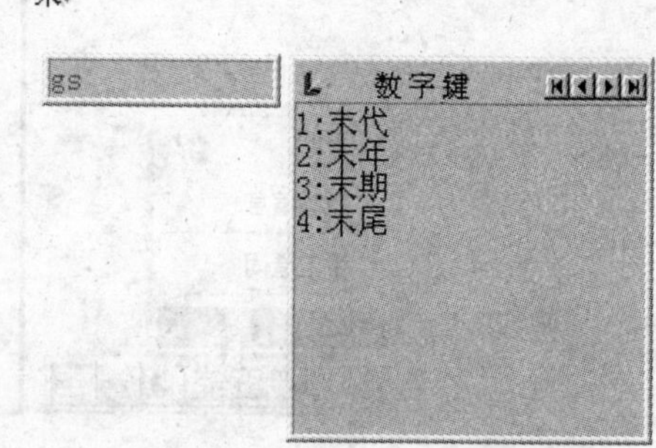

图 3-19　全拼输入法查询汉字的五笔编码

小技巧

这个功能是一定要掌握的，在学习五笔的过程中，拆字是大难题，这个功能在接下来的学习中太有用了。

2. 用五笔字型输入法查询汉字的拼音

例如使用“极品五笔输入法”查询汉字“赘”的拼音，具体操作步骤如下：

1）在 Windwos XP 的“语言栏”中选择“极品五笔输入法”，显示“极品五笔输入法”状态条。

2）在“极品五笔输入法”状态条上单击鼠标右键，选择“设置”选项，弹出如图 3-20 所示的“输入法设置”对话框。

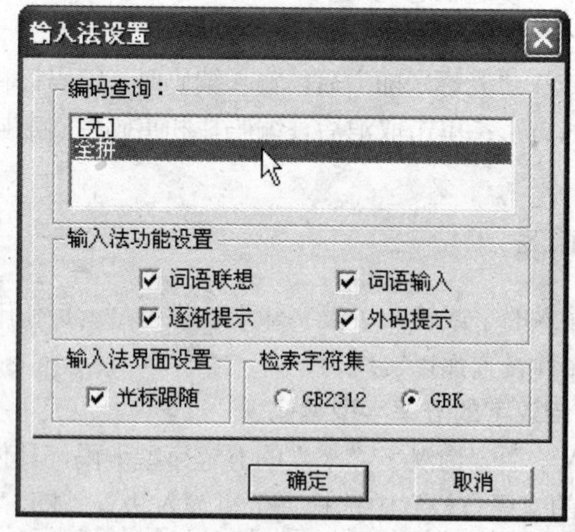

图 3-20　“输入法设置”对话框

3）在“编码查询”栏中，选择“全拼”选项，单击“确定”按钮。

4）在文字编辑软件中输入五笔编码“gqtm”，输入“赘”后，在输入框里就会显示出“赘”字的拼音“zhui”（一般是绿色的），如图 3-21 所示。

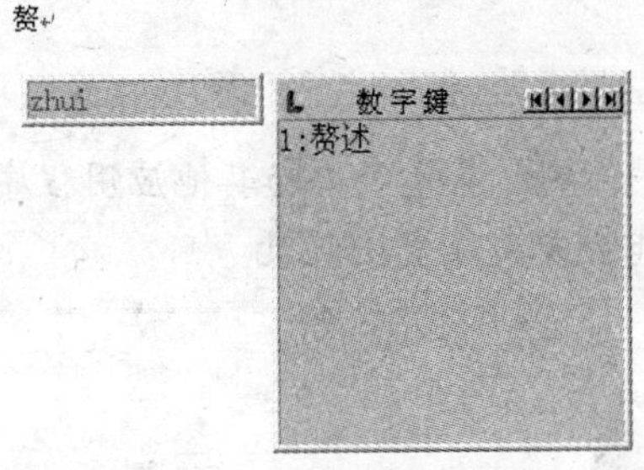

图 3-21　用五笔输入法查询汉字的拼音

3.3.7　为五笔字型输入法设置热键

使用输入法的热键，可以快速地切换到所需的中文输入法。下面以“极品五笔输入法”的热键为例来具体示范定义热键的方法和步骤。本例将其定义为〈Ctrl+Shift+1〉。

1）在 Windows XP 任务栏中，右键单击“语言栏”图标，在弹出的菜单中选择“设置”选项，弹出“文字服务和输入语言”对话框。

2）单击对话框最下方的“首选项”栏中的“键设置”按钮，弹出“高级键设置”对话框，如图 3-22 所示。

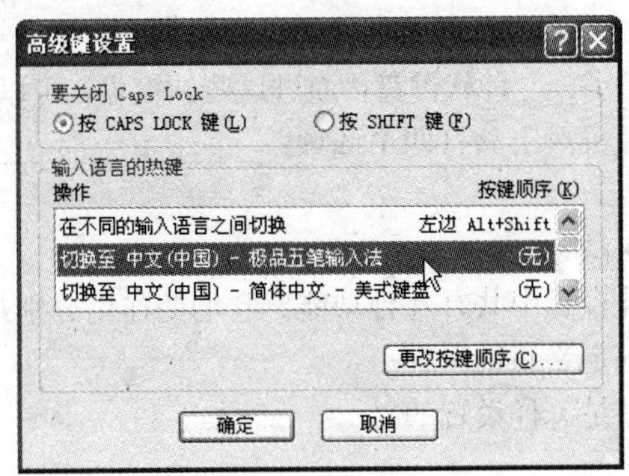

图 3-22　“高级键设置”对话框

3）在“输入语言的热键”列表框中，选择“切换至中文（中国）–极品五笔输入法”选项，单击“更改按键顺序”按钮。

4）在弹出如图 3-23 所示的“更改按键顺序”对话框中，勾选“启用按键顺序”复选框，选择〈Ctrl+Shift+1〉后，单击“确定”按钮即可。

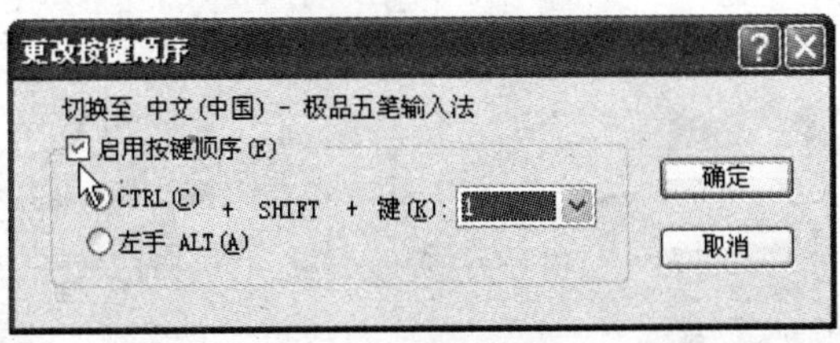

图 3-23　“更改按键顺序”对话框

注意

定义输入法的热键时尽量不要与其他应用程序的热键相同，否则彼此会产生冲突，热键可能会失灵或发生混乱。

一、动手题

按照本章的讲解给电脑安装上五笔字型输入法。并删除不经常使用的输入法。

二、填空题

1. 根据不同的编码方式，汉字输入法分为________、________和________三种；________是结合前两种方法进行混合编码的输入法。

2. 五笔字型输入法是根据汉字的结构特点，优化各种______，最后得到____种基本字根，并将它们科学、有序地分布在键盘的____个英文字母键（除___键以外）上。

3．如果要启动或关闭已经安装的中文输入法时可以随时使用________________键来完成。

4．Windows 中共提供了____种软键盘，通过这些软键盘，可以输入__________的字符。

5．设置输入法的快捷菜单上共有四个选项：______、_______、_______、_________。

三、简答题

1．如何添加中文输入法？

2．中文输入法的属性设置中共有几种功能？它们的作用分别是什么？

3．如何使用手工造词定义新词组？

4．中文输入法的热键是怎样设置的？

第 4 章

五笔字型的编码基础

五笔字型输入法是以汉字的结构特点为编码基础的，所以在学习五笔字型输入法之前，首先对汉字的字型结构进行分析，从而加深理解五笔字型输入法的编码规则，以便更好地学习以后的内容。

汉字可以划分成三个层次：笔画、字根、单字。一个完整的汉字，既不是一系列不同笔画的线性排列，也不是各种笔画的任意堆积，而是由若干复合连接交叉所形成的相对不变的结构，即字根来构成。由此可见，要了解汉字的结构特点，应根据汉字的这三个层次来逐层分析。

学习流程

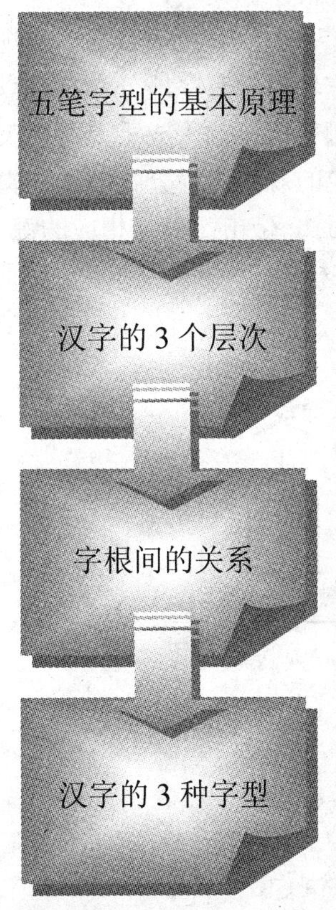

4.1 五笔字型的基本原理

五笔字型汉字输入法是一种“拼形输入法”，是把组成汉字的“五笔字根”按照汉字的书写顺序输入电脑，从而得到汉字或词组的一种键盘输入方法。

4.1.1 为什么称作五笔字型

因为汉字是中国特有的文字，笔划复杂，形态多样，仅常用的汉字就要 7000 多个，而总数超过3万。虽然汉字数量繁多，但汉字都是由几种固定的笔划组成的。我们用偏旁部首查字法查字时，首先要做的就是去数部首的笔划，而笔划分为“横、竖、撇、捺、折、点、竖钩、竖弯钩、横折钩、提”等。如果只考虑笔划的运笔方向，不去看它的轻重长短，那么就可以把所有的笔划都归纳为“横、竖、撇、捺、折”这五种。为了方便记忆，五笔字型的研究者把它们从 1 到 5 依次编号。这就是为什么叫五笔字型的原因。

4.1.2 五笔字型输入的基本原理

汉字是由 5 种笔画经过各种复合连接或交叉而成的相对不变的结构，然而笔画只能表示组成汉字的某一笔，真正构成汉字的基本单位是字根，而这些字根正如一块块不同形状的积木，我们就可以用这些不同形状的“积木”组合出成千上万不同的汉字。

基于这一思路，王永民教授花费了5年时间，苦心钻研了成千上万个汉字及词组的结构规律，经过层层分析、层层筛选，最后优化得到130种基本字根，将它们科学有序地分布在键盘的 25 个英文字母键（除〈Z〉键以外）上，我们通过这 25 个字母键就可以输入成千上万个汉字及词组。输入汉字时首先将汉字折成不同的字根，然后按照一定的规律进行分配。再把它们定义到键盘上不同的按键上。这样我们就可以按照汉字的书写顺序，敲击键盘上相应的键。电脑就会将这些代码转换成相应的文字显示到屏幕上来了。各个过程可以用图 4-1 来表示。这就是五笔字型输入方法的基本原理。

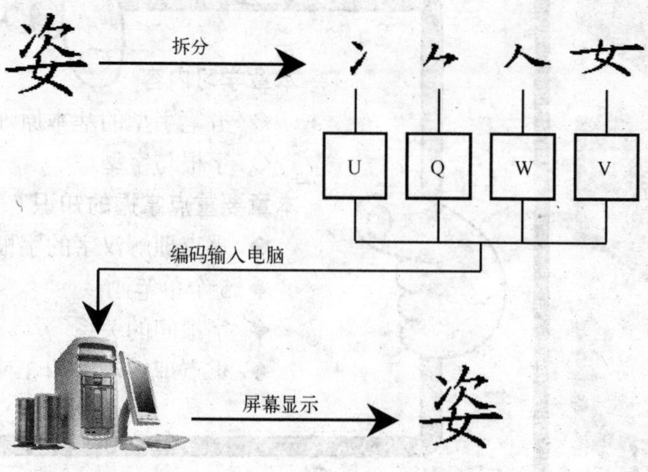

图 4-1 五笔字型输入原理

4.1.3 汉字的 3 个层次

在五笔字型输入法中，组成汉字的最基本的成分是笔画，由基本笔画构成字根，再由基本笔画和字根构成汉字，如图 4-2 所示。

汉字可以划分为 3 个层次：笔画、字根和单字。

笔画：汉字的笔画多种多样，但归纳起来，只有横、竖、撇、捺（点）、折这 5 种。

字根：由若干笔画复合连接、交叉形成的相对不变的结构组合，它是构成汉字的最重要、最基本的单位。

单字：字根的拼形组合构成单字。

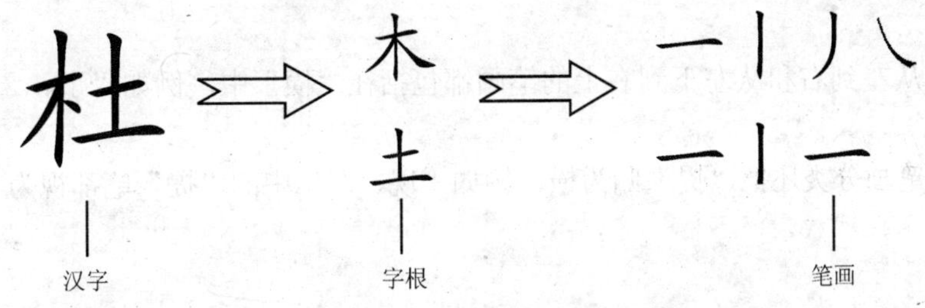

图 4-2　汉字的 3 个层次

4.1.4 汉字的 5 种笔画

大家知道，所有汉字都是由笔画构成的，但笔画的形态变化很多，如果按其长短、曲直和笔势走向来分，也许可以分到几十种之多。为了易于被人们接受和掌握，我们必须进行科学分类。

在书写汉字时，不间断地一次写成的一个线条叫做汉字的笔画。在这样一个定义的基础上，如果把汉字的基本笔画简化概括为“横（一）、竖（丨）、撇（丿）、捺（㇏）、折（乙）”5 种，如图 4-3 所示。

图 4-3　汉字的 5 种笔画

如果只考虑笔画的运笔方向，而不计其轻重长短，根据使用频率的高低，5 种笔画可依次用 1，2，3，4，5 表示，如表 4-1 所示。

表 4-1　汉字的 5 种笔画

编码	笔画名称	笔画走向	笔画及其变形		说　明
			笔　画	变　形	
1	横	左→右	一	㇀	“提”笔均视为横
2	竖	上→下	丨	亅	左竖钩为竖
3	撇	右上→左下	丿	ノ	
4	捺	左上→右下	㇏	、	点均视为捺（包括宝盖中的点）
5	折	带转折	乙	㇁㇆㇇㇖㇅㇈㇉㇋㇌㇎ ㇄㇗㇙㇂㇃㇟㇜㇞㇡	带转折的编码为 5，左竖钩除外

1．横

运笔方向从左到右和从左下到右上的笔画都包括在“横”中，例如“丁、二”在“横”这种笔画内。

为了方便笔画分类还把“提”归为横，例如“现、习”中的“提”笔都视为“横”，如图 4-4 所示。

图 4-4　笔画横

2．竖

运笔方向从上到下的笔画都包括在“竖”这种笔画内，例如“中、吊”中的“竖”。

为了方便笔画分类把竖左钩归为竖，例如：“利、小”中的“竖左钩”，如图 4-5 所示。

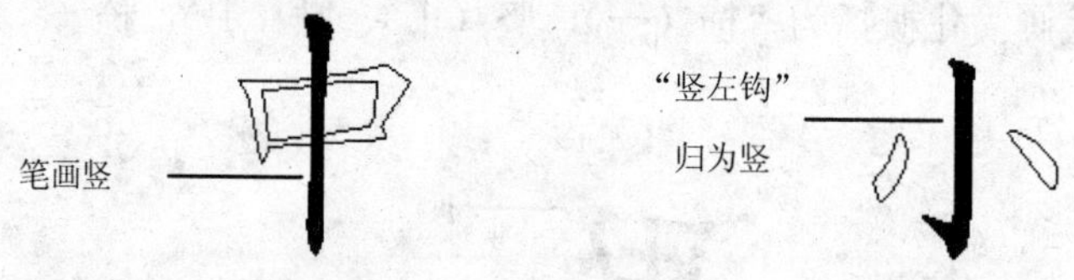

图 4-5　笔画竖

3．撇

运笔方向从右上到左下的笔画归为一类，称为“撇”，如“力、九”中的“撇”，如图 4-6 所示。

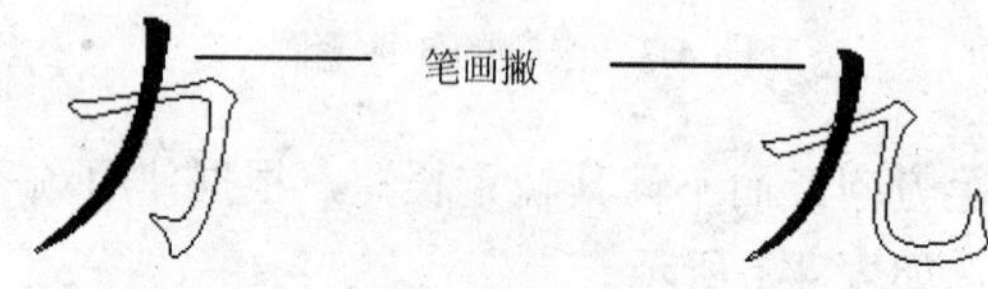

图 4-6　笔画撇

4. 捺

运笔方向从左上到右下的笔画归为一类，称为“捺”，例如“大、八”中的“捺”。为了方便笔画分类，把“点”归为捺笔，例如“户、主”中的“点”，如图4-7所示。

图4-7 笔画捺

5. 折

我们把所有带转折的笔画（除了竖左钩外），都归结为“折”，例如“刀、幺、戈、亏”中的“折”，如图4-8所示。

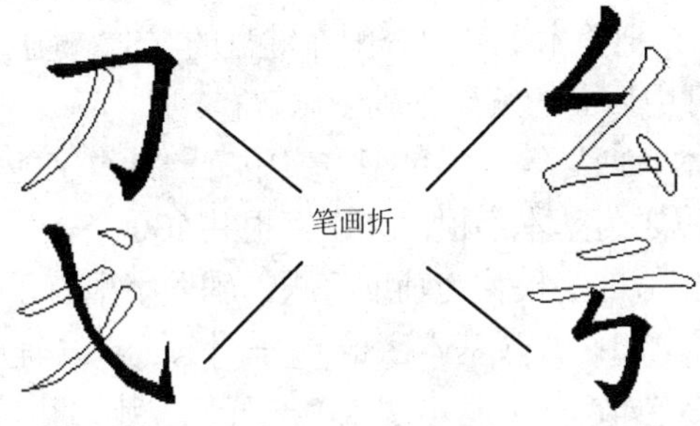

图4-8 笔画折

注意

在区分笔画种类时，要注意“笔画走向”这一基本特征。1) 提笔“㇀”和撇“丿”在外形上相似，但“㇀”是从左到右书写，应归为“横”类，而“丿”是从右上到左下书写的，应归为“撇”类。2) “亅”和“㇙”相似，“亅”为“竖”类，而“㇙”为“折”类。3) 除“亅”外，凡是带转折的笔画都为“折”类。

五笔字型输入法的基本字根有130个。许多非基本字根都是由基本字根变化而来的，其中变化最多的就是“乙”笔了。在这里就专门针对字根中与“乙”有关的拆分方法做一些介绍。表4-2列出了所有折笔的变化形式。

表4-2 “折”笔的变形

折 笔	例 字	折 笔	例 字	折 笔	例 字
コ	臣 假 侯 追 官	㇕	书 国 片 虫 尸	㇟	电 甩 龟 九 巴
ㄅ	乌 鼎 与 亏 考	㇂	弋 我 成	㇆	韦 成 万 也 力
㇈	瓦 飞 九 气 几	㇙	以 饮 瓦 收	㇗	甚 亡 世
ㄣ	专 转	㇋	肠 乃		
㇇	买 蛋 了 今 疋	ㄥ	该 幺 发 车 亥		

4.2 字根与字型

本单元介绍字根的定义字根间的结构关系及字型的相关知识。学习本单元的内容可使初学者具备分辨字型的能力。

4.2.1 汉字的字根

字根是由若干笔画交叉连接而形成的相对不变的结构。所有汉字都是由字根构成的。因此五笔字型输入法中规定以字根为基本单位编码。下面来了解一下汉字的字根。

汉字是一个图形文字，每个汉字都是由字根组成的，而每个字根又是由笔画组成的。字根是五笔输入法中的灵魂，正确而熟练地拆分字根是掌握五笔字型汉字输入法的关键。例如“相”字，五笔字型将“相”字拆成了“木”和“目”两部分，“木”和“目”即为“相”字的两个字根。“木”字根分配在键盘的〈S〉键上，而“目”字根分配在〈H〉键上，输入“SH”即可输入“相”。至于为什么把“木”字根分配在键盘的〈S〉键上，而把“目”字根安排在了〈H〉键上，这个问题可用后面的编码基础予以解释。

基本字根：像“王、木、西”等五笔字型方案中有一批组字能力强，在日常汉语中出现频率高，有代表性的字根称之为基本字根，基本字根共 130 个。

辅助字根：与主字根相似的字根称为辅助字根。辅助字根有以下几种形式。

（1）字源相同的字根，如：心（基本字根）——忄、⺗（辅助字根）；

（2）形态相近的字根，如：艹（基本字根）——廾、廾、廿（辅助字根）；

（3）便于联想的字根，如：阝（基本字根）——耳、卩、㔾（辅助字根）；

乙（基本字根）——㇠ ㇆ ㇇ ㇖ ㇈ ㇋ ㇌ ㇡ ㇅ ㇉ ㇄ ㇙ ㇂ ㇁ ㇃ ㇊ ㇎ （次字根即所有折笔）。

所有的辅助字根与其基本字根都同在一个键上，编码时使用同一代码（即同一字母）。

以字根来考虑汉字的构成为汉字编码创造了方便。因为汉字的拼形编码既不考虑读音，也不把汉字全部支解为单一笔画，而是遵从人们的习惯书写顺序，以字根为基本单位组字、编码，并用来输入汉字。字根不像汉字那样，有公认的标准和一定的数量，哪些结构算字根？哪些结构不算字根？历来没有严格的界限。

一般而言，在字根选取上，主要以以下几点为标准：

1）选择那些组字能力强的，例如：“目、日、口、田、山、王、土、大、木、工”等。

2）选择那些组字能力不强，但组成的字在日常用语中出现频率很高的，例如：“白”组成的“的”字，在汉语中使用频率很高。

3）选择使用频率较高的偏旁部首（注：某些偏旁部首本身即是一个汉字），例如：“炎、扌、氵、禾、亻、纟、水”等。

根据以上几种标准选择的字根可称作“基本字根”，而没有选中的字根都可拆分成几个基本字根。

4.2.2 字根间的结构关系

在五笔字型输入法中，汉字是由字根组成的。许多汉字是由 1～4 个字根组成的。字根间的位置关系可以分为4种类型，通俗地称为“单、散、连、交”。

1．单字根结构

单字根结构简称为“单”，理解为单独成为汉字的字根，即这个汉字只有1个字根。具有这种结构的汉字包括键名汉字与成字字根汉字，例如键盘〈G〉键分配的字根“王”，它是键名汉字，结构为“单”；“五”也在〈G〉键中，称之为成字字根，结构为“单”。另外5种单笔画字根也属于这种结构。

2．散字根结构

散字根结构简称为“散”，指构成汉字的基本字根之间保持有一定的距离，例如“江、汉、字、照”等。这样组成的字有一个特点，就是字根间保持一定的距离，即字根有一个相互位置关系，既不相连也不相交。这个位置关系分别属于左右、上下之一。

小技巧

散结构汉字中只属于左右型、上下型。

3．连笔字根结构

连笔字根结构简称为“连”，“连”是指一个基本字根与一单笔画相连，这样组成的字称为连结构的字。

五笔字型中字根间的相连关系特指以下两种情况：

1）单笔画与某基本字根相连，其中此单笔画连接的位置不限，可上可下，可左可右，如图4-9所示。

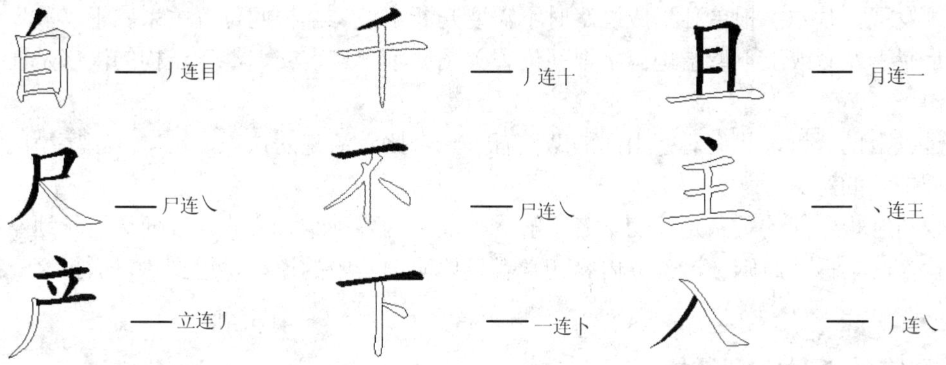

图4-9　字根相连

单笔画与基本字根间距明显者不认为相连，例如“个、少、么、旦、幻、旧、乞”等。

2）带点结构认为相连。例如：“勺、术、主、义、斗、头”等。这些字中的点以外的基本字根其间可连可不连，可稍远可稍近。

注意

规定孤立点与基本字根之间一律按相连关系处理，例如：“主、义、卞”等。

由此可见，基本字根与单笔画相连之后形成的汉字，都不能分解为几个能保持一定距离的部分，因此，这类汉字只能是杂合型。注意以下的字不是字根相连："足、充、首、左、页、美、易、麦"。

4．交叉字根结构

交叉字根结构简称为"交"，这种类型是指由两个或多个字根交叉叠加而成的汉字，主要特征是字根之间部分笔画重叠，如图4-10所示。

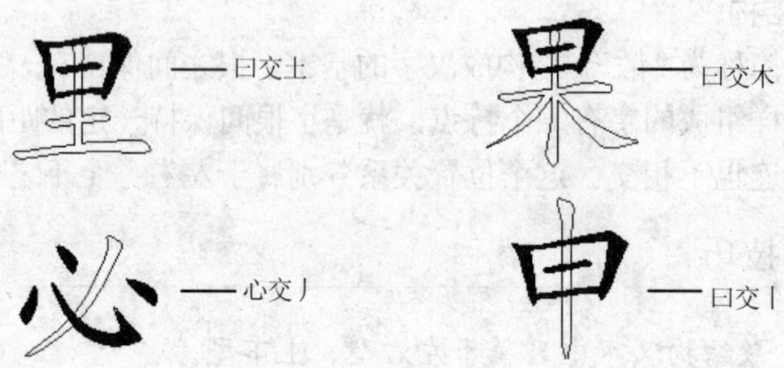

图4-10　交叉字根结构

一切由基本字根交叉构成的汉字，基本字根之间是没有距离的，因此，这一类汉字的字型一定是杂合型。另外还有一种情况是混合型，即几个字根之间既有连的关系，又有交的关系，如"丙、重"等。

5．混

"混"指构成汉字的基本字根之间既有连的关系又有交的关系，例如："两、肉"等。

不难发现，基本字根单独形成汉字时不需要判断字型。字根间位置关系属于"散"结构的汉字是属于左右或上下型结构；字根间位置关系属于"连、交、混"结构的汉字是属于杂合型结构。

通过以上的分析，我们对字根间的结构有了一个比较清楚的认识，这对汉字字型的分类有着十分重要的意义。

字根与字根之间的关系是让初学者了解一下汉字的各种结合方式，以便更清楚地掌握五笔字型输入法的拆字原则。这部分内容初学者只要明白其中的道理，达到对以后拆字有所帮助的目的即可。

4.2.3　汉字的3种字型结构

汉字是一种平面文字。同样的几个字根，在不同的汉字中摆放的位置就有可能不同，这种情况，称这些汉字的"字型"不同。汉字的字型指的是字根在构成汉字时，字根与字根间的位置关系。字型不同，汉字就不同。例如："叶"与"古"，"叻"与"另"等。字型是汉字的一种重要特征信息。了解这一点，对于确定多字根的汉字类型以及分解多字根汉字是非常必要的。因为在向电脑输入汉字时，仅仅键入组成汉字的字根可能还不足以表达清楚这个汉字，有时还需要告诉电脑那些键入的字根是怎样排列的，也就是补充输入一个字型信息，这就是下面要讲到的"末笔字型识别码"。

根据构成汉字的各字根之间的位置关系，可以把汉字分为3种类型：即左右型、上下型、杂合型。按照它们拥有汉字的字数多少，把左右型命名为1型，代号为1；上下型命名为2型，代号为2；杂合型命名为3型，代号为3，如表4-3所示。

表4-3 汉字的字型

代号	字型	图示	字例	特征
1	左右型		利堆熄郭	字根之间可以有间距，总体左右排列
2	上下型		冒赢盗鑫	字根之间可有间距，总体上下排列
3	杂合型		国凶网刁 乘夫还区	字根之间可以有间距，但不分上下左右，浑然一体不分块

下面分别介绍这3种字型。

1. 左右型汉字

左右型汉字包括两种情况：

1）由左右两部分组成，例如："利、铜、他、打、讽"等，如图4-11所示。虽然"铜"和"讽"的右边也由两个字根构成，且这两个字根之间是外内型关系，但整个汉字的结构属于左右型。

2）由3部分从左至右并列，或者单独占据一边的部分与另外两部分呈左右排列，例如："树、招、勒"，也属于左右型，如图4-12～4-14所示。

图4-11 左右两部分

很明显由两部分合并在一切的汉字，可将其明显地分为左右两个部分，且之间有一定的距离，如图4-11所示。

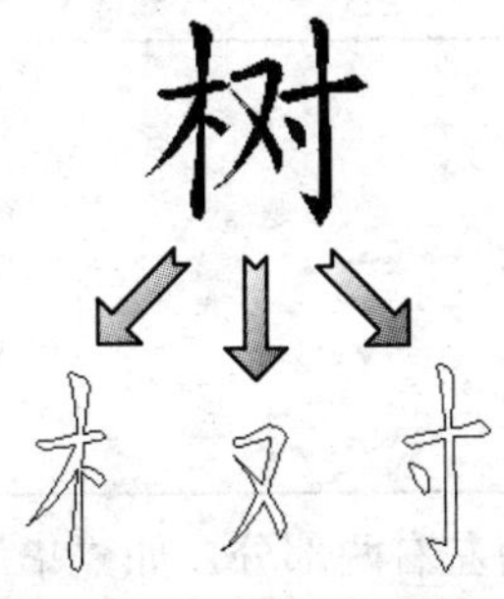

图4-12 左中右3部分

呈左中右排列的汉字，可将其明显地分为左、中、右3部分，如图4-12所示。

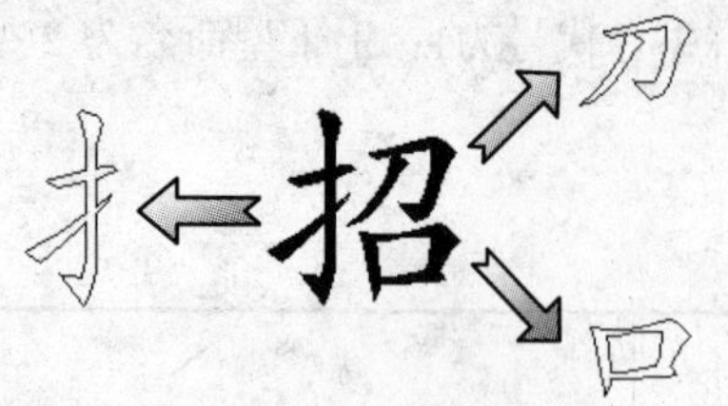

汉字的右侧分为上下两部分，如“招”字的右侧分为“刀”和“口”，如图 4-13 所示。

图 4-13 右侧分两部分

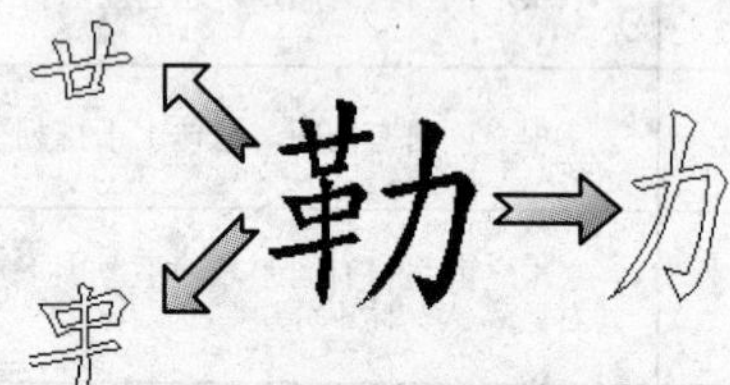

汉字的左侧分为上下两部分，如“勒”字的左侧为“廿”和“串”两部分，如图 4-14 所示。

图 4-14 左侧分两部分

2. 上下型汉字

上下型汉字包括以下两种情况：

1）由两部分分列上下，例如：“肖、沓、告”，如图 4-15 所示。

2）由 3 部分上下排列，或者单独占据一层的部分与另外两部分呈上下排列，例如：“意、华、箔、丽”等，如图 4-16、4-17、4-18 所示。

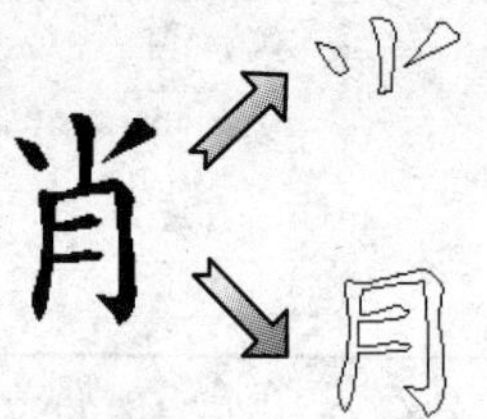

很明显由上下两部分组成，且之间有一定的距离，如图 4-15 所示。

图 4-15 上下两部分

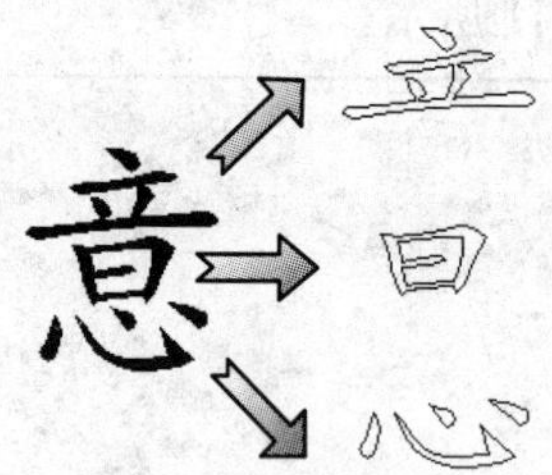

呈上中下排列的汉字，可将其明显的分为上、中、下 3 部分，如图 4-16 所示。

图 4-16 上中下 3 部分

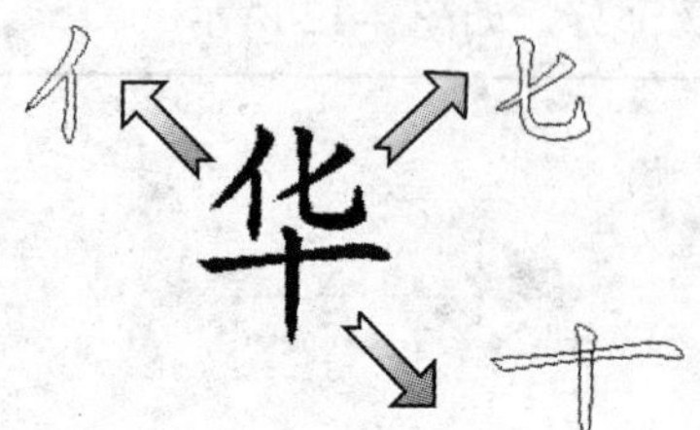

汉字的上方分为左右两部分，如“华”字的上方分为“亻”和“匕”，如图 4-17 所示。

图 4-17 上方分两部分

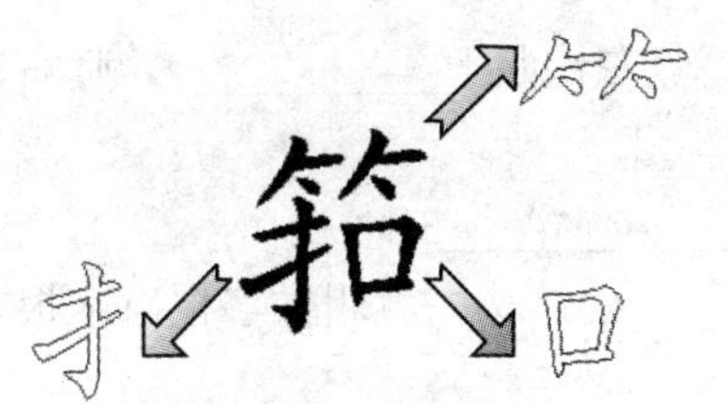

汉字的下方分为左右两部分，如“箝”字的上方分为“扌”和“口”，如图 4-18 所示。

图 4-18　下方分两部分

3．杂合型汉字

杂合型汉字主要包括独体字、半包围、全包围等汉字，这些汉字组成整个汉字的各部分之间没有简单明确的左右或上下型关系，例如，“凹、迟、国、凸、夫、灰”，如图 4-11～4-21 所示。

独体字是一个囫囵的整体，所以字根间没有明显的结构关系，如图 4-19 所示。

图 4-19　独体字

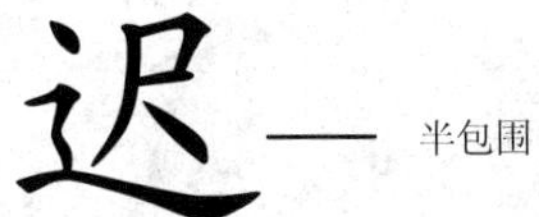

在半包围结构的汉字中，一个字根并未完全包围汉字的其余字根，如图 4-20 所示。

图 4-20　半包围结构

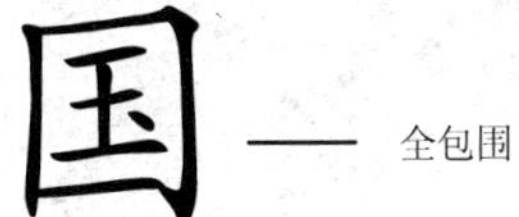

在全包围结构的汉字中，一个字根完全包围了汉字的其余字根，如图 4-21 所示。

图 4-21　全包围结构

纵观汉字的字型分析与结构分析，可以归纳如下：

1）基本字根单独成字，在将来的取码中有专门的规定，因而不需要判断字型；

2）属于“散”的汉字才可能有左右，上下型；

3）属于“连”、“交”或“混合”的汉字属于杂合型；

4）不分左右，上下的汉字属于杂合型。

掌握了汉字的字型结构，对末笔字型识别码的学习有很大帮助。

一、填空题

1．五笔字型把汉字分成__________、__________和________。

2．五笔字型输入法中，汉字的笔画分为_____、_____、_____、______、_____5 种，它

们的代码分别是_____、_____、_____、_____、_____。

3．五笔字型输入法中规定：提笔归于____________，竖左钩归于__________，竖右钩归于_________。

4．五笔字型输入法把汉字的字型分为_______、______、_______3种。

5．由____________________而形成的_______________的结构，就叫做字根。字根是由________构成的。

二、简答题

1．选取基本字根的标准主要有什么？基本字根共有多少个？

2．将汉字分为3种字型的目的是什么？3种字型的代号是什么？

3．组成汉字的字根之间的结构关系有哪几种？

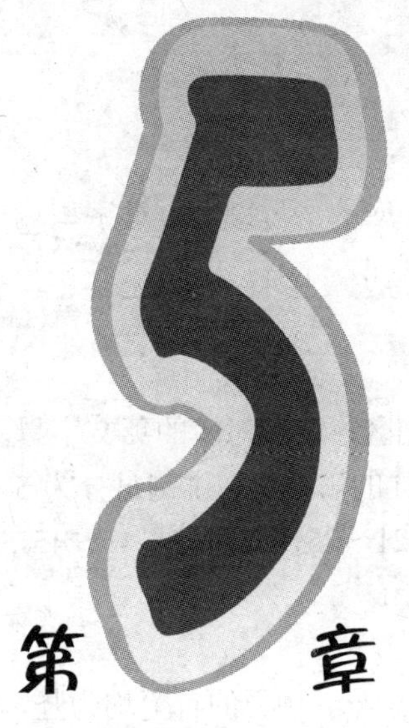

五笔字型字根的键盘布局

在熟练地掌握了指法以及汉字构成的前提下，我们还要了解五笔字型字根所对应的键位，并通过理解记忆基本字根。

学习五笔字型要靠毅力，因为它需要记忆许多东西，如：字根及各字根在键盘上的位置等，而且还需要经常锻炼，只有这样才能真正熟练掌握，达到提高汉字输入速度的目的。

学习流程

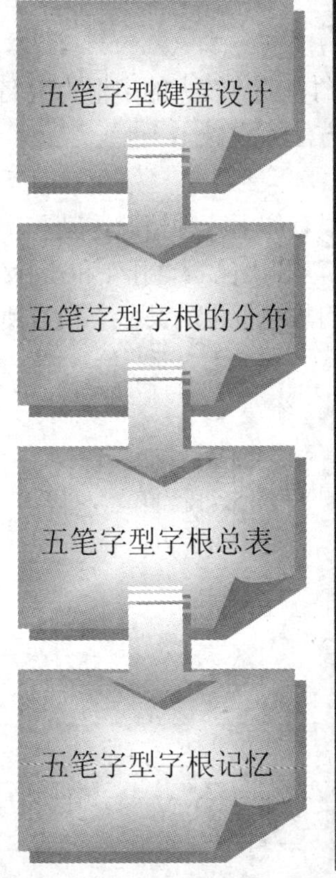

5.1　五笔字型键盘设计

通过前面的介绍，大家已经清楚，基本字根的定义以及它所对应的字母键是五笔字型输入法的核心。下面给大家介绍一下五笔字型字根在键盘上的分布规律。

5.1.1　字根的键位分布

根据键盘主体的26 个英文字母键，五笔字型把基本字根分类划区，放在对应的英文字母键上。五笔字型的130 种基本字根是按照其起笔代码，以及键位设计的需要，把主键盘分为 5 个大区，每个区又分为 5 个位，命名以区号、位号，即用 11～15，21～25，31～35，41～45，5l～55 共 25 个代码来表示。

1．区号和位号的定义原则

- 区号按起笔的笔画“横、竖、撇、捺、折”划分，例如“目、早、由”的首笔均为竖，竖的代号为 2，所以它们都在 2 区，也就是说，以竖为首笔的字根其区号为 2。
- 一般来说，字根的次笔代号尽量与其所在的位号一致，例如“干、白、门”的第二笔画均为竖，竖的代号为 2，故它们的位号都为 2，但并非完全如此。
- 单笔画与复笔画字根尽量与位号一致，例如，单笔画“一、丨、丿、丶、乙”都在第 l 位，两个单笔画的复合字根“二、刂、刂、冫、巛”都在第 2 位，三个单笔画的复合字根“三、川、彡、氵、巛”都在第三位，依此类推。

2．键名

每个键位上一般安排 2～6 个字根，放在每个键位方框的左上角、字体较大的字根为键名或称为主字根。在以后的章节中将具体介绍此类键名字根的输入方法。

3．同位字根

每个键位上除键名字根以外的字根被称为同位字根。同位字根有如下几种情况：某些字根与键名形似或意义相同，如“土”和“士”、“日”和“曰”、“已”和“己”、“廾”和“廿”等；某些字根其首笔不符合区号原则，而次笔不符合位号，但它们与键位上的某些字根有所类同，如“十”和“小”等。

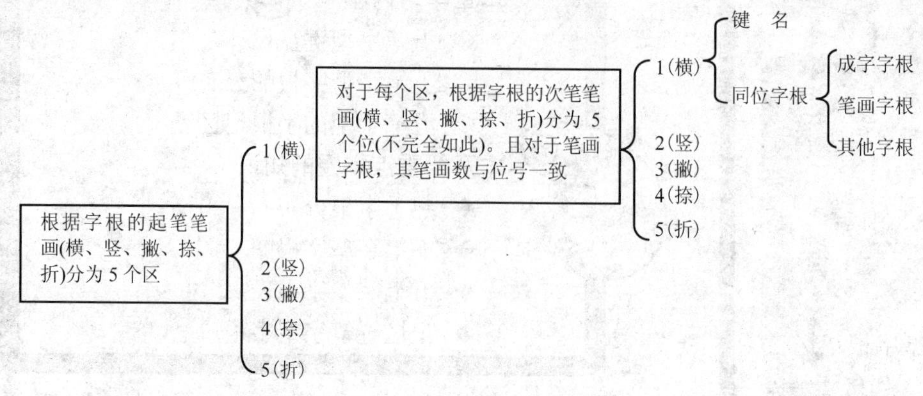

图 5-1　五笔字型中字根的分布情况

总的来讲，同位字根可分为 3 类：单笔画、成字字根和其他字根。所谓成字字根就是指该字根本身是一个字，如“刀、五、古、丁”等。此外，成字字根还包括一些大家日常并不作为文字使用的字根，如“丿、亻、礻、忄”等。图 5-1 以图示方式列出了五笔字型中字根的分布情况。

掌握了以上这些规律和特点之后，五笔字型字根键位的记忆就比较容易了。

5.1.2 键盘分区

前面已经介绍过，130种基本字根按照首笔笔画分作 5 类，分别对应键盘上的一个区，每个区又分作 5 个位，位号从键盘中部开始向键盘两端由 1～5 顺序进行排列，共 25 个键位，其中〈Z〉键为万能键，它不用于定义字根，而是用于帮助学生学习五笔字型。五笔字型中键盘分区及键位排列情况如图 5-2 所示。

3 区(撇起笔字根) ←					4 区(点、捺起笔字根) →				
金 35Q	人 34W	月 33E	白 32R	禾 31T	言 41Y	立 42U	水 43I	火 44O	之 45P
1 区(横起笔字根) ←					2 区(竖起笔字根) →				
工 15A	木 14S	大 13D	土 12F	王 11G	目 21H	日 22J	口 23K	田 24L	： ；
	5 区(折起笔字根) ←								
Z	纟 55X	又 54C	女 53V	子 52B	已 51N	山 25M	< ，	> .	? /

图 5-2　五笔字型键盘分区

注意

在图5-2 中 5 个区用粗线隔开，在图中没有给出每个键位对应的所有字根，而是只给出了键名字根，这是让学习者掌握键盘五大分区的示意图。详细的键盘布局如图 5-3 所示。

5.2 五笔字型字根的分布

5.2.1 五笔字型键盘字根图

五笔字型的基本思想是由笔画组成字根。字根是相对不变的结构，和汉字中的偏旁部首大体相同，只是基本字根只有130个。字根组成汉字，因此准确记忆字根是拆字进而打字的基础。五笔字型字根分布图如图 5-3 所示。

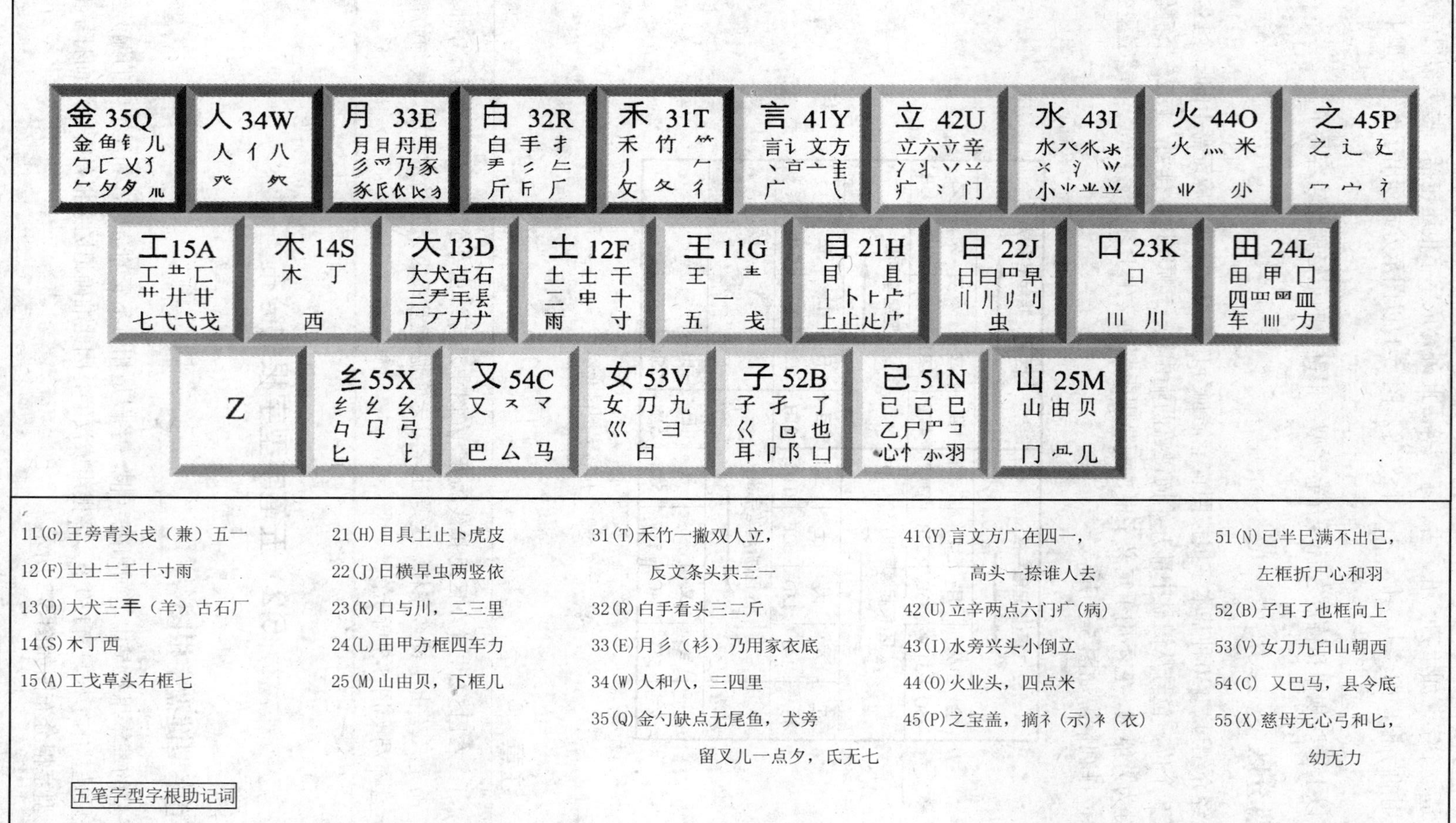

图 5-3 五笔字型字根分布图

5.2.2 键盘的区和位

图 5-3 中每个键上方的两位数字表示区位号，那么什么是区位号呢？按照每个字根的起笔笔画，把这些字根分为 5 个区，横起笔的在 1 区，字母从 G 到 A；以竖起笔的在 2 区，字母从 H 到 L，再加上 M；以撇起笔的在 3 区，字母从 T 到 Q；以捺起笔的在 4 区，字母从 Y 到 P；以折起笔的在 5 区，字母从 N 到 X。

每个区有 5 个字母，每个字母占 1 位，每个区的 5 个位从键盘中间开始向外扩展编号，叫做区位号，例如 1 区的 G 是第 1 位，它的区位号为 11；F 为 1 区第 2 位，区为号为 12；D 为 1 区第 3 位，区为号为 13。其他区以此类推，区位号的键盘分布如图 5-4 所示。

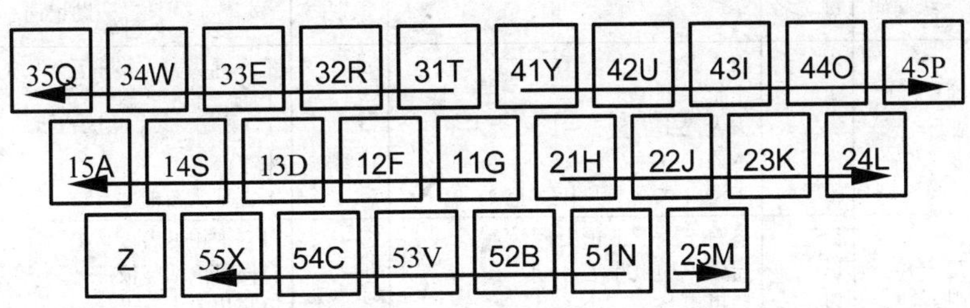

图 5-4 五笔字型键盘分区示意图

5.2.3 键名字根与同位字根

1. 键名

记忆130 种字根的分布是学习五笔字型的难点。把130 种基本字根安排到25个键上，每个键位一般安排 2～6 个基本字根。每一键对应一个英文字母键。读者可以先把 25 个键记住。键名是同一键位上全部字根中最有代表性的字根。键名字根位于键面左上角。键名本身就是一个有意义的汉字（〈X〉键上的“纟”除外），键名字根图如图 5-5 所示。

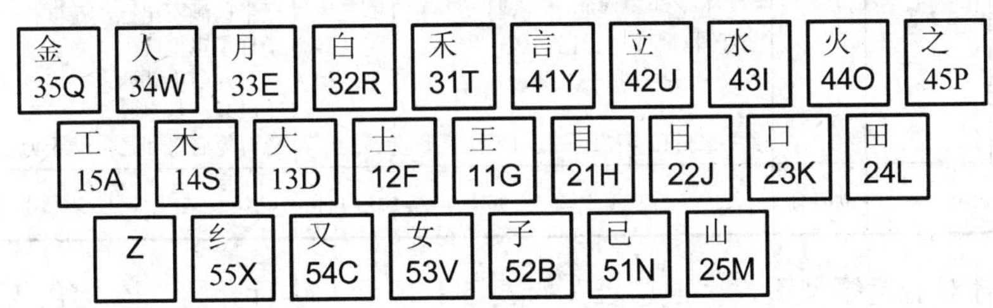

图 5-5 键名字根图

2. 同位字根

每个键位上除键名字根以外的字根称为同位字根。同位字根有这样几种，某些字根与键名形似或意义相同，如“土”和“士”、“日”和“曰”、“已”和“己”、“廾”和“廿”等；对于某些字根其首笔既不符合区号原则，次笔更不符合位号，但它们与键位上的某些字根有所类同，如“十”和“小”等。

总的来讲，同位字根可分为3类：单笔画、成字字根和其他字根。所谓成字字根就是指该字根本身是一个字，如“刀”、“五”、“古”、“丁”等。此外，成字字根还包括一些大家日常并不作为文字使用的字根，如“丿”、“亻”、“礻”、“忄”等。

5.3 五笔字型字根总表

五笔字型输入法是将每个汉字拆分成若干个字根，再根据笔画顺序输入字根的编码（即键盘上的字母键）。每个键上的字根不止一个，如果不记住每个键所包含的字根，就不能准确、快速地输入汉字。

表 5-1 五笔字型键盘字根总表

分区	区键位	一级简码	键名	字根	识别码	助记词
1区横起笔	11G	一	王	王龶戋五一	㊀	王旁青头戋（兼）五一
	12F	地	土	士土二干卋十寸雨	㊁	土士二干十寸雨
	13D	在	大	大犬三𡗗丆镸石古厂丆ナ𠂇	㊂	大犬三（羊）古石厂
	14S	要	木	木西丁		木丁西
	15A	工	工	工戈弋七廾艹廿廾廿匚七		工戈草头右框七
2区竖起笔	21H	上	目	目且上丨⺊卜止龰卢⺊	(丨)	目具上止卜虎皮
	22J	是	日	日曰⺜早虫刂丨丿刂丿	(刂)	日横早虫两竖依
	23K	中	口	口川川	(川)	口与川，二三里
	24L	国	田	田甲囗四罒皿𦉰车罒力		田甲方框四车力
	25M	同	山	山由贝冂⺆几		山由贝，下框几
3区撇起笔	31T	和	禾	禾禾竹⺮丿𠂉彳攵夂	(丿)	禾竹一撇双人立，反文条头共三一
	32R	的	白	白手扌𠂒𠂉𠂉厂斤斤	(丿丿)	白手看头三二斤
	33E	有	月	月⺼爫用彡丹乃豕豕𧘇⺗𧘇彡	(彡)	月彡（衫）乃用家衣底
	34W	我	人	人亻八癶癶		人和八，三四里
	35Q		金	金钅勹𠂊角犭乂儿几夕𠂉夕		金勺缺点无尾鱼，犬旁留乂儿一点夕，氏无七
4区捺起笔	41Y	主	言	言讠文方广亠𠅘主㇏丶	(丶)	言文方广在四一，高头一捺谁人去
	42U	产	立	立𫩏六辛丷丷冫丬䒑疒门	(冫)	立辛两点六门疒(病)
	43I	不	水	水氺氺八⺍氵⺍小⺌⺌⺍	(氵)	水旁兴头小倒立
	44O	为	火	火业⺣灬米		火业头，四点米
	45P	这	之	之辶廴冖宀礻		之宝盖,摘礻(示)衤(衣)
5区折起笔	51N	民	已	已己巳乙コ尸𠃜心忄⺗羽	(乙)	已半巳满不出己，左框折尸心和羽
	52B	了	子	子孑耳阝卩㔾了也凵巜	(巜)	子耳了也框向上
	53V	发	女	女刀九巛彐臼	(巛)	女刀九臼山朝西
	54C	以	又	又マスム巴马		又巴马，丢矢矣
	55X	经	纟	纟幺幺弓匕⺝𠂒⺊		慈母无心弓和匕，幼无力
“乙”代表的各类折笔			顺时针	𠃌 ㇇ ㇕ ㇇ ㇅ ㇈ ㇊ ㇌ ㇋ ㇎ ㇡ ㇈ ㇉	逆时针	㇄ ㇗ ㇙ ㇜ ㇙ 𡿨 ㇂ ㇉ ㇉ ㇉

本节将具体对五笔字型键盘字根总表（如表 5-1 所示）进行介绍。该表给出了区号、位号；由区号、位号组成的代码和键位所对应的字母；每个字母所对应的笔画、键名、基本字根；帮助记忆基本字根的口诀等。

背记字根时，不要死记硬背字根总表。首先要看一个字根的第 1 笔画究竟是属于“横、竖、撇、撇、折”的哪一种，这样就可以知道这个字根在哪一个区，最后再看它在哪个键位上，一般情况下考虑字根的第 2 笔画，如字根“土”，它的第 2 笔画为“竖”，其代号为 2，则将其放在第 2 个键位上。在记忆每个键所包含字根的过程中，一定要注意其内在的规律，通过理解来记住字根总表。为了方便记忆，将每个区的每个键编写成顺口溜，要对应它们在键盘上的位置熟记熟背此口诀。

5.4 五笔字型字根的快速记忆

学习五笔字型要靠毅力，因为它需要记忆许多东西，例如字根及各字根在键盘上的位置等。

本部分将介绍几种记忆字根的有效方法，除了要了解五笔字型字根所对应的键位，并通过理解来记忆基本字根外，结合这些方法还需要经常练，只有这样才能真正熟练掌握，并为达到提高汉字输入速度的目的作好铺垫。

5.4.1 助记词理解记忆

记忆字根不是指死记硬背字根总表，而是首先判断字根的第 1 笔画究竟是属于“横、竖、撇、撇、折”中的哪一类，这样就可以知道这个字根在哪一个区；然后再看该字根在哪个键位上，一般情况下考虑字根的第 2 笔画，如字根“土”，它的第 2 笔画为“竖”，其代号为 2，则将其放在第 2 个键位上。

为了方便记忆，王永民教授将每个区的每个键编写成顺口溜，要对应它们在键盘上的位置熟记熟背此口诀。下面就分区进行讲述。

1．第 1 区：横区

11（G） 王旁青头戋（兼）五一

“王旁”：指王字旁。例如：理，王（G）、日（J）、土（F）。

“青头”：指“青”字的头，即字根“龶”。例如：青，龶（G）、月（E）。

12（F） 土士二干十寸雨

13（D） 大犬三羊（羊）古石厂

“三羊（羊）”：指“羊”字下半部分，即字根“手”。例如：羊，丷（U）、手（D）。

14（S） 木丁西

15（A） 工戈草头右框七

“草头”：指草字的头，即字根“艹”。例如：茹，艹（A）、女（V）、口（K）。

“右框”：指方框开口向右的字根“匚”。例如：框，木（S）、匚（A）、王（G）。

2．第 2 区：竖区

21（H） 目具上止卜虎皮

“具上”：指“具”字上面一半的字根“且”。例如：具，且（H）、八（W）。

同时“上”也是一个字根。

“虎皮”：指“虍”、“广”两个字根。例如：虎，广（H）、七（A）、几（M）。

22（J） 日横早虫两竖依

“日横”：指像日字横着的字根“罒”。例如：像，亻（W）、⺈（Q）、罒（J）、豕（E）

“依”：是为了压韵，并不是字根。

23（K） 口与川，二三里

“二三里”：指“口”、“川”这两个字根在“23”这个键位里。

24（L） 田甲方框四车力

“方框”：指字根“囗”，即内外结构的一类汉字，与“口”字不同。

例如：国，囗（L）、王（G）、丶（Y）。

25（M） 山由贝，下框几

“下框”：指方框开口向下，即字根“冂”。例如：同，冂（M）、一（G）、口（K）

3. 第3区：撇区

金 35Q	人 34W	月 33E	白 32R	禾 31T
金 鱼 钅 儿 勹 𠂆 乂 犭 ⺈ 夕 ⺁ 儿	人 亻 八 𠆢 癶	月 目 丹 用 彡 爫 乃 豕 豕 氏 𧘇 𧘇 彡	白 手 扌 𡗗 彡 𠂉 斤 斤 厂	禾 竹 𥫗 丿 ⺈ 攵 夂 彳

31（T） 禾竹一撇双人立，反文条头共三一

“双人立”：指字根“彳”。例如：往，彳（T）、丶（Y）、王（G）。

“反文”：指字根“攵”。例如：败，贝（M）、攵（T）。

“条头”：指“条”字的头，即字根“夂”。例如：条，夂（T）、木（S）。

“共三一”：指上述字根都在“31”这个键位上。

32（R） 白手看头三二斤

“手”：指字根“手”和“扌”。例如：扶，扌（R）、二（F）、人（W）。

“看头”：指“看”字的头，即字根“𡗗”。

例如：质，厂（R）、十（F）、贝（M）。

33（E） 月彡（舟）乃用家衣底

“家衣底”：指“家”字和“衣”字的底部，即字根“豕”和“𧘇”。

例如：家，宀（P）、豕（E）。

34（W） 人和八，三四里

35（Q） 金勺缺点无尾鱼，犬旁留叉儿一点夕，氏无七

“勺缺点”：指“勺”字无中间的点，即字根“勹”。例如：句，勹（Q）、口（K）。

“无尾鱼”：指“鱼”字无下边的横，即字根“鱼”。例如：鱼，鱼（Q）、一（G）。

“犬旁留叉”：指“犭”旁只留下像叉的字根“犭”，“叉”也指字根“乂”。

例如：猎，犭（Q）、丿（T）、艹（A）、日（J）。

义，乂（Q）、丶（Y）。

“氏无七”：指“氏”字没有中间的七，即字根“𠂆”。例如：氏，𠂆（Q）、七（A）。

4. 第4区：捺区

言 41Y	立 42U	水 43I	火 44O	之 45P
言 讠 文 方 丶 亠 主 广 乀	立 六 立 辛 冫 丬 丷 䒑 疒 门	水 氵 氺 氺 ⺗ 氵 小 ⺌ 业	火 灬 米 业 小	之 辶 廴 冖 宀 礻

41（Y） 言文方广在四一，高头一捺谁人去

“在四一”：指“言文方广”字根在“41”这个键位上。

“高头”：指“高”字的头，即字根“亠”。例如：高，亠（Y）、冂（M）、口（K）。

“谁人去”：指把“谁”字的“讠”和“亻”去掉，即字根“隹”。

例如：难，又（C）、亻（W）、隹（Y）。

42（U） **立辛两点六门疒（病）**

“两点”：指“冫”、“丷”、“丬”、“丷”等字根。

43（I） **水旁兴头小倒立**

“水旁”：指“水”、“氵”、“氺”、“水”等字根。例如：江，氵（I）、工（A）。

“兴头”：指“兴”字的头，即字根“⺍”和“龷”。例如：兴，龷（I）、八（W）。

“小倒立”：指“小字”倒过来，即字根“⺌”和“⺍”。例如：光，⺌（I）、儿（Q）。

44（O） **火业头，四点米**

“业头”：指“业”字的头，即字根“⺌”。例如：业，⺌（O）、一（G）。

“四点”：指字根“灬”。例如：杰，木（S）、灬（O）。

45（P） **之宝盖，摘礻（示）衤（衣）**

“之”：指“之”、“辶”、“廴”这3个字根。例如：过，寸（F）、辶（P）。

“宝盖”：指“宝”字上半部分，即字根“宀”。例如：安，宀（P）、女（V）。

“摘示衣”：指示字旁“礻”和衣补旁“衤”去掉“、”、“㇀”后的“礻”字根。

例如：社，礻（P）、丶（Y）、土（F）。

5. 第5区：折区

纟 55X	又 54C	女 53V	子 52B	已 51N
纟 幺 幺 彑 母 弓 匕 ⺊	又 ㄡ マ 巴 厶 马	女 刀 九 巛 彐 臼	子 孑 了 巜 已 也 耳 卩 阝 凵	已 己 巳 乙 尸 尸 コ 心 忄 ⺗ 羽

51（N） **已半巳满不出己，左框折尸心和羽**

“已半巳满不出己”：是对已、巳、己这3个字的字型特点进行的描述。

“左框”：指方框开口向左，即字根“コ”。

例如：官，宀（P）、コ（N）、丨（H）、コ（N）。

“折”：指“乙”、“乚”、“乛”、“乚”、“𠃌”等字根。

“心”：指“心”、“忄”这两个字根。例如：怀，忄（N）、一（G）、小（I）。

52（B） **子耳了也框向上**

“框向上”：指方框开口向上。即字根“凵”。例如：凶，㐅（Q）、凵（B）。

53（V） **女刀九臼山朝西**

“山朝西”：指“山”字朝西，即字根“彐”。例如：归，刂（J）、彐（V）。

54（C） **又巴马，县令底**

“县令底”：指“县”字和“令”字的下半部分，即字根“厶”和“マ”。

55（X） **慈母无心弓和匕，幼无力**

“慈母无心”：指“母”字没有中心的结构，即字根“母”。

例如：母，母（X）、一（G）、冫（U）

“幼无力”：指“幼”字去掉旁边的“力”，即字根“幺”。

例如：慈，丷（U）、幺（X）、幺（X）、心（N）

助记词读起来压韵，可方便记忆字根；在记忆时，应对照字根图；对助记词上没有的特殊字根要个别再记忆一下，这样会取得更好的效果。

5.4.2 总结规律记忆法

学习五笔字型输入法，记住字根是关键。五笔字型的字根分配是比较有规律的，主要体现在以下几点。

1．部分字根形态相近

我们知道，键名汉字是这个键位的键面上所有字根中最具有代表性的，即每条助记词的第1个字。25个键位中每键都对应一个键名汉字，因此，五笔字型把与键名相同的字根（例如：〈N〉键上的“心”、“忄”，〈I〉键上的“水”、“氵”等）、形态相近的字根（例如：〈A〉键上的“艹”、“廾”、“廿”，“已”、“己”、“巳”等）、便于联想的字根（例如：〈B〉键上的“耳”、“卩”、“阝”等）都定义在同一个键位上，编码时使用同一个代码即同一个字母或区位码。例如，〈G〉键上的“王”和“五”；〈L〉键上的“田”和“四”，〈D〉键上的“大”和“犬”，〈P〉键上的“之”和“辶”，〈W〉键上的“人”和“八”等。

2．字根首笔笔画代号与区号一致，次笔笔画与位号一致

例如：“戋”第1笔为横，次笔是横，在〈G〉键（编码11）上，如图5-6所示。

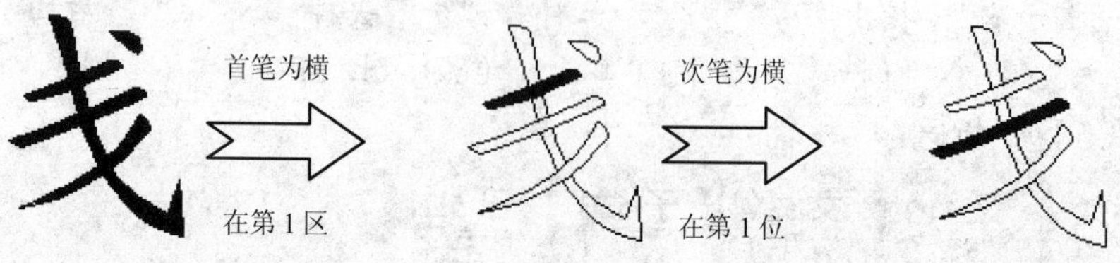

图5-6　戋：编码为11，在〈G〉键上

“贝”第1笔为竖，次笔是折，在〈M〉键（编码25）上，如图5-7所示。

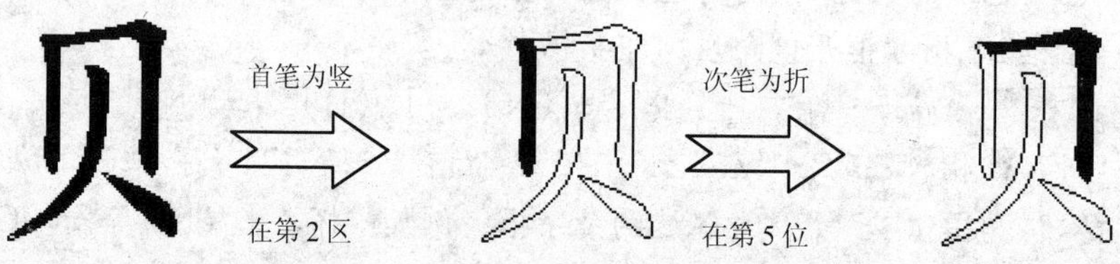

图5-7　贝：编码为25，在〈M〉键上

“八”第1笔为撇，次笔是捺，在〈W〉键（编码34）上，如图5-8所示。

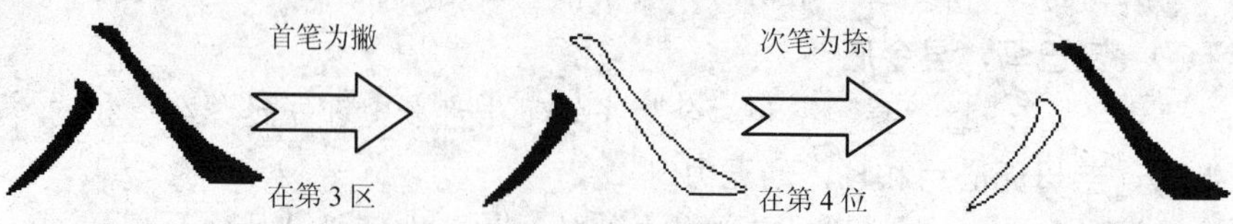

图5-8　八：编码为34，在〈W〉键上

“广”第1笔为捺，次笔是横，在〈Y〉键（编码41）上，如图5-9所示。

“了”第1笔为折，次笔是竖，在〈B〉键（编码52）上，如图5-10所示。

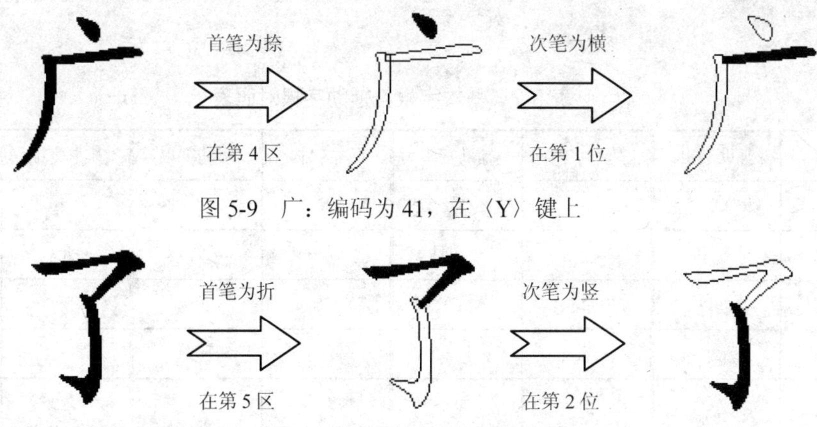

图 5-9　广：编码为 41，在〈Y〉键上

图 5-10　了：编码为 52，在〈B〉键上

3．字根的笔画数与位号一致

单笔画“一”、“丨”、“丿”、“㇏”、“乙”都在第 1 位；两个单笔画的复合笔画如“二”、“刂”、“⺈”、“冫”、“巜”都是在第 2 位；三个单笔画复合起来的字根“三”、“川”、“彡”、“氵”、“巛”，其位号都是 3，以此类推。它们的排列规律如图 5-11 所示。

还有 12 个不符合上述 3 个规律的字根，需要另外记忆，它们是“丰(F)”、“髟(D)”、“西（S）”、“丁（S）”、“车（L）”、“力（L）”、“彳（T）”、“羽（N）”、“彐（V）”、“臼（V）”、“巴（C）”、“马（C）”。

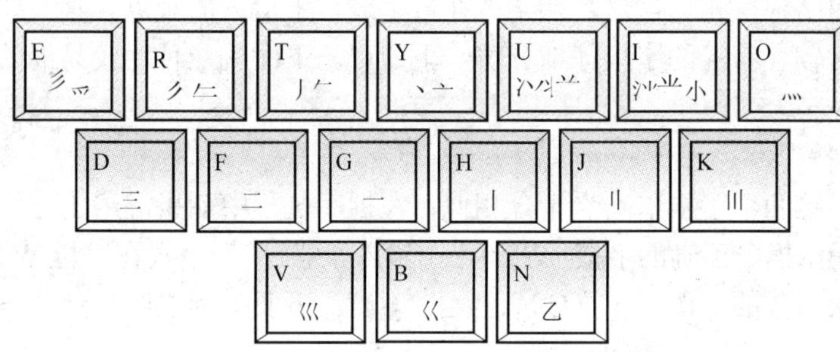

图 5-11　笔画排列规律

4．框形字根的分布

方框 L 囗、上框 B 凵、下框 M 冂、左框 N コ、右框 A 匚，如图 5-12 所示。

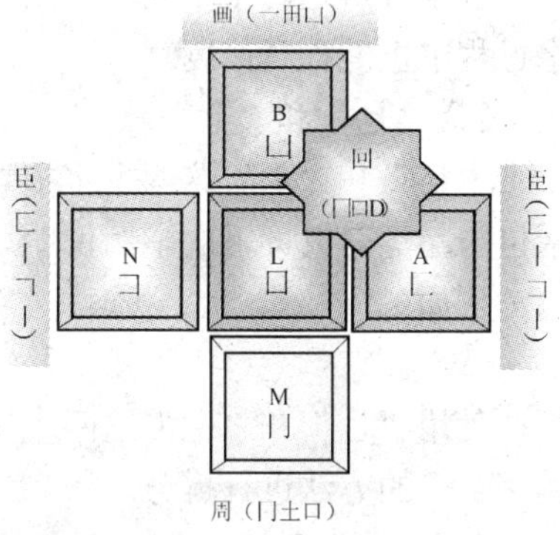

图 5-12　所有方框字根分布图

5.4.3　字根的对比记忆

上面介绍了如何记忆基本字根，记住了基本字根，再把那些与基本字根相似的辅助字根进行对比记忆就可以彻底记住所有字根。由于辅助字根与基本字根非常相似，所以把它们放到一起进行对照记忆，对照表 5-2 只要看几遍，就能做到看到一个辅助字根，马上联想到相应的基本字根，从而达到彻底记住所有字根的

目的。

表 5-2 基本字根与辅助字根对照表

基本字根	辅助字根	基本字根	辅助字根	基本字根	辅助字根	基本字根	辅助字根
戈	弋	手	龵	犬	大	日	曰 ⺲
刂	刂 丨	四	罒 罓	夕	⺈ 夕	儿	几
川	川	金	钅	癶	癶	豕	豸 犭
𧘇	𠂆	手	扌 龵	斤	厂 斤	丷	丬
水	氺	小	⺌	业	业	辶	廴 之
宀	冖	己	已 巳	阝	耳 卩	纟	幺 幺
匕	⺊	乙	所有折笔	上	⺊ 卜	月	目 用
六	立	业	业 尚	心	忄 ⺗	尸	尸
子	孑 了	廿	廿 艹 廾	厂	ナ 𠂇 ㄏ	止	龰
又	マ ス ム						

5.4.4 易混字根对比记忆及辨析

在字根中有许多字根很相近，这是初学者在拆字过程中最大的难点。其实要解决这个问题并不困难，只要对较容易混的字根仔细分辨一下即可。下面就几种比较易混的字根进行简单的分析。

1. “癶”和“夗”

“癶”和“夗”这两个字根乍一看十分相似，在拆字过程中如果混淆了这两个字根，就会发现很多字根本无法拆出正确的字根，更谈不上输入了。“癶”字根在字母 W 键上；“夗”则是由两个基本字根组成的，即“夕（Q）”、“㔾（B）”。下面举例说明。

例如：癸 癶 一 大 （WGD）

怨 夕 㔾 心 （QBN）

仔细分辨这两个字根，找出类似的字，细心地对比，就不难发现它们的区别，这样在拆字过程中也能提高速度。

2. “匕”和“七”

“匕”和“七”这两个字根看上去也很相似，拆分时要注意它们的起笔不同，字根所在区位与起笔有关。下面举例说明。

例如：比 匕 匕 ㉒ （XXN）

东 七 小 ⑬ （AII）

使用“匕”和“七”这两个字根拆字的汉字也有不少，在拆分过程中遇到这类字根可按例字给出的方法进行拆分。

3. “厶”和“ㄥ”

“厶”和“ㄥ”这两个字根虽然只有一“丶”之差，但是如果不细加区分，拆字时也会造成错误，从而无法拆分需要的汉字。其中，“厶”在〈C〉键上，“ㄥ”在〈N〉键上。下面举例说明。

例如：充 亠 厶 儿 ⓚ（YCQB）

发 ㄥ 丿 又 丶（NTCY）

这两个字根并不多见，但也要弄清楚它们的区别，方便拆字，也方便记忆。

4. “彡”和“川”

“彡”和“川”这两个字根虽然在字形上非常相近，但它们的使用还是有很大区别的。“彡”的起笔走向是“撇”，字根在〈E〉键上；“川”的起笔是按“竖”算的，字根则是在〈K〉键上。下面举例说明。

例如：须 彡 丆 贝 （EDM）

顺 川 丆 贝 （KDM）

5. “圭”和“⺻”

“圭”和“⺻”如果不仔细看，读者能看清楚这两个字的不同吗？现在来把它们的不同详细地介绍一下。“圭”字根是由两个一样的基本字根“土”组合而成，它的输入方法是连击两次〈F〉键；而“⺻”则是一个基本字根，它的键位是〈Y〉。下面举例说明。

例如：佳 亻 土 土 ㊀ （WFFG）

谁 讠 亻 ⺻ ㊀ （YWYG）

如果再遇到这类的字，只要细仔观察，就会发现它们的区别。也可按照例字对照进行拆字练习。

6. “弋”和“戈”

“弋”和“戈”也是非常形近的一组字根，但它们的位置都是在〈A〉键上，在输入过程中即使当时分不清楚，也还不至于影响拆字。它们使用上的区别主要体现的最末笔的识别上，“弋”的最末一笔为“丶”；“戈”的最末一笔是“丿”。初学者一定要分清楚这类区别。下面举例说明。

例如：饿 ⺈ ㇀ 丿 丿（QNTT）

代 亻弋 ㇏（WAY）

7. “𠂉”和“𡗗”

“𠂉”和“𡗗”这两个字根不能说是相近了，如果不仔细分，几乎就是一样的。其实不然，仔细看一下，“𠂉”的起笔走向是“撇”，该字根位于〈R〉键；“𡗗”的起笔走向则是“横”，位于〈D〉键上。下面举例详细比较一下。

例如：看 𠂉 目 ㊁ （RHF）

着 丷 𡗗 目 ㊁ （UDHF）

在拆字过程中遇到这类字根一定要注意，按照上例进行分辨，就可拆出正确的字根。

5.5 五笔字型字根分区记忆

要掌握五笔字型基本字根所对应的键位，除了要通过理解来熟记助记词外，还要掌握比较简便的记忆方法。上一节中已经讲述了几种记忆方法，本节就通过五笔字型字根分区表来进行详细解说。读者可以结合上节中学到的方法来学习本节的内容。

5.5.1 第 1 区字根：横起笔

代码	字母	键名	笔形	基本字根	解说及记忆要点
11	G	王	一	王龶五	键名和首二笔为 11，“五”与“王”形近
				戋	首二笔为 11
				一	横笔画数为 1，与位号一致
				示例	王 龶 戋 五 一 现 青 线 语 且
				练习	理皇敖责钱残伍捂本天
12	F	土	二	土士干	首二笔为 12，“士”与“土”同形，“干”为“倒”“士”
				十卑寸雨	首二笔为 12，“卑”与“十”形似
				二	横笔画数为 2，与位号一致
				示例	土 士 二 干 卑 十 寸 雨 地 志 云 舍 革 协 过 雷
				练习	垃壮示早靳奔过尘霖岸趁壶嘲层勒稗薄雹埠鞍
13	D	大	三	大犬石古厂丆ナ尢	首二笔为 13，“丆”等与“厂”形近，“尢”用于尤、龙
				𡗗⺶镸	均与三形近，“𡗗”，“⺶”用于羊字底
				三	横笔画数为 3，与位号一致
				示例	大 犬 三 𡗗 ⺶ 镸 古 石 厂 丆 ナ 尢 达 突 丰 羊 着 肆 故 矿 厌 页 右 尤
				练习	庆羚春估伏左优磊压面差龙面承跋臭套辞俺有
14	S	木		木	首笔与区号一致，首末笔为 14
				西	首笔为 1，下部像四，故处“14”键
				丁	双木为林，木三键为“丁西林”先生名
				示例	木 丁 西 树 可 要
				练习	林牺町果可贾李寄配闲
15	A	工	七	艹廾廿龷	属 1 区，形似。均与倒“工”似
				匚工	首二笔为 15，“工”与“匚”形近，正反“匚”合为工
				七弋戈	首二笔为 15，形同
				示例	工 艹 廾 廿 龷 七 弋 戈 匚 功 艺 弈 世 共 东 代 划 区
				练习	贡草黄怄泄空式开民陈爆奔贰巨革晓花伐革扁

5.5.2 第 2 区字根：竖起笔

<table>
<tr><th>代码</th><th>字母</th><th>键名</th><th>笔形</th><th colspan="2">基本字根</th><th>解说及记忆要点</th></tr>
<tr><td rowspan="5">21</td><td rowspan="5">H</td><td rowspan="5">目</td><td rowspan="5">丨</td><td colspan="2">目且</td><td>键名及相似形，3 个洞</td></tr>
<tr><td colspan="2">上止龰虍𠂆</td><td>首二笔为 21，“虍”与“𠂆”相近，“𠂆”只用于“皮”</td></tr>
<tr><td colspan="2">丨卜⺊</td><td>竖笔画数为 1，⺊为 21，“卜”与“⺊”似</td></tr>
<tr><td>示例</td><td colspan="2">目 且 上 止 龰 ⺊ 卜 虍 𠂆 丨
晴 具 叔 肯 走 贞 赴 虎 皮 巾</td></tr>
<tr><td>练习</td><td colspan="2">眼直卡址足古仆虚颇引卞真自丰定卢虑步被让</td></tr>
<tr><td rowspan="5">22</td><td rowspan="5">J</td><td rowspan="5">日</td><td rowspan="5">〢</td><td colspan="2">日曰早</td><td>键名及其变形，复合字根均为 2 个洞</td></tr>
<tr><td colspan="2">虫⺜</td><td>形近，“⺜”为倒“日”，竖起笔，两个洞</td></tr>
<tr><td colspan="2">〢 ⺉ 刂</td><td>竖笔画数为 2，与位号一致</td></tr>
<tr><td>示例</td><td colspan="2">日 曰 ⺜ 早 〢 ⺉ 刂 虫
明 冒 临 朝 坚 师 刘 蚊</td></tr>
<tr><td>练习</td><td colspan="2">晶泪象竖井界蚕肃章虹槽而正兀蠢刺像弗韩帅</td></tr>
<tr><td rowspan="4">23</td><td rowspan="4">K</td><td rowspan="4">口</td><td rowspan="4">〣</td><td colspan="2">口</td><td>键名，口与 K 可联想，口内应无笔画</td></tr>
<tr><td colspan="2">〣川</td><td>竖笔画数为 3，川为变体</td></tr>
<tr><td>示例</td><td colspan="2">口 〣 川
叫 带 顺</td></tr>
<tr><td>练习</td><td colspan="2">品中训喊驯串问滞格同</td></tr>
<tr><td rowspan="5">24</td><td rowspan="5">L</td><td rowspan="5">田</td><td rowspan="5">丨丨丨丨</td><td colspan="2">田囗甲车</td><td>囗为田字框</td></tr>
<tr><td colspan="2">四罒皿 ⺲</td><td>竖（2）为首笔，定义为 4，故为 24</td></tr>
<tr><td colspan="2">力</td><td>外来户，读音为“Li”，故为〈L〉键</td></tr>
<tr><td>示例</td><td colspan="2">田 甲 囗 四 罒 皿 ⺲ 车 力
思 鸭 国 泗 罗 益 增 轮 边</td></tr>
<tr><td>练习</td><td colspan="2">雷回闸轨黑温加历曼轰畴国钾柬罢益珈轨曾德</td></tr>
<tr><td rowspan="4">25</td><td rowspan="4">M</td><td rowspan="4">山</td><td rowspan="4"></td><td colspan="2">山由</td><td>首二笔为 25，二者形似</td></tr>
<tr><td colspan="2">冂⺆贝几</td><td>首二笔为 25，字型均似冂和 M</td></tr>
<tr><td>示例</td><td colspan="2">山 由 贝 ⺆ 冂 几
峰 黄 财 滑 同 风</td></tr>
<tr><td>练习</td><td colspan="2">出油页冈岑抽贡骨饥岩奥肮岔猾费</td></tr>
</table>

5.5.3 第3区字根：撇起笔

代码	字母	键名	笔形	基本字根	解说及记忆要点
31	T	禾	丿	禾⺧	首二笔为31，"禾"与"⺧"形近
				𠂉竹 攵夂彳	首二笔为31，"彳"与"竹"似，"夂"与"攵"形近
				丿	撇笔画数为1，与位号一致
				示例	禾 ⺧ 竹 丿 彳 攵 夂 𠂉 余 和 笔 必 行 放 条 午
				练习	积除者复季彻数处笺微委涂币矢种彼敝备笆
32	R	白	丿丿	白𠂆	首二笔为32
				𠂉手 扌 𠂒	撇(2)加两横，"扌"、"𠂒"为手的变体
				丿丿厂 斤	撇笔画数为2，斤首二笔为2个撇
				示例	白 手 扌 𠂒 𠂉 丿丿 厂 斤 𠂆 的 攀 打 看 气 勿 反 新 兵
				练习	碧拿拜抛失后易折岳凰稗断拳挨牛盾场斥乒鬼
33	E	月	彡	月彡丹乃用	"乃"、"用"、"丹"与月形近，乃似3
				爫 ⺕	撇(3)加3点，故为33，"⺕"与"爫"形近
				彡豕 𧰨𧘇𠄌	撇笔画数为3，"𧰨"与"彡"似，"𧘇"、"𠄌"为衣底
				示例	月 丹 彡 爫 ⺕ 乃 用 豕 𧰨𧘇𠄌 服 般 衫 爱 豹 奶 角 家 毅 衣 展
				练习	朋助船拥珍采豺秀爱畏胺肯舶通参受很象豹仍
34	W	人	八	人亻	首二笔代号为34，"亻"即人
				八癶𡗗	首二笔为34，其余与"八"像形
				示例	人 亻 八 癶 𡗗 会 作 分 登 蔡
				练习	从份只察蹬夷雁谷擦办
35	Q	金	勹	金 钅	键名
				勹⺈夕⺈𠂆儿𠘨	首二笔为35，"𠘨"与"儿"似
				犭乂 鱼	犭、鱼首二笔为35，"乂"、"犭"同为乂
				示例	金 钅 勹 鱼 犭 乂 儿 𠘨 夕 ⺈ 夕 𠂆 鉴 铁 的 鲁 狗 交 光 流 岁 饮 然 纸
				练习	鑫针构鱼狼义充荒软乐敖鉴兆鲜猫爻梳饥炙孵

5.5.4 第 4 区字根：捺起笔

代码	字母	键名	笔形	基本字根	解说及记忆要点
41	Y	言	㇏	言 讠 ⿱亠口	首二笔为 41，“⿱亠口”与“言”形近
				亠广文方 ⺷	首二笔为 41
				㇏、	捺笔画数为 1，与位号一致
				示例	言 讠 文 方 广 亠 ⿱亠口 ㇏ ⺷ 、 信 说 齐 芳 庆 育 高 及 谁 太
				练习	誓认刘及府京唯尺斥譬识斌访庇哀卞截宝
42	U	立	冫	立六立辛门	与键名形似，特点是有两点，门为 42
				疒	此键位以两点为特征，“疒”有两点
				冫 丬 丷 䒑	捺(点)笔画数为 2，或与两点同形
				示例	立 辛 丷 䒑 冫 丬 六 立 门 疒 部 辞 美 豆 冷 北 交 商 间 病
				练习	暗宰冲头壮羊关旁冯疗站锌冰冬状善帝交乎闰
43	I	水	氵	水 ⺢ 氺 ⺣	均与键名“水”同源，与“氵”意同
				小 ⺌ 𭕄 ⺍	均与三点近似
				氵	捺(点)起笔，笔画数为 3，与键名同
				示例	水 ⺢ 氺 ⺣ 氵 ⺌ 𭕄 小 ⺌ 𭕄 冰 承 泰 兆 汉 学 兴 京 肖 光
				练习	淼康永函淡觉检不党未卤姚求脊耙敝举陈策波
44	O	火	灬	火	键名与“灬”为同源根
				米	外形有 4 个点，故为 44 键
				灬 业 𣥂	均为 4 个点，“灬”与“𣥂”意均为火
				示例	火 业 𣥂 灬 米 秋 业 赤 杰 粉
				练习	灭庶兼显播点来伙亦亚
45	P	之	礻	之 辶 廴	首二笔为 45，意为“之”，“辶”与“廴”形似
				冖 宀	首二笔为 45，“冖”与“宀”同为宝盖
				礻	首二笔为 45，“礻”“系”“衤”与“衤”旁去末笔点
				示例	之 辶 廴 冖 宀 礻 芝 这 建 军 空 社 衬
				练习	乏道廷字罕衫礼冠宏寇

5.5.5　第 5 区字根：折起笔

代码	字母	键名	笔形	基本字根	解说及记忆要点
51	N	巳	乙	已巳己コ尸𠃜	首二笔为 51
				心忄⺗	外来户，“忄”“⺗”为“心”的变体
				乙羽	折笔画数为 1，与位号一致
				示例	巳 已 コ 乙 尸 𠃜 心 忄 ⺗ 羽 导 记 巨 艺 启 眉 想 怀 恭 翅
				练习	凯民亿官卢声蕊惭舔翌添练扇追忆屏媚恭翔
52	B	子	巛	子孑了	首二笔为 52
				阝耳卩㔾也	首二笔为 52，“耳”、“阝”同源，“卩”、“㔾”同源
				巜凵	折笔画数为 2，与位号一致
				示例	子 孑 耳 阝 卩 㔾 了 也 凵 巜 李 孙 取 阶 却 仓 亨 他 画 粼
				练习	孱陔最队那节宛好屯蒸孩好聂阿服枪疗凶耸
53	V	女	巛	女刀	首二笔为 53
				九	可认为首二笔为 53，识别时用折
				巛彐 臼	“巛”为三折，“彐”“臼”“折”(5)为首笔，形似三横(3)
				示例	女 刀 九 臼 彐 巛 委 分 杂 毁 寻 巢
				练习	委切旭霓扫媳刃旯淄搜
54	C	又	厶	又マス	键名首二笔为 54，“マ”、“ス”为“又”变体
				巴马	折起笔，应在本区，因相容处于此位
				厶	首二笔为 54
				示例	又 マ ス 巴 马 厶 对 通 经 肥 妈 云
				练习	坚轻令私爸骚疏离吧骤
55	X	纟		纟乡幺⺟	首二笔为 55，与键名同形
				弓	首末笔为 55
				匕ヒ	应在本区，因相容处于此位
				示例	纟 乡 ⺟ 弓 匕 ヒ 幺 线 乡 每 张 此 顷 幼
				练习	纺雍互第幻龙批曳沸丝贯慈夷花纰能弟毋弯毕

上述分区后的五表应结合字根总表进行理解式记忆，并通过示例和练习逐步熟悉字根在键盘上的位置，再加上通过上机强化记忆，就可为汉字的五笔字型输入打下坚实的基础。

一、填空题

1. 每个键位上一般安排_______个字根，放在每个键位方框的________、__________的字根为键名或称为主字根。

2. 同位字根可分为_________、__________和__________。____________________的称为成字根。

3. 键盘共分为______个区，每个区又分为_______个位，每个区的第一位是从_______开始。

二、简答题

1. 区号和位号的定义是什么？位号是否都为字根的次笔代号？

2. 键盘是按照什么规则进行分区的？

三、练习题

1. 根据下列所给基本字根，输入与它们相对应的键位字母：

三 门 白 巴 灬 八 方 氵 巳 亠 勹 辶 幺 六 疒 月 彳 田

2. 根据下列所给的成字字根，输入与它们相对应的键位字母：

五 立 子 马 人 女 川 用 早 具 西 金 心 了 文 衣 车 大

五笔字型的编码规则

通过了解汉字的结构特点，大家明白了汉字是由 5 种笔画经过各种复合连接或交叉而成的相对不变的结构（即字根），再由字根通过不同的位置关系构成。

五笔字型输入法正是以汉字的这一结构特点为原理，用优化选择出的 130 种基本字根组合出成千上万不同的汉字。而前面所讲述的内容，实际上是为了给本章所讲述的内容作铺垫。下面我们就开始学习如何使用五笔字型输入法输入汉字。

学习流程

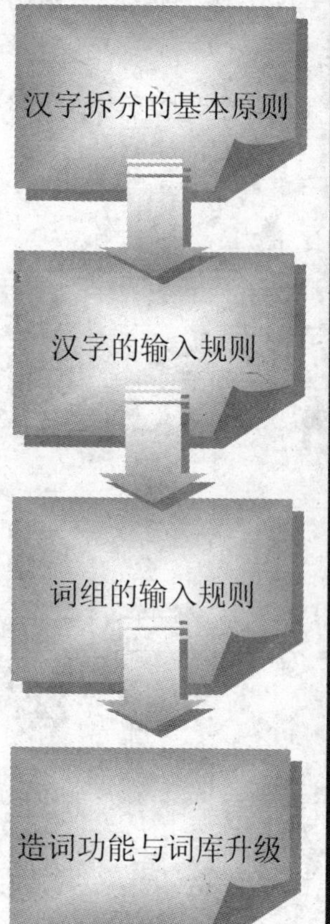

6.1 汉字拆分的基本原则

由字根通过连或交的关系形成汉字的过程是一个正过程，现在要学习的则是它的逆过程——拆字。拆字就是把任意一个汉字拆分为几个基本字根，这也是五笔字型输入法在电脑中输入汉字的过程。

6.1.1 汉字拆分的基本原则

拆字就是把一个汉字拆分为几个独立的字根，拆分一个汉字应遵循的基本原则是：

（1）对于连笔结构的汉字应该拆成为单笔和基本字根。例如："千"拆成"丿"、"十"；"主"拆成"丶"、"王"等。

（2）对于交叉结构或交连混合结构的汉字，则按笔画的书写顺序拆分成几个已知的最大字根，以增加一个单笔画如不能构成已知字根时的方法来决定已知的最大字根。例如："东"只能拆成"七"、"小"，而不能拆成"一"、"乙"、"小"。

上述规则叫做"单体结构拆分原则"。拆分原则可以归纳为"书写顺序，取大优先，兼顾直观，能散不连，能连不交"。

1. 书写顺序

五笔字型规定：拆分"合体字"时，一定要按照正确的书写顺序进行，特别要记住"先写先拆，后写后拆"的原则。

"先写先拆，后写后拆"指的是按书写顺序，笔画在先则先拆，笔画在后则后拆，如"夷"、"衷"两个汉字的拆分顺序如图 6-1 所示。

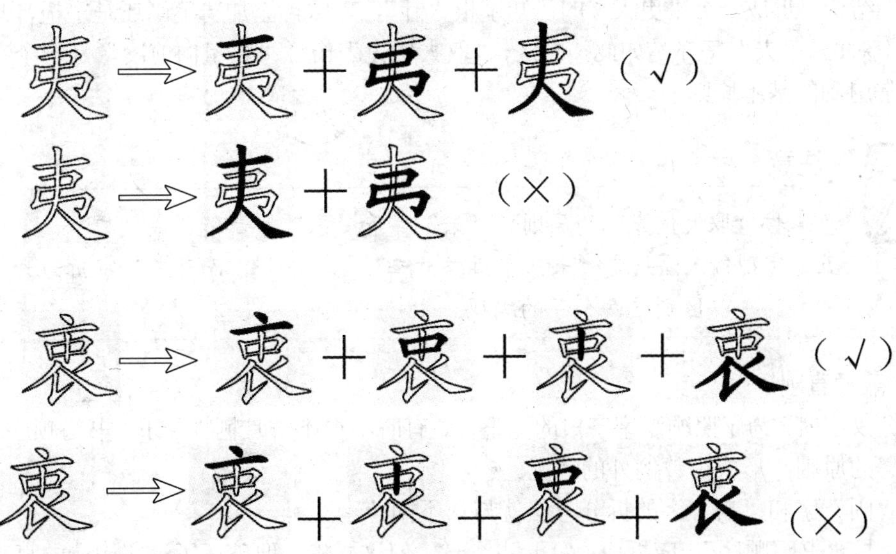

图 6-1 按"书写顺序"的拆分原则

2. 取大优先

“取大优先”，也叫做“优先取大”。这有以下两层意思：

（1）拆分汉字时，拆分出的字根数应最少；

（2）当有多种拆分方法时，应取前面字根大（笔画多）的那种。

也就是说，按书写顺序拆分汉字时，应当以“再添加一笔画便不能成其为字根”为限度，每次都拆取一个“尽可能大”的，即“尽可能笔画多”的字根。下面我们再看图 6-2 中所列的各种按“取大优先”原则拆分的汉字。

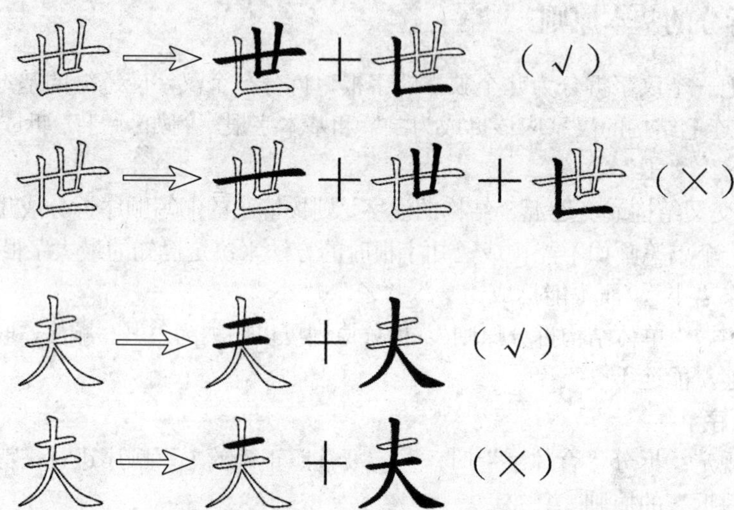

图 6-2 按“取大优先”的原则拆字

对于“世”字显然第 2 种拆法是错误的，因为其第 2 个字根“凵”，完全可以和第 1 个笔画“一”结合，形成一个“更大”的已知字根“廿”，也即再添加一笔画还是字根，故第 2 种方法是不对的；“夫”字亦是如此。总之，“取大优先”俗称“尽量向前凑”是一个在汉字拆分中最常用到的基本原则。

注意

按“取大优先”的原则，“未”字和“末”字都能拆成“二”、“小”。五笔字型输入法规定“未”字拆成“二”、“小”，而“末”字拆为“一”、“木”，以区别这两个字的编码。

3. 兼顾直观

拆分汉字时，为了照顾汉字字根的完整性，有时不得不暂且牺牲一下“书写顺序”和“取大优先”的原则，形成少数例外的情况。

如“固”字和“自”字的拆分方法就与众不同。

固：按“书写顺序”，应拆成：“冂 古 一”，但这样柝，便破坏了汉字构造的直观性，故只好违背“书写顺序”，拆作“囗 古”了（况且这样拆符合字源）；

自：按“取大优先”，应拆成“亻乙三”，但这样拆，不仅不直观，而且也有悖于“自”

字的字源，这个字是指事字，意思是“一个手指指着鼻子”，故只能拆成“丿目”，这叫做“兼顾直观”。

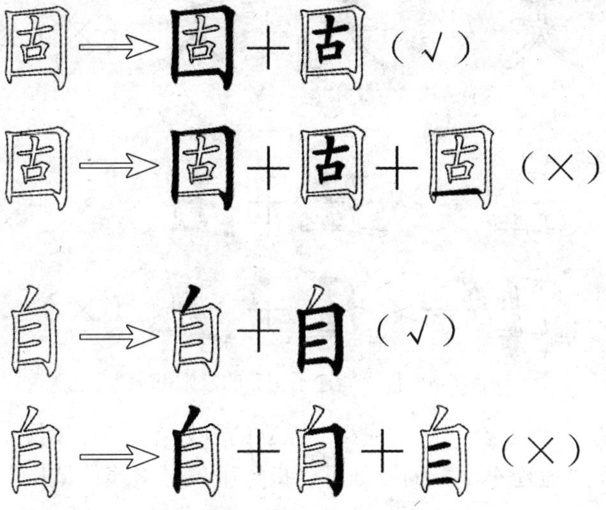

图 6-3　按“兼顾直观”的原则拆字

4．能散不连

如果一个汉字的结构可以视为几个字根的“散”关系，则不要视为“连”关系。但是有时候，一个汉字被拆成的几个字根之间的关系，可能在“散”和“连”之间模棱两可，难以确定。遇到这种情况时，处理的原则是“只要不是单笔画，都按‘散’关系处理”。图 6-4 中以“否”、“占”、“自”来说明具体字型的判断方法。

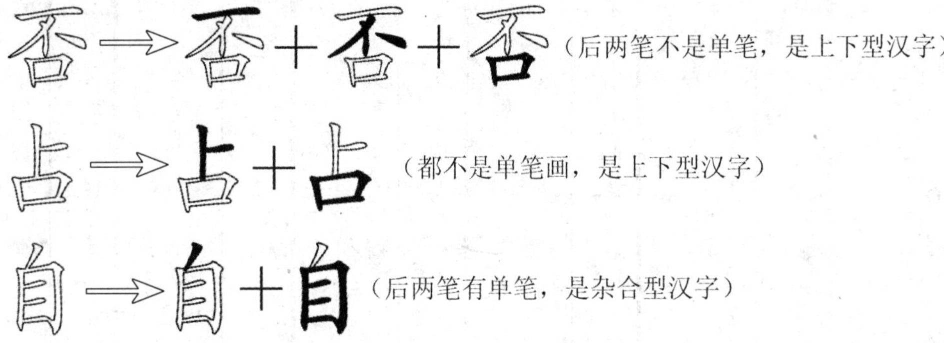

图 6-4　用“能散不连”判断字型

“能散不连”在汉字拆分时主要用来判断汉字的字型：字根间按“散”处理，便是上下型；按“连”处理，便是杂合型。

5．能连不交

当一个字既可拆成“相连”的几个部分，也可拆成“相交”的几个部分时，我们认为“相连”的拆法正确。因为一般来说，“连”比“交”更为“直观”。如图 6-5 中以“天”和“丑”两字为例，它们的拆分方法下：

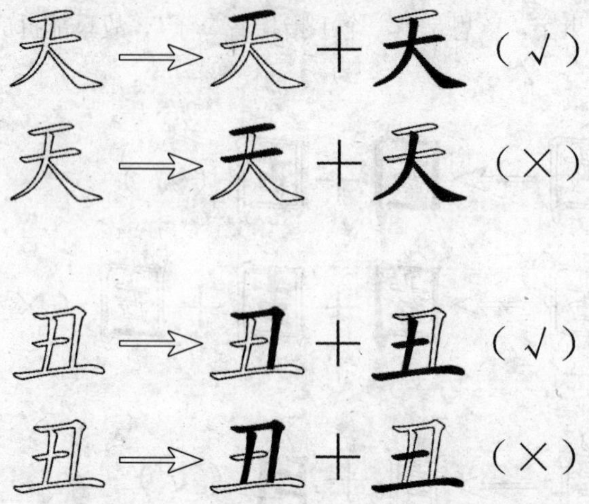

天 → 天 + 天（√）

天 → 天 + 天（×）

丑 → 丑 + 丑（√）

丑 → 丑 + 丑（×）

图 6-5　按“能连不交”的原则拆字

一个单笔画与字根“连”在一起，或一个孤立的点处在一字根附近，这样的笔画结构叫做“连体结构”。以上“能连不交”的原则可以指导用户对“连体结构”进行拆分。

6.1.2　常见非基本字根的拆分

表 6-1～6-5 所列常见非基本字根拆分表，其中各个字符的组字频率比较高，熟练掌握这些字符的拆分有助于提高的汉字的拆分能力，可以达到快速输入汉字的目的。随着水平的不断提高，就能逐步做到见字自然知其字根、知其拆分和编码。

表 6-1　常见非基本字根拆分表（横起笔）

字符	拆分	字符	拆分	字符	拆分	字符	拆分	字符	拆分	字符	拆分
戈	七丿	末	一木	才	十丿	灭	一火	百	厂日	夫	二人
臣	匚丨コ丨	[illegible]	二刂一	求	十㐅、	太	大、	甫	一月丨、	下	一卜
匹	匚儿	井	二川	丏	一卜乙	[illegible]	大丷	不	一小	未	二小
巨	匚コ	韦	二乙丨	巫	工人人	丈	ナ、	爽	大乂乂乂	[illegible]	一冂龷
瓦	一乙、乙	[illegible]	干丷	世	廿乙	兀	一儿	击	二山	市	亠冂丨
[illegible]	匚儿	[illegible]	十戈	甘	廿二	尤	ナ乙	于	一十	丙	一冂人
无	二儿	[illegible]	三小	[illegible]	廿三	夹	一丷人	夷	一弓人	牙	匚丨丿
正	一止	非	三刂三	革	廿串	与	一乙一	严	一业厂	戒	戈廾
酉	西一	吏	一口乂	辰	厂二𠄌	屯	一凵乙	互	一彑一	生	一丿龶
[illegible]	三丨	[illegible]	一口丨冖	东	七小	[illegible]	一彐止	犮	ナ又	成	厂乙乙丿
[illegible]	龶勹	再	一冂土	东	七乙八	万	厂乙	死	一夕匕	页	厂贝
[illegible]	十丷	考	土丿一乙	歹	一夕	豕	豕、	咸	厂一口丿	戊	厂一乙丿

表 6-2　常见非基本字根拆分表（竖起笔）

字符	拆分	字符	拆分	字符	拆分	字符	拆分	字符	拆分	字符	拆分
县	月一厶	卤	卜口乂	巾	冂丨	电	曰乙	[illegible]	冂刂三	[illegible]	廿口龶
曲	冂龷	申	曰丨	央	冂大	皿	冂刂	曳	曰匕	册	冂冂一
丹	冂亠	甩	月乙	[illegible]	罒土	见	冂儿	罒	冂龷	虫	口丨一
冉	冂土	禺	曰冂丨、	果	曰木	史	口乂	兕	口儿	里	曰土
[illegible]	刂𠂉、	少	小丿	甲	曰十						

表 6-3　常见非基本字根拆分表（撇起笔）

字符	拆分	字符	拆分	字符	拆分	字符	拆分	字符	拆分	字符	拆分
乎	丿丷丨	舟	丿丹	壬	丿士	风	几乂	朱	𠂉小	毛	丿二乙
豸	爫犭	𠂤	厂彐乙	丢	丿土厶	夊	夂、	[illegible]	𠂉卌一	午	𠂉十
乏	丿之	斥	斤、	熏	丿一罒灬	勿	勹彡	夭	丿大	气	𠂉乙
臾	臼人	戶	厂コ	重	丿一曰土	[illegible]	勹丿	矢	𠂉大	[illegible]	白丿
鱼	⺈田一	瓜	厂厶乀	生	丿龶	[illegible]	⺁丿	失	𠂉人	身	丿冂三丿
犭	犭丿	[illegible]	亻二车一	[illegible]	丿土	[illegible]	⺁、	千	丿十	禹	丿口冂、
乌	勹乙一	乐	匚小	升	丿廾	勺	勹、	牜	丿扌	𠂤	亻ココ
长	丿七乀	爪	厂丨乀	乇	丿七	匈	勹乂凵	我	丿扌乙丿	角	𠂊月
垂	丿一艹士	币	丿冂丨	臿	丿十臼	饣	𠂊乙	𠂒	亻三	鸟	勹丶乙一
缶	𠂉山	自	丿目	秉	丿一彐小	牛	𠂉丨	囱	丿口夕	[illegible]	⺁、丿
𤴓	𠂉止	免	𠂊口儿	舌	丿古	乏	丿止	丘	斤一	氏	⺁七
[illegible]	𠂉冂丨	久	𠂊乀								

表 6-4　常见非基本字根拆分表（捺起笔）

字符	拆分	字符	拆分	字符	拆分	字符	拆分	字符	拆分	字符	拆分
羊	丷手	亥	亠乙丿人	户	、尸	亡	亠乙	北	丬匕	义	、乂
䒑	丷𢆉	州	、丿、丨	良	、彐𠄌	声	广コ丨	㭒	丿米丨	尢	冖儿
差	丷手丷	兆	㐅儿	永	、乙㐅	礻	礻、	脊	㐅人月	产	立丿
𭕄	𭕄冖	关	丷大	雀	冖亻圭	衤	礻冫	并	丷廾	酋	丷西一
鹵	文凵	首	丷丿目	半	丷十	农	冖𧘇				

表 6-5　常见非基本字根拆分表（折起笔）

字符	拆分	字符	拆分	字符	拆分	字符	拆分	字符	拆分	字符	拆分
丑	乙土	臧	厂乙𠂇丿	叉	又、	㠯	コ丨コ	弗	弓川	亟	了口又一
爿	乙丨𠂇	卫	卩一	予	マ卩	𠃜	コ丨二	𦣻	乙耳	母	母一丶
尹	彐丿	丞	了𠆢一	发	乙丿又、	尺	尸、	夬	コ人	乡	乡丿
肃	彐月丨	𤴔	乙止	刃	刀、	艮	卩又	丹	刀二	幽	幺幺山
隶	彐氺	疋	乙止	出	凵山	毋	母𠂇	飞	乙冫	刍	乙彐
艮	彐厶	乜	乙乙	刁	乙一	互	互一	书	乙乙丨		

6.2. 键面字的输入

五笔字型将汉字编码规则划分为键面上有的汉字和键面上没有的汉字两大类。键面字包括键名汉字、成字字根和 5 个单笔画。下面将分别介绍它们的编码规则。

6.2.1　键名汉字的输入

各个键上的第 1 个字根，即“助记词”中打头的那个字根，我们称之为“键名”，键名汉字的输入如图 6-6 所示。

键名汉字的输入方法是把所在的键连按 4 下（不需打空格键）。例如：

王：GGGG　金：QQQQ　月：EEEE

Q 金	W 人	E 月	R 白	T 禾	Y 言	U 立	I 水	O 火	P 之
A 工	S 木	D 大	F 土	G 王	H 目	J 日	K 口	L 田	
Z	X 纟	C 又	V 女	B 子	N 已	M 山			

图 6-6 键名汉字的分布

目：HHHH　工：AAAA　大：DDDD

禾：TTTT　口：KKKK　又：CCCC

因此，把每一个键都连按 4 下，即可输入 25 个作为键名的汉字。"键名"都是一些组字频度较高、且又是有一定代表性的字根，所以要熟练掌握。

小技巧

有些键名汉字也是简码，不用按全 4 次就可输入，只要在输入的过程中，注意看一下输入法状态条上的提示。

6.2.2 成字字根的输入

1. 成字字根的输入方法

字根总表之中，除键名以外，自身为汉字的字根称为"成字字根"，简称"成字根"。除键名外，成字根一共有 102 个，如表 6-6 所示：

表 6-6 成字字根表

区　号	成字字根
1 区	一五戋，士二干十寸雨，犬三古石厂，丁西，戈弋艹廾匚七廿
2 区	卜上止丨，曰刂早虫，川，甲口四皿车力，由贝冂几
3 区	竹攵夂彳丿，手扌斤，彡乃用豕，亻八，钅勹儿夕
4 区	讠文方广亠，辛六冫疒门，氵小，灬米，辶廴宀冖
5 区	己巳尸心忄羽乙，子耳阝卩了也凵，刀九臼彐，厶巴马，幺弓匕

成字字根的输入方法：先打字根本身所在的键（称之为"报户口"），再根据"字根拆成单笔画"的原则，打它的第 1 个单笔画、第 2 个单笔画，以及最后一个单笔画，不足 4 键时，加打一个空格键。这样的输入方法可以写成一个公式：

报户口＋首笔＋次笔＋末笔（不足四码，加打空格键）

成字根的编码法体现了汉字分解的一个基本规则："遇到字根，报完户口，拆成笔画"。为了让读者更好地理解成字字根的输入方法，下面举例说明。

（1）刚好3画。成字字根刚好3 画时，报户口后依次输入单笔画即可，如图 6-7 所示。

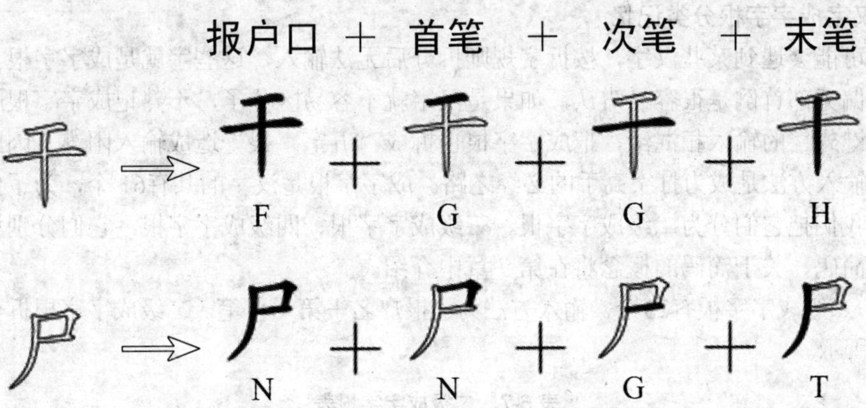

报户口 ＋ 首笔 ＋ 次笔 ＋ 末笔

干 ⟹ 干 F ＋ 干 G ＋ 干 G ＋ 干 H

尸 ⟹ 尸 N ＋ 尸 N ＋ 尸 G ＋ 尸 T

图 6-7 刚好3 画的成字字根的输入举例

（2）超过3 画。成字字根超过 3 画时，报户口后依次第一、第二及末笔画即可，如图 6-8 所示。

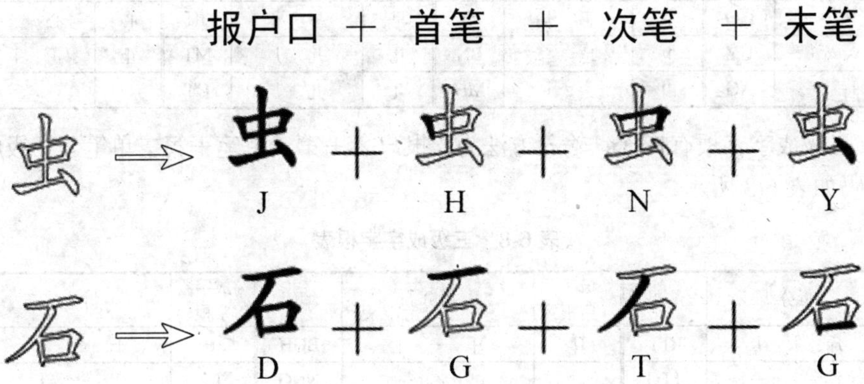

报户口 ＋ 首笔 ＋ 次笔 ＋ 末笔

虫 ⟹ 虫 J ＋ 虫 H ＋ 虫 N ＋ 虫 Y

石 ⟹ 石 D ＋ 石 G ＋ 石 T ＋ 石 G

图 6-8 超过 3 画的成字字根的输入举例

（3）不足3画。成字字根不足 3 画时，报户口后依次第一、第二笔后再打一个"空格键"即可，如图 6-9 所示。

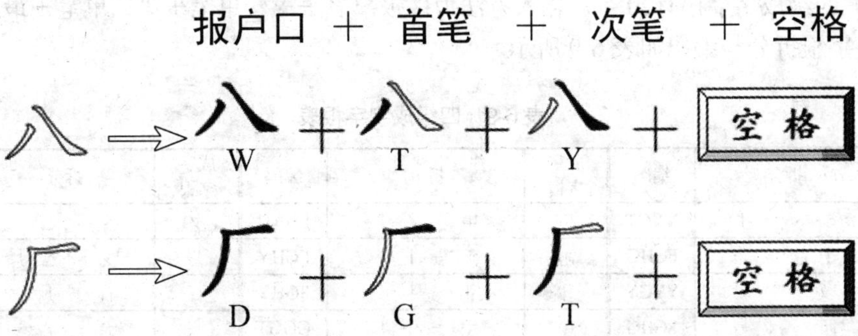

报户口 ＋ 首笔 ＋ 次笔 ＋ 空格

八 ⟹ 八 W ＋ 八 T ＋ 八 Y ＋ 空格

厂 ⟹ 厂 D ＋ 厂 G ＋ 厂 T ＋ 空格

图 6-9 不足 3 画的成字字根的输入举例

2．汉字成字字根分类记忆

读者可能会遇到某些汉字，按拆字规则拆分后无法输入，这些字就是成字字根。成字字根如果是偏旁部首倒是很容易辨认，如果是汉字就不容易区分了，不熟记成字字根的输入，很容易与键外字的输入相混淆，把成字字根也拆成“五笔字根”造成输入困难。因此熟记成字字根的输入方法是成为打字高手的必经之路。成字字根是汉字的共有61 个，为了便于学习和记忆，我们把它们分为二级成字字根、三级成字字根、四级成字字根，它们分别属于二、三、四级简码，关于简码的概念将在第 7 章中介绍。

（1）二级成字字根有23个。输入方法为：报户名＋第一单笔。二级成字字根拆分与编码如表 6-7 所示。

表 6-7　二级成字字根表

成字字根	拆分	编码	成字字根	拆分	编码	成字字根	拆分	编码	成字字根	拆分	编码
二	二 一	FG	九	九 丿	AG	车	车 一	GL	马	马 乙	CN
三	三 一	DG	力	力 丿	LT	用	用 丿	ET	小	小 丨	IH
四	四 丨	LH	刀	刀 乙	VN	方	方 、	YY	米	米 、	OY
五	五 一	GG	手	手 丿	RT	早	早 丨	JH	心	心 、	NY
六	六 、	UY	也	也 乙	BN	儿	儿 丿	MT	止	止 丨	HH
七	七 一	AG	由	由 丨	MH	儿	儿 丿	QT			

（2）三级成字字根有18个。输入方法为：报户名＋第一单笔＋第二单笔。三级成字字根拆分与编码如表 6-8 所示。

表 6-8　三级成字字根表

成字字根	拆分	编码	成字字根	拆分	编码	成字字根	拆分	编码
斤	斤 丿 丿	RTT	耳	耳 一 丨	BGH	十	十 一 丨	FGH
竹	竹 丿 一	TTG	己	己 乙 一	NNG	厂	厂 一 丿	DGT
丁	丁 一 丨	SGH	古	古 一 丨	DGH	门	门 、 丨	UYH
乃	乃 丿 乙	ETN	巴	巴 乙 丨	CNH	弓	弓 乙 一	XNG
廿	廿 一 丨	AGH	匕	匕 丿 乙	XTN	卜	卜 丨 、	HHY
八	八 丿 乀	WTY	羽	羽 乙 、	NNY	皿	皿 丨 乙	LHN

（3）四级成字字根有20 个。输入方法为：报户名＋第一单笔＋第二单笔＋最后一单笔。四级成字字根拆分与编码如表 6-9 所示。

表 6-9　四级成字字根表

成字字根	拆分	编码	成字字根	拆分	编码	成字字根	拆分	编码
广	广 、 一 丿	YYGT	甲	甲 丨 乙 丨	LHNH	夕	夕 丿 乙 、	QTNY
士	士 一 丨 一	FGHG	雨	雨 一 丨 、	FGHY	戈	戈 一 乙 丿	AGNT
文	文 、 一 乀	YYGY	寸	寸 一 丨 、	FGHY	石	石 一 丿 一	DGTG
西	西 一 丨 一	SGHG	戋	戋 一 一 丿	GGGT	犬	犬 一 丿 、	DGTY
巳	巳 乙 一 乙	NNGN	曰	曰 丨 乙 一	JHNG	辛	辛 、 一 丨	UYGH
贝	贝 丨 乙 、	MHNY	尸	尸 乙 一 丿	NNGT	虫	虫 丨 乙 、	JHNY
川	川 丿 丨 丨	KTHH	干	干 一 一 丨	FGGH			

6.2.3 5 种单笔画的输入

一般情况下，许多人都不太注意单笔画编码，5 种单笔画“一”、“|”、“丿”、“、”、“乙”在国家标准中都是作为“汉字”来对待的。在五笔字型中，照理说它们应当按照“成字根”的方法输入，即：报户口＋笔画（只有一个键）＋空格键

若按这种方法输入，这 5 个单笔画的编码成为：一（GG）、丨（HH）、丿（TT）、丶（YY）、乙（NN）。

除“一”之处，其他几个都很不常用，按“成字根”的打法，它们的编码只有 2 码，这么简短的“码”用于不常用的“字”有些浪费。因此，五笔字型中，将其简短的编码“让位”给更常用的字，人为地在其正常码的后边，加两个“L”，以此作为 5 个单笔画的编码，如表 6-10 所示。

表 6-10　5 个单笔画的编码

单笔画	一	丨	丿	丶	乙
编　码	GGLL	HHLL	TTLL	YYLL	NNLL

注意

这里之所以要加“L”，是因为〈L〉键除了便于操作外，作为竖结尾的单体型字的识别键码是极不常用的，足以保证这种定义码的唯一性。以后我们会看到，24（L）键还可以定义重码字的备用外码。因此，24（L）键可以叫做“定义后缀”。

由以上可知，字根总表里面字根的输入方法被分为两类：第 1 类是 25 个键名汉字；第 2 类是键名以外的字根。

字根是组成汉字的一个基本单位。对键面以外的汉字进行拆分时，都要以拆成“键面上的字根”为准。所以，只有通过键名的学习和成字字根的输入才能加深对字根的认识，才能分清楚哪一些是字根，哪一些不是。

6.3　键外字的输入

凡是字根总表上没有的汉字，即“表外字”或“键外字”都可以认为是“由字根拼合而成的”，故称其为“合体字”。

绝大多数汉字是由基本字根与单笔画或几个字根组成，这些汉字称为键面以外的汉字。绝大多数汉字都是键面以外的字，所以这部分是本节的重点。根据拆字字根的数量，将其分为下面 3 种，下面举例子说明。

6.3.1 正好 4 个字根的汉字

按汉字的书写笔画顺序拆出 4 个字根，再依次输入字根编码即可。如图 6-10 所示。

如果汉字拆分后的字根的个数超过 4 个或者不足 4 个，还要进行“截长补短”。

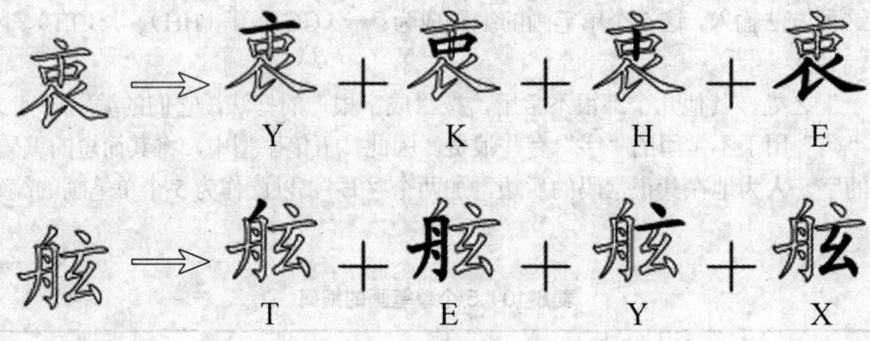

图 6-10 正好 4 个字根的汉字输入方法举例

6.3.2 超过 4 个字根的汉字

超过 4 个字根的汉字要进行“截长”，即将汉字按照笔画的书写顺序拆出若干个基本字根后，取第一、第二、第三和最末一个字根编码，如图 6-11 所示。

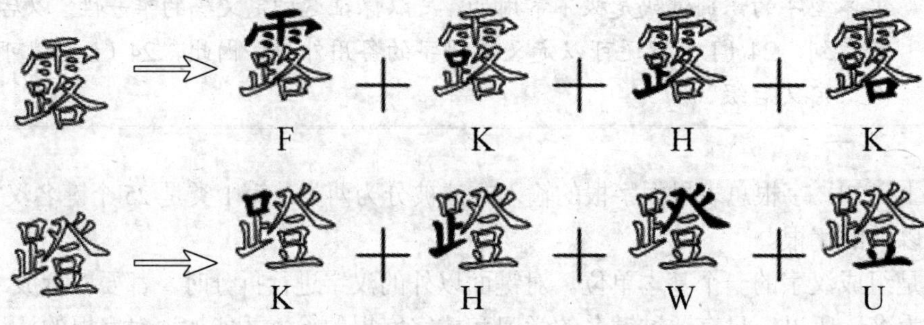

图 6-11 超过 4 个字根的汉字输入方法举例

6.3.3 不足 4 个字根的汉字

不足 4 个字根的汉字要进行“补短”。即凡是拆分成的字根不够 4 个编码时，依次输完字根码后，还需要补加一个识别码；如果还不足 4 码，则补打空格键。如何使用识别码，将在下一节进行讲解。不足 4 个字根的汉字输入如图 6-12 所示。

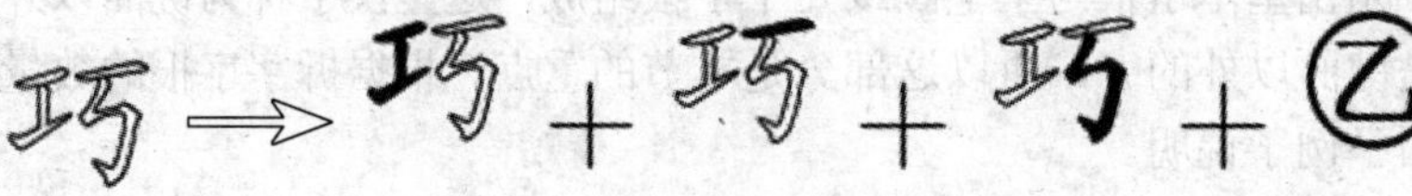

巧 → 巧 + 巧 + 巧 + ㊣乙

a）“三个字根+识别码”的情况

图 6-12 不足四个字根的汉字输入方法举例

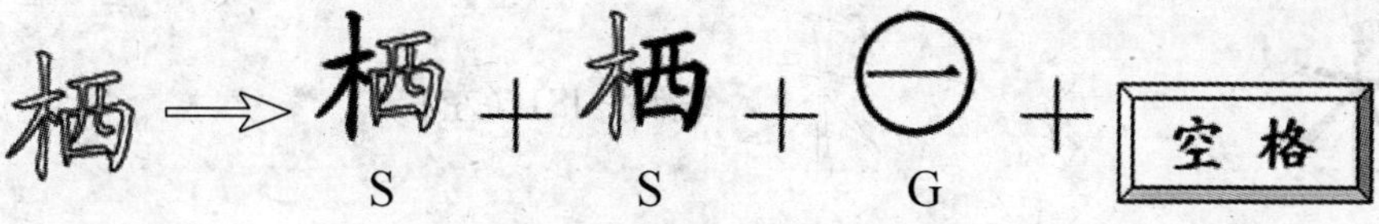

栖 → 栖 S + 栖 S + ㊀ G + 空格

b）“两个字根+识别码”的情况

图 6-12　不足四个字根的汉字输入方法举例（续）

6.4　末笔字型识别码

“五笔字型”编码的最长码是 4 码，凡是不足 4 个字根的汉字，我们规定字根输入完以后，再追加一个“末笔字型识别码”，简称“识别码”。末笔字型交叉识别码是为了区别字根相同、字型不同的汉字而设置的，只适用于不足 4 个字根组成的汉字。

6.4.1　末笔字型识别码

1. 为什么要加末笔字型识别码

构成汉字的基本字根之间存在着一定的位置关系。例如：同样是“口”与“八”这两个字根，它们的位置关系不同，就构成“叭”与“只”两个字。字根“口”的代码为 K，“八”的代码为 W。这两个字的编码为：

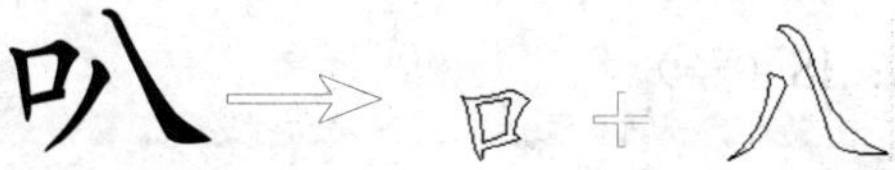

叭 → 口 + 八（编码 KW）

只 → 口 + 八（编码 KW）

两个字的编码完全相同，因此出现了重码。可见，仅仅将汉字的字根按书写顺序输入到电脑中还是不够的，还必须告诉电脑输入这些字根是以什么方式排列的，电脑才能认定选的是哪个字。若用字型代码加以区别，则是：

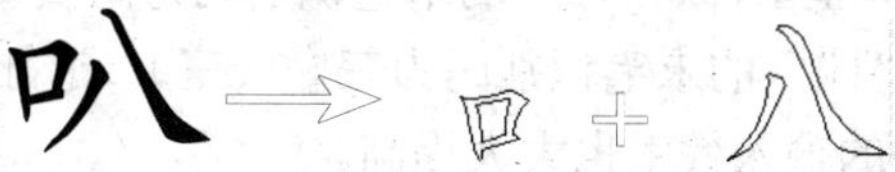

叭 → 口 + 八 编码：KW1（左右）

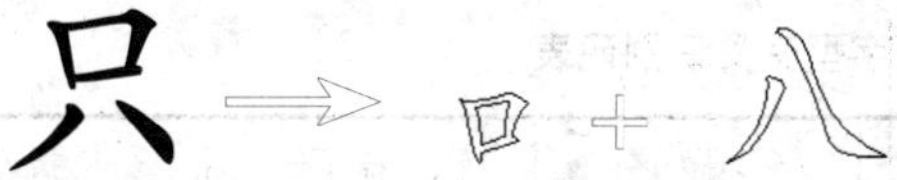

只 → 口 + 八 编码：KW2（上下）

于是，这两字的编码就不会相同了，最后一个数字叫字型识别码。

但还有一些字，它们的字根在同一个键上而且字型又相同，如“沐、汀、洒”是由“氵”和〈S〉键上“木”、“丁”、“西”三个字根组成的，又都是左右型汉字，若用字型代码加以区别，则是：

沐 → 氵 + 木　编码：IS1（左右）

汀 → 氵 + 丁　编码：IS1（左右）

洒 → 氵 + 西　编码：IS1（左右）

上面三个字虽然字根拆分不同，但它们的第二部分字根都在〈S〉键上。如果分别加一个字型代码，由于三个字都是左右（1）型，还是出现了重码。因此，仅将字根按书写顺序输入到电脑中，再用字型代码加以区别，也还是不够的，还必须告诉电脑输入的这些字根各有什么特点。若用末笔画代码加以区别，则变成：

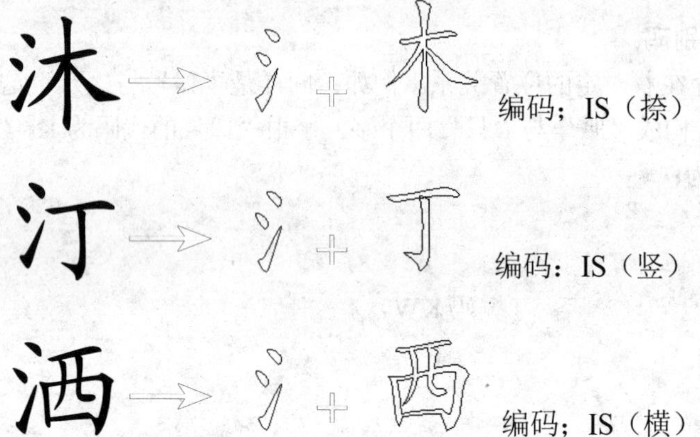

这样就使处在同一键上的 3 个字根在和其他字根构成汉字时，具有了不同的编码。最后一笔叫做末笔识别码。

综上所述，为了避免出现重码，有的时候需要加字型识别码，有的时候又要加末笔识别码；如果以末笔画为准，以字型代码（1，2，3）作为末笔画的数量，就构成“末笔字型交叉识码”。例如：“字”的末笔画为横，它是上下（2）型字，则“字”的末笔识别码为两横（二）；“团”的末笔画为撇，它是杂合（3）型字，则“团”的末笔识别码为三撇（三）。追加末字型交叉识别码后，重码的概率会大大减少，汉字的输入效率也大大提高。

末笔字型交叉识别码如表 6-12 所示，末笔字型交叉识别码的键盘分布如图 6-13 所示。

表 6-12　五笔字型末笔字型交叉识别码表

末　笔 字　型		横	竖	撇	捺	折
		1	2	3	4	5
左右型	1	11（G）㊀	21（H）丨	31（T）丿	41（Y）丶	51（N）乙
上下型	2	12（F）㊁	22（J）刂	32（R）彡	42（U）冫	52（B）巛
杂合型	3	13（D）㊂	23（K）川	33（E）彡	43（I）氵	53（V）巛

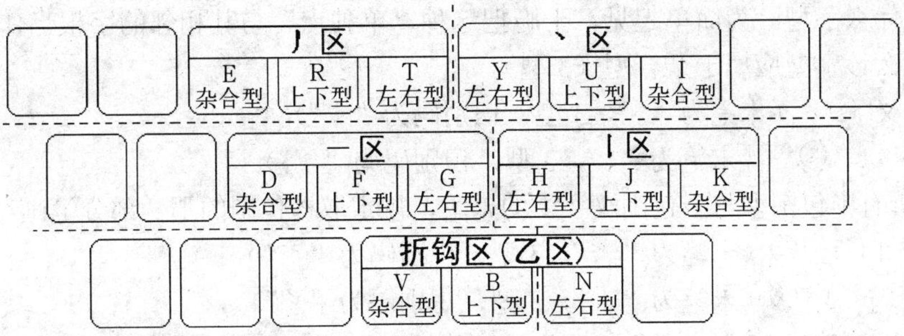

图 6-13　识别码键盘分布图

2．末笔字型交叉识别码的判定

加识别码的目的是为了减少重码数，从而提高汉字的输入效率。关于末笔字型识别码，多数五笔字型教材中都是用区号和位号进行编码定位的，这样使很多人望而生畏。本书将介绍一种简单的确定识别码的方法。这种方法不需要学区位号的概念，就可以轻松掌握识别码的应用，而且简单快捷。

（1）对于 1 型（左右型）字，输入完字根后，补打 1 个末笔画，即加上"识别码"。

腊：月 廾 曰 [一]　（末笔为"一"，1 型，补打"一"）

蜊：虫 禾 刂 [丨]　（末笔为"丨"，1 型，补打"丨"）

炉：火 丶 尸 [丿]　（末笔为"丿"，1 型，补打"丿"）

徕：彳 一 米 [丶]　（末笔为"、"，1 型，补打"、"）

肋：月 力 [乙]　（末笔为"乙"，1 型，补打"乙"）

（2）对于 2 型（上下型）字，输入完字根后，补打由 2 个末笔画复合而成的"字根"，即加上"识别码"。

吕：口 口 [二]　（末笔为"一"，2 型，扑打"二"）

弄：王 廾 [〢]　（末笔为"丨"，2 型，补打"〢"）

芦：廾 丶 尸 [丿丿]（末笔为"丿"，2 型，补打"丿丿"）

芮：廾 冂 人 [冫]（末笔为"、"，2 型，补打"冫"）

冗：冖 几 [巜]　（末笔为"乙"，2 型，补打"巜"）

（3）对于 3 型（杂合型）字，输入完字根后，补打由 3 个末笔画复合而成的"字根"，即加上"识别码"。

若：廾 ナ 口 [三]（末笔为"一"，3 型，补打"三"）

载：十 戈 车 [川]（末笔为"丨"，3 型，补打"川"）

庐：广 丶 尸 [彡]（末笔为"丿"，3 型，补打"彡"）

逮：彐 氺 辶 [氵]（末笔为"、"，3 型，补打"氵"）

屯：一 凵 乙 [巛]（末笔为"乙"，3 型，补打"巛"）

6.4.2　使用末笔识别码的注意事项

在识别末笔时，有如下规定，在使用时应特别注意：

（1）对于"义"、"太"、"勺"等字中的"单独点"，这些点离字根的距离可远可近，很难确定其是什么字型。为简单起见，干脆把这种“单独点”与其相邻的字根当作是“相连”的关系，那么该字型应属于杂合型（3 型）。

义：、 乂 ⑤ （末笔为“、”，3 型，识别码为“⺀”）

太：大 、 ⑤ （末笔为“、”，3 型，识别码为“⺀”）

（2）所有半包围型与全包围汉字中的末笔，规定取被包围的那一部分笔画结构的末笔。

迥：冂 口 辶 ㊂（末笔为“一”，3 型，识别码为“三”）

团：口 十 丿 ③（末笔为“丿”，3 型，识别码为“彡”）

（3）对于字根“刀”、“九”、“力”、“巴”、“匕”，因为这些字根的笔顺常常因人而异，当以它们作为某个汉字的最后一个字根，且又不足 4 个字根，需要加识别码时，一律用它们向右下角伸得最长最远的笔画“折”来识别。

伦：亻 人 匕 ②（末笔为“乙”，识别码为“乙”）

男：田 力 ⑪（末笔为“乙”，识别码为“巛”）

（4）“我”、“戋”、“成”等汉字应遵从“从上到下”的原则，取“丿”作为末笔。

关于字型有如下规则：

（1）凡单笔画与字根相连或带点结构的字型都视为杂合型。

（2）字型区分时，也用“能散不连”的原则，（例如：下、矢、卡、严）。

（3）内外型、含字根且相交者、含“辶”字的这三类均属杂合型，例如：因、东、进。

（4）以下各字为杂合型：尼、式、司、床、死、疗、压、厅、龙、后、处、办、皮。与以上所列各字字型相近的均属杂合型。

（5）以下各字为上下型：右、左、看、有、者、布、包、友、冬、灰。与以上所列各字字型相近的均属上下型。

末笔交叉识别码主要是用来区别可重复的两个字根或三个字根的汉字，当然有时字根虽少但可能不重复，也就不必输入识别码了。

6.5 五笔字型编码规则总结

在了解了五笔字型汉字输入的基本原则后，我们把上面的规律总结如下。首先来看一下五笔字型单字拆字取码的五项原则：

（1）从形取码，其顺序按书写规则，从左到右，从上到下，从外到内。

（2）取码以 130 种基本字根为单位。

（3）不足 4 个字根时，输完字根后补打末笔字型交叉识别码。

（4）对于等于或超过 4 个字根的汉字，按第一笔代码、第二笔代码、第三笔代码和最末笔代码的顺序，且最多只取 4 码。

（5）单体结构拆分取大优先。

> **五笔字型编码口诀**
>
> 五笔字型均直观，依照笔顺把码编；
> 键名汉字击四下，基本字根需照搬；
> 一二三末取四码，顺序拆分大优先；
> 不足四码要注意，交叉识别补后边。

这五项原则可以用右边的“五笔字型编码口诀”来概括。

将“五笔字型”对各种汉字进行编码输入的规则画成一张逻辑图，就形成了一幅“编码流程图”。该图是“五笔字型”编码的“总路线”，“五笔字型”编码拆分的各项规则尽在其中。

按照这张图进行学习和训练，可以使读者思路清晰。编码流程图如图 6-14 所示。

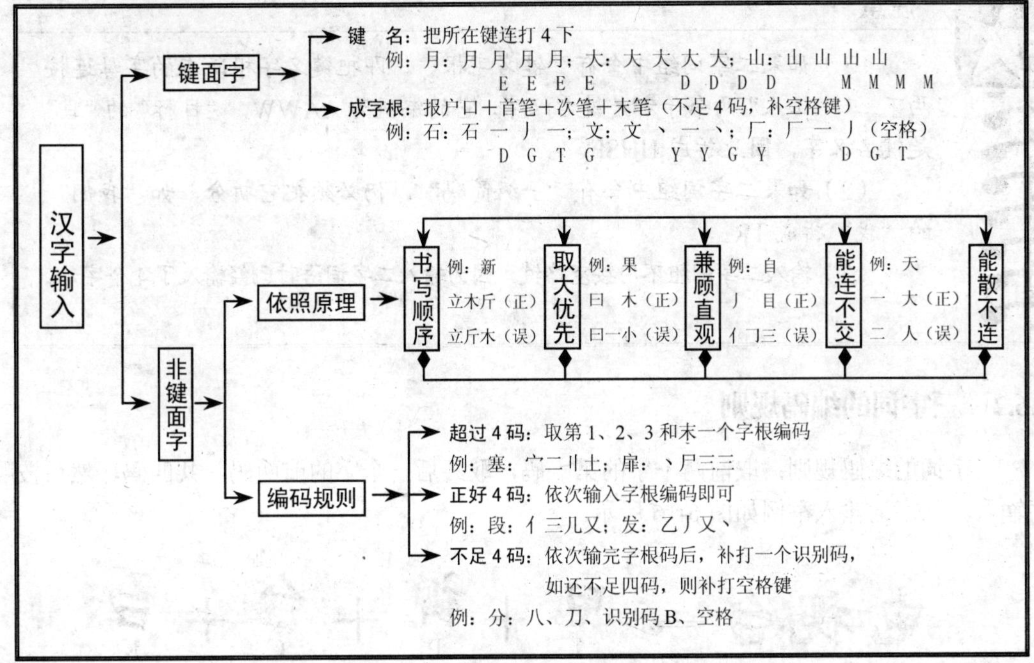

图 6-14 “五笔字型”编码流程图

6.6 词组的输入

五笔字型中提供了输入词组的功能。输入词组时不需要进行任何转换，不需要再附加其他信息，可以与字一样用四码来代表一个词组。

6.6.1 二字词的编码规则

二字词在汉语词组中占有相当大的比重。熟练地掌握二字词的输入是提高文章输入速度的重要一环。

二字词在汉语词汇中占有相当大的比重。二字词的取码规则：分别取该词组中第一个字的第一、二个字根代码和第二个字的第一、二个字根代码，组成四码，然后按顺序输入。二字词输入举例如图 6-15 所示。

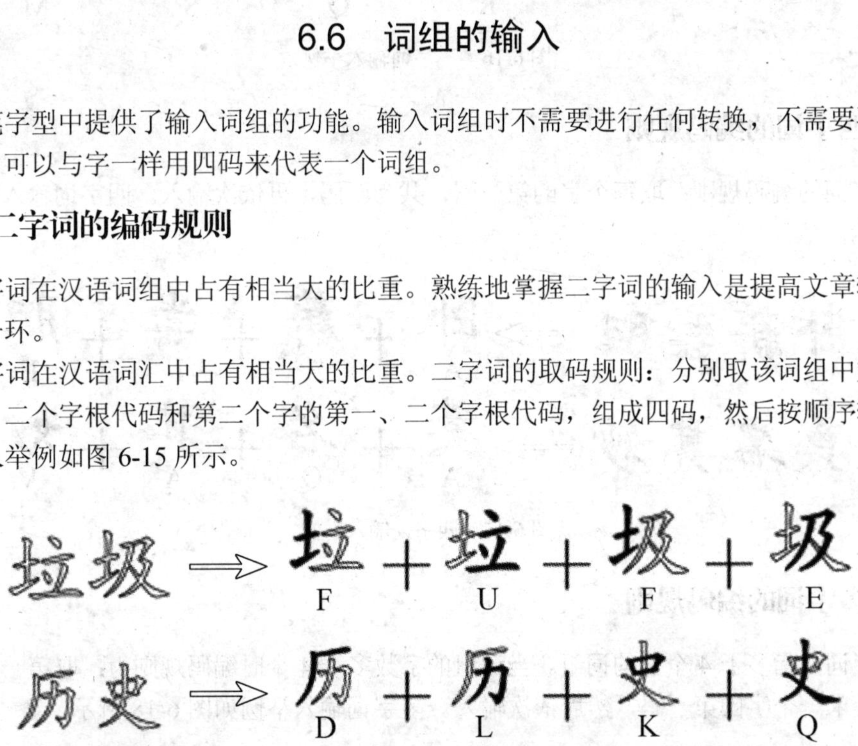

垃圾 ⇒ 垃 ＋ 垃 ＋ 圾 ＋ 圾
F U F E

历史 ⇒ 历 ＋ 历 ＋ 史 ＋ 史
D L K Q

图 6-15 二字词输入举例

注意

（1）如果二字词组中含有“键名字根”，即把键名字根所在的字母连按两下。如“工人”两个子都是键名汉字，它的编码为 AAWW，“目标”的“目”是键名汉字，因此拆成 HHSF。

（2）如果二字词组中含有“一级简码”，仍必须把它拆分，如“我们”的“我”拆成 TR。

（3）输入二字词组不用按空格键，因为输入二字词语时已经输入了 4 个字母。

6.6.2 三字词的编码规则

三字词的编码规则：取前两个字的第一码，取最后一个字的前两码，共四码，然后按顺序输入。三字词输入举例如图 6-16 所示。

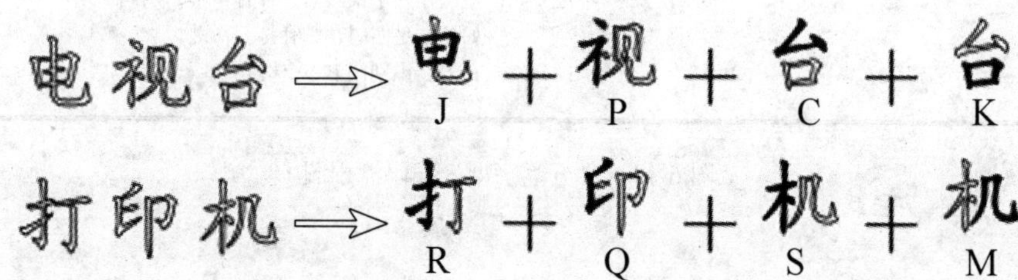

图 6-16 三字词输入举例

6.6.3 四字词的编码规则

四字词的编码规则：取每个字的第一码，共为四码，再依次输入。四字词输入举例如图 6-17 所示。

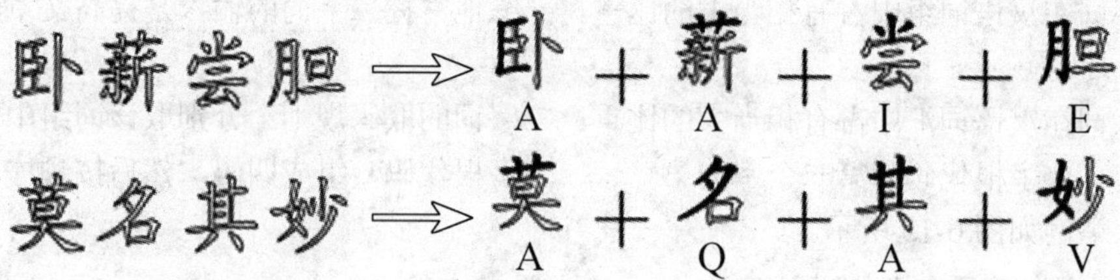

图 6-17 四字词输入举例

6.6.4 多字词的编码规则

多字词是指多于 4 个字的词组。当词组的字数多于 4 个时编码规则为：取第一、第二、第三、最末一个字的第一码，然后依次输入。多字词输入举例如图 6-18 所示。

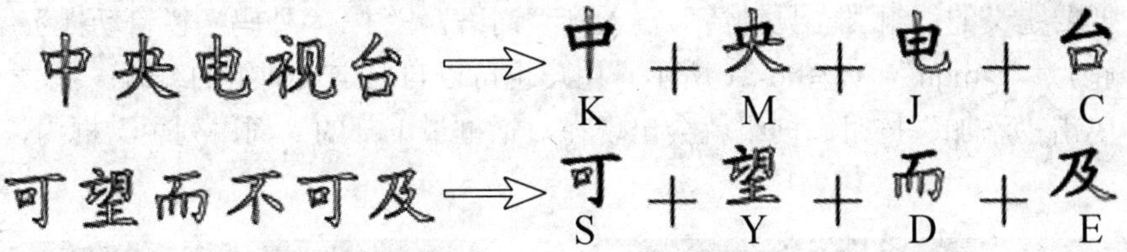

中央电视台 ⟹ 中(K) + 央(M) + 电(J) + 台(C)

可望而不可及 ⟹ 可(S) + 望(Y) + 而(D) + 及(E)

图 6-18　多字词输入举例

6.7　造词功能与词库升级

虽然五笔字型输入法的词库里已经有了大量的词汇，但是由于工作或学习的需要，在输入汉字的过程中，有一些用户比较常用的词汇或专业词汇词库里却没有。五笔字型输入法针对这种情况设计了“手工造词”功能，这一功能大大方便了用户。

同时，随着五笔字型输入法的不断发展和完善，旧版的五笔字型输入法词库已经远远不能满足用户的使用需求，这就需要对词库进行升级了。在此对五笔字型输入法的造词功能及词库升级这两个问题进行简单介绍。

6.7.1　手工造词

1. “手工造词”功能

使用“手工造词”功能定义新词组十分简单，可以按照示例来亲自实践一下。定义词组“一见钟情”的步骤如下：

1）在输入法的状态条上（除软键盘按钮外）单击鼠标右键，弹出一个快捷菜单，如图 6-19 所示。

2）选择输入法快捷菜单中的“手工造词”，系统将会弹出“手工造词”对话框，单击“造词”选项前的圆圈，选中造词功能。如图 6-20 所示。

图 6-19　输入法快捷菜单

图 6-20　“手工造词”对话框

3）把要定义的词组“一见钟情”输入到“词语”栏中，“外码”栏自动提示用户所定义词组的编码为“gmqn”，如图 6-21 所示。用户也可以自己定义词组的编码。

4）单击“添加”按钮，词组就会出现在对话框最下部的“词语列表”框内，如图 6-22 所示。

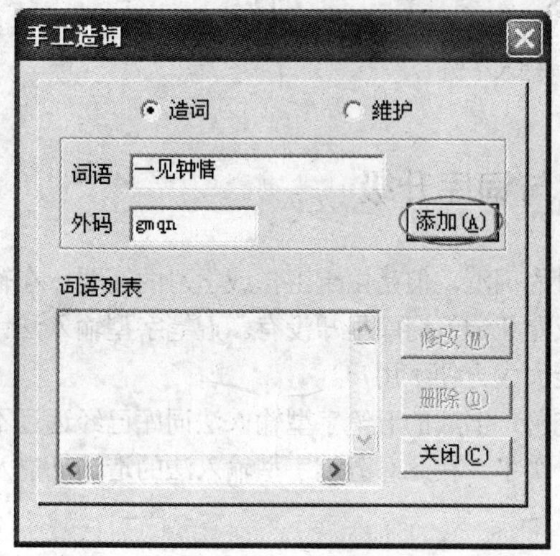

图 6-21　输入词汇

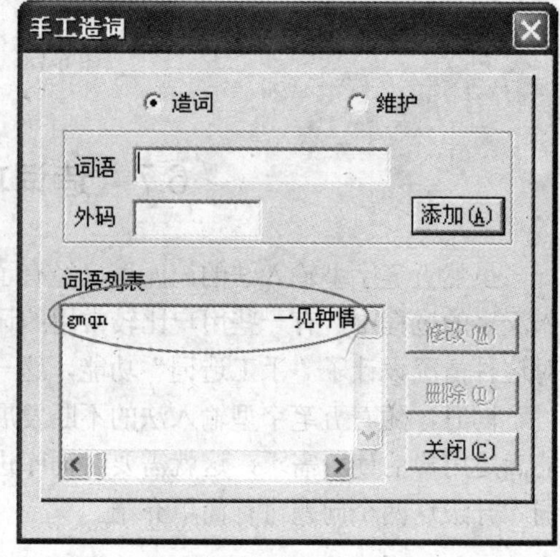

图 6-22　定义好的新词组

按照以上的步骤就可以完成对新词组的定义。现在只要依次键入“gmqn”，就可输入词组“一见钟情”。

定义新词组还有一种比较快捷的方法，即在遇到自己常用的词语时，可直接按下〈Ctrl＋～〉键，当输入法状态条左端第一个按钮中（即中英文切换铵钮）变成了词，再将要定义的词语逐字（或词）输入，如“灰蒙蒙的天”，然后再次按下〈Ctrl+～〉键，随即有一提示框出现，询问“是否将自定义词存入用户词库”，如图 6-23 所示，按〈Enter〉键确认后词就造好了，整个过程双手不需要离开键盘。

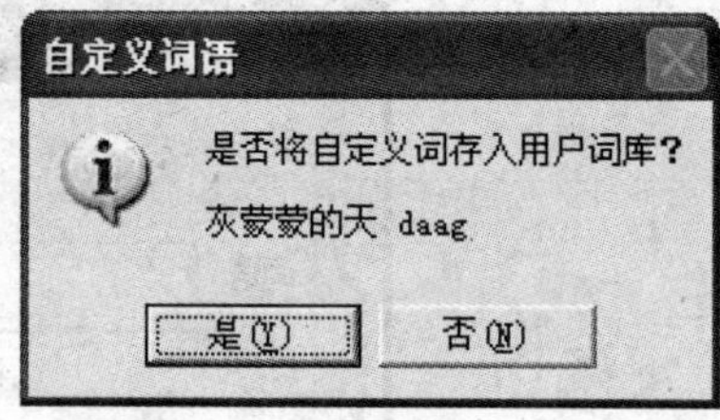

图 6-23　自定义词组对话框

注意

1）词语输入后，只能按〈Ctrl+～〉键或按〈Enter〉键来实现造词。2）在用此方法造词过程中，电脑自动给出词组的编码，用户不能改变造词词组编码。

2. 修改或清除自定义词组

在“手工造词”对话框中，单击“维护”选项，凡是用户自定义的词组都会出现在对话框下部的“词语列表”框内，如图 6-24 所示，这时用户就可以修改或删除词组了。

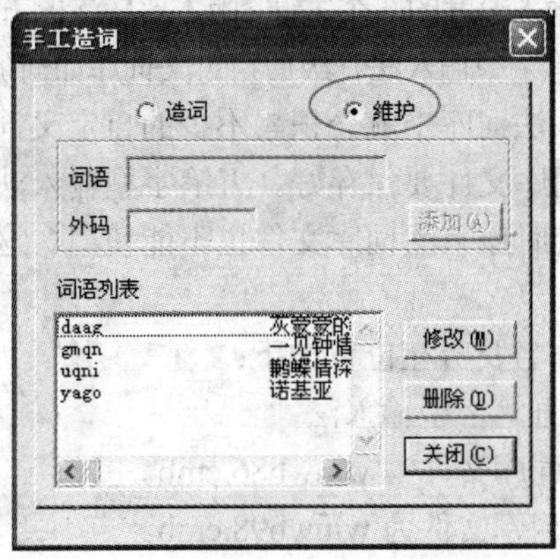

图 6-24 选择“维护”选项

修改词语的具体步骤如下：

1）打开“手工造词”对话框，选择“维护”选项。

2）在“词语列表”框中选择要修改的词语。

3）单击“修改”按钮，弹出“修改”对话框，如图 6-25 所示。

图 6-25 “修改”对话框

4）在对话框的“词语”栏中可以修改词语；在“外码”栏中可以修改这个词组的编码。修改完成后，单击“确定”按钮即可。

删除词语的具体步骤如下：

1）打开“手工造词”对话框，选择“维护”选项。

2）在“词语列表”框中选择要删除的词语。

3）单击“删除”按钮，在弹出的图 6-26 所示对话框中选择“是”按钮，词语就会被删除。

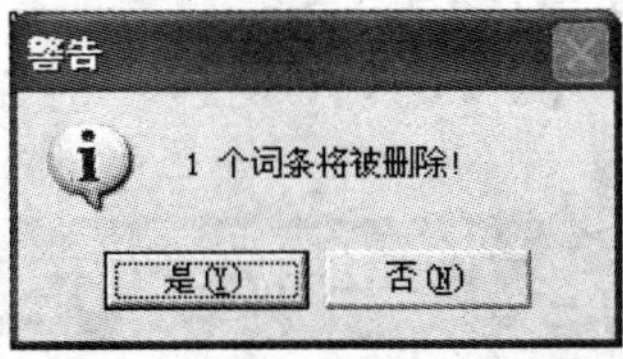

图 6-26 “删除”对话框

6.7.2 五笔字型词库升级

五笔字型输入法具有强大的词组输入功能，词组输入是提高输入速度的一个重要方法，而词组数量的多少也成为直接关系到输入速度的一个关键。版本比较老的五笔字型输入法面临着词库急需升级的问题。下面简单介绍五笔字型输入法升级后自定义词库如何随之升级这方面的知识。

电脑用得时间长了，输入法词库中就会积累不少的自定义词组，这样才能加快文字输入速度、提高工作效率，因此词库文件要保存好。五笔字型输入法的用户词库不能在其他计算机上使用，重新安装操作系统时原来的词库文件也不能使用。这时，只需手工备份，在版本升级和遇到意外时来恢复之。

各种五笔字型的词库文件名及所在位置如下：

（1）Office 2000 自带的五笔字型输入法

王码五笔型输入法 86 版词库文件为 winwb86.emb。

王码五笔型输入法 98 版词库文件为 winwb98.emb。

（2）王码五笔字型输入法（包括 WM9801 软件）

王码五笔型输入法 4.5 版词库文件为 wmch45. dat 和 wbxc45. inx。

王码五笔型输入法 98 版词库文件为 wmch. dat 和 wbxcgbk. inx。

（3）标准五笔字型输入法 WB-18030

标准五笔字型输入法词库文件为 wmch18. dat 和 wbxc18. inx

上面三类五笔字型的词库文件在 Windows 98/Me 系统中，在系统目录 Windows\System 下；在 Windows 2000/NT/XP 系统中，在系统目录 Windows\System32 下。

（4）智能陈桥

智能陈桥词库文件为 userck.txt，所在文件夹为智能陈桥默认安装文件夹 C:\chenhu2 文件夹。

（5）万能五笔

万能五笔词库文件为 wnb.cz，所在文件夹为万能五笔默认安装文件夹 C:\!WNM 文件夹。

（6）极品五笔

极品五笔输入法的词库文件名为 jpwb.emb，在 Windows 98/Me 操作系统中，jpwb.emb 在 Windows\System 下；在 Windows 2000/Xp 操作系统中，jpwb.emb 实际存放的位置与登录系统的用户名相关，一般在 Documents and Settings\你的用户名\Application Data\Microsoft\IME\jpwb 下。

小技巧

只要记住相应的五笔字型输入法的词库文件的名字，就可以利用 Windows 的“查找”功能找到相应的文件进行备份或维护。

一、填空题

1. 单体结构拆分原则的四句口诀为__________、__________、__________、__________。

2．键名键共有________个，输入方法是____________________。

3．成字字根=________+________+________+________。

4．键面上没有的汉字的输入方法是：超过 4 个字根的汉字取该字的______和______；正好 4 个字根的汉字按________输入________即可；不足 4 个字根的汉字输入_____后补打一个________，仍不足时补打________键。

5．末笔字型交叉识别码是为了区别________相同、________不同的汉字而设置的，只适用于____________组成的汉字。

二、简答题

1．五笔字型单字拆字取码的五项原则是什么？

2．怎样使用汉字图形的末笔字型交叉识别码？

三、练习题

1．难字拆分输入练习

下表是容易拆分错的字，先试着自行拆分，然后对照正确的进行总结，反复练习，记住这些难拆字。

A	蒙	APGE	艹冖一豕	萧	AVIJ	艹彐小川	尧	ATGQ	七丿一儿
	藏	ADNT	艹厂乙丿	甚	ADWN	艹三八乙	巫	AWWI	工人人(氵)
	茂	ADNT	艹厂乙丿	匹	AQV	匸儿(巛)			
B	函	BIBK	了㐅凵(川)	陆	BFMH	阝二山(丨)	随	BDEP	阝ナ月辶
	聚	BCTI	耳又丿氺	亟	BKCG	了口又一	耳	BGHG	耳一丨一
	随	BDEP	阝ナ月辶						
C	矛	CBTR	ᄀ卩丿(彡)	骤	CBCI	马耳又氺	巴	CNHN	巴乙丨乙
	柔	CBTS	ᄀ卩丿木	骋	CMGN	马由一乙	叉	CYI	又丶(氵)
D	尴	DNJL	ナ乙刂皿	万	DNV	㇆乙(巛)	碑	DRTF	石白丿十
	尬	DNWJ	ナ乙人川	尤	DNV	ナ乙(巛)	酆	DHDB	三丨三阝
	感	DGKN	厂一口心	臧	DNDT	厂乙丆丿			
E	肺	EGMH	月一冂丨	乃	ETN	乃丿乙	腾	EUDC	月丷大马
	盈	ECLF	乃又皿㊁	貌	EERQ	爫豸白儿	鼐	EHNN	乃目乙乙
F	考	FTGN	土丿一乙	未	FII	二 小(氵)	击	FMK	土山(川)
	声	FNR	士尸(彡)	域	FAKG	土戈口一			

	字	编码	字根	字	编码	字根	字	编码	字根
G	曹	GMAJ	一冂卄日	瓦	GNYN	一乙丶乙	夹	GUWI	一丷人(氵)
	班	GYTG	王丶丿王	互	GXGD	一彑一(三)	夷	GXWI	一弓人(氵)
	柬	GLII	一罒小(氵)	敖	GQTY	龶力攵(丶)	末	GSI	一木(氵)
H	凸	HGMG	丨一冂一	眸	HCRH	目厶𠂉丨	督	HICH	上小又目
	虎	HAMV	广七几(巛)	虐	HAAG	广七匚一	眺	HIQN	目冫儿(乙)
	瞬	HEPH	目爫冖丨	瞌	HFCL	目土厶皿	卤	HLQI	⺊口乂(氵)
I	满	IAGW	氵廿一人	沛	IGMH	氵一冂丨	汇	IAN	氵匚(乙)
	派	IREY	氵𠂆𠂢(丶)	兆	IQV	冫儿(巛)	脊	IWEF	冫人月(二)
J	临	JTYJ	刂𠂉丶罒	曳	JXE	曰匕(彡)	监	JTYL	刂𠂉丶皿
	禺	JMH	曰冂丨丶						
K	贵	KHGM	口丨一贝	踏	KHIJ	口止水曰	鄙	KFLB	口十口阝
	吃	KTNN	口𠂉乙(乙)	跋	KHDC	口止𡗗又			
L	围	LFNH	囗二乙丨	罢	LFC	罒土厶	甲	LHNH	甲丨乙丨
	黑	LFOU	罒土灬(冫)	辕	LFKE	车土口𧘇	转	LFNY	车二乙(丶)
M	曲	MAD	冂卄(三)	盎	MDLF	冂大皿(二)	赋	MGAH	贝一弋止
	典	MAWU	冂卄八	冉	MFD	冂土(三)	贝	MHNY	贝丨乙丶
	丹	MYD	冂亠(三)	凹	MMGD	冂冂一(三)			
N	书	NNHY	乙乙丨丶	惬	NAGW	忄匚一人	憨	NBTN	乙耳攵心
	丑	NFD	乙土(三)	屉	NANV	尸廿乙(巛)	屈	NBMK	尸凵山(川)
O	凿	OGUB	业一丷凵	糠	OYVI	米广彐氺	粼	OQAB	米夕二巛
	燎	ODUI	火大丷小	烤	OFTN	火土丿乙	粮	OYVE	米丶彐𧘇
P	赛	PFJM	宀二刂贝	农	PEI	冖𧘇(氵)	寮	PDUI	宀大丷小
	窗	PWTQ	宀八丿夕	宦	PAHH	宀匚丨丨	寓	PJMY	宀曰冂丶
	宿	PWDJ	宀亻𠂇日	穿	PWAT	宀八二丿	冤	PQKY	冖𠂊口丶
Q	乌	QNGD	勹乙一(三)	印	QGBH	𠂆一卩(丨)	卵	QYTY	𠂆丶丿丶
	鸟	QYNG	勹丶乙一	象	QJEU	𠂊罒豖(冫)	饭	QNRC	𠂊乙厂又
	免	QKQB	𠂊口儿(巛)	匆	QRYI	勹彡丶(氵)	怨	QBNU	夕㔾心(冫)
	贸	QYVM	𠂆丶刀贝	桀	QAHS	夕匚丨木	盥	QGIL	𠂆一水皿

R	鬼	RQCI	白儿厶(氵)	牛	RHK	𠂉丨(川)	拜	RDFH	手三十(丨)
	舞	RLGH	𠂉罒一丨	插	RTFV	扌丿十臼	缺	RMNW	𠂉山コ人
	卸	RHBH	𠂉止卩(丨)	捕	RGEY	扌一月丶	气	RNB	𠂉乙(巛)
S	甄	SFGN	西土一乙	酸	SGCT	西一厶夂	覃	SJJ	西早(刂)
	瓢	SFIY	西二小乀	酗	SGQB	西一乂凵	榜	SUPY	木立冖方
	核	SYNW	木亠乙人	梅	STXU	木𠂉母冫	哥	SKSK	丁口丁口
T	片	THGN	丿丨一乙	乘	TUXV	禾丬匕(巛)	升	TAK	丿廾(川)
	垂	TGAF	丿一艹士	秉	TGVI	丿一彐小	乏	TPI	丿之(氵)
	身	TMDT	丿冂三丿	熏	TGLO	丿一罒灬	奥	TMOD	丿冂米大
	午	TFJ	𠂉十(刂)	粤	TLON	丿口米乙	卑	RTFJ	白丿十(刂)
U	养	UDYJ	丷夫乀川	敝	UMIT	丷冂小攵	减	UDGT	冫厂一丿
	善	UDUK	丷手丷口	卷	UDBB	丷大㔾(巛)	辛	UYGH	辛丶一丨
	美	UGDU	丷王大(氵)	单	UJFJ	丷曰十(刂)	券	UDVB	丷大刀(巛)
V	既	VCAQ	彐厶匚儿	姬	VAHH	女匚丨丨	隶	VII	彐氺(氵)
	鼠	VNUN	臼乙冫乙	舅	VLLB	臼田力(巛)	旭	VJD	九日㊂
	臾	VWI	臼人(氵)	媾	VFJF	女二刂土	媲	VTLX	女丿囗匕
W	传	WFNY	亻二乙丶	舒	WFKB	人干口卩	伞	WUHJ	人丷丨(刂)
	似	WNYW	亻乙冫人	追	WNNP	亻ココ辶	坐	WWFF	人人土㊀
	傅	WGEF	亻一月寸	段	WDMC	亻三几又	舆	WFLW	亻二车八
X	缘	XXEY	纟彑豕(㇏)	颖	XTDM	匕禾𠂆贝	弓	XNGN	弓乙一乙
	贯	XFMU	毌十贝(氵)	疆	XFGG	弓土一一	匕	XTN	匕丿乙
	疑	XTDH	匕𠂉大龰	肄	XTDH	匕𠂉大丨			
Y	卞	YHU	亠卜(氵)	扁	YNMA	丶尸冂艹	京	YIU	亠小(氵)
	永	YNII	丶乙八(氵)	夜	YWTY	亠亻夂丶	广	YYGT	广丶一丿
	州	YTYH	丶丿丶丨	赢	YNKY	亠乙口丶			

2. 识别码练习

这部分练习主要是针对初学者对识别码的使用还很陌生而设，练习者可根据正确的汉字拆分原则拆出字根，再按照末笔字型交叉识别码的原则先填好字根与识别码再进行练习。

例：把（扌巴 N）其中“把”字最后一笔为“折”，字型为左右型。

卡（ ）坝（ ）邑（ ）亩（ ）尿（ ）宋（ ）论（ ）

尔（ ）柏（ ）亨（ ）弘（ ）户（ ）茧（ ）备（ ）

回（ ）泵（ ）卞（ ）场（ ）矿（ ）旷（ ）仅（ ）
亏（ ）奎（ ）坤（ ）吐（ ）推（ ）驮（ ）孕（ ）
扒（ ）咕（ ）洼（ ）企（ ）气（ ）垃（ ）兰（ ）
雷（ ）泪（ ）厘（ ）礼（ ）栗（ ）苗（ ）庙（ ）
利（ ）粒（ ）隶（ ）揩（ ）连（ ）凉（ ）晾（ ）
疗（ ）积（ ）压（ ）漏（ ）芦（ ）庐（ ）虏（ ）
掠（ ）吁（ ）仲（ ）诌（ ）诗（ ）誉（ ）双（ ）
耶（ ）屑（ ）码（ ）蚂（ ）吗（ ）买（ ）麦（ ）
枚（ ）伊（ ）仁（ ）刃（ ）秧（ ）捏（ ）冬（ ）
斗（ ）丹（ ）厅（ ）齐（ ）乞（ ）聂（ ）牛（ ）
农（ ）弄（ ）奴（ ）犯（ ）坊（ ）疟（ ）仰（ ）
舀（ ）呕（ ）艺（ ）刊（ ）看（ ）扛（ ）抗（ ）
扦（ ）闷（ ）浅（ ）羌（ ）巧（ ）蛊（ ）未（ ）

请在括号内填上识别码字母，然后把这些字输入电脑

青（ ） 钟（ ） 予（ ） 正（ ） 市（ ） 问（ ）
句（ ） 看（ ） 位（ ） 伍（ ） 回（ ） 里（ ）
场（ ） 吗（ ） 住（ ） 值（ ） 井（ ） 判（ ）
气（ ） 把（ ） 卷（ ） 未（ ） 户（ ） 孔（ ）
见（ ） 奇（ ） 企（ ） 告（ ） 问（ ） 固（ ）
元（ ） 头（ ） 午（ ） 企（ ） 自（ ） 访（ ）
正（ ） 兄（ ） 付（ ） 里（ ） 奋（ ） 未（ ）
企（ ） 今（ ） 谁（ ） 走（ ） 奇（ ） 住（ ）
忙（ ） 市（ ） 青（ ） 正（ ） 见（ ） 冬（ ）
伍（ ） 齐（ ） 羊（ ） 钟（ ） 予（ ） 气（ ）
值（ ） 井（ ） 场（ ） 声（ ） 苗（ ） 尺（ ）

3. 写出下列词组的五笔字型编码

职业 首先 强调 追求 加强 平安
开幕词 实验室 年轻人 计算机 技术员 运动员
一见钟情 社会主义 程序设计 相敬如宾 一目了然 家喻户晓
科学工作者 中国共产党 人民解放军 中华人民共和国
西藏自治区 办公自动化 五笔字型 中央人民广播电台
王码电脑公司

简码、重码及容错码

五笔字型输入法是汉字输入法中一种广泛适用的输入方法，它的最大特点除了简便、快速以外，还有就是重码比较少，基本上不用选字，而且字词兼容，不需要换档。

在本章里，主要通过对简码、重码、容错码的介绍，让学习者更快更方便地使用五笔字型输入法。

学习流程

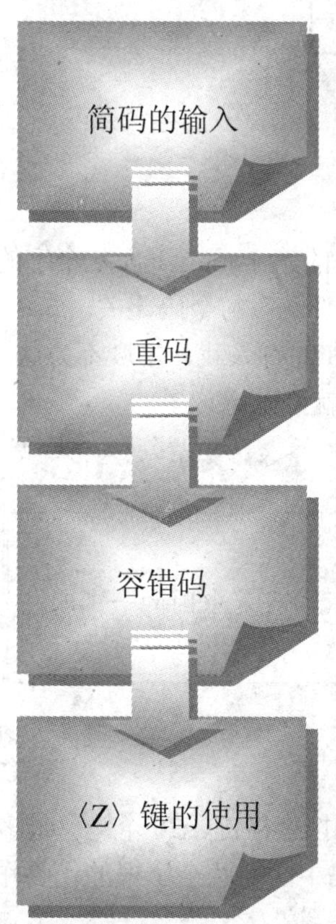

7.1 简码的输入

为了提高汉字的输入速度，常用汉字只取其前一个、两个或三个字根构成简码。因为末笔字型交叉识别码总是在全码的最后位置，所以，简码的设计会方便编码、会减少按键次数。简码汉字共分三级。

7.1.1 一级简码的输入

一级简码也叫高频字，是用 1 个字母键和 1 个空格键作为 1 个汉字的编码。在25 个键位上，根据键位上字根的形态特征，每键安排了一个常用的汉字作为一级简码。注意一级简码与键名汉字的区别。在25 个一级简码当中只有“工”和“人”既是键名汉字又是一级简码。图 7-1 为一级简码键盘图。在键盘上将各键打一下，再打一下空格键，即可打出 25 个最常用的汉字。

图 7-1　一级简码键盘图

7.1.2 一级简码的记忆

从图 7-1 可以看出，一级简码中大部分汉字的简码就是其全码的第 1 码；下面几个字的简码是其全码的第 2 码：“有”、“不”、“这”；“我”、“以”、“为”、“发”与全码无关。

从横区到折区一级简码分别是：“一地在要工，上是中国同，和的有人我，主产不为这，民了发以经”。这句话也比较押韵，读者只要念几遍，再练一练，就可以记住了。

小技巧

请反复练习下面的句子：

中国人民为了同地主要地产，已经和有的地主不和了，我是中国的一工人，我在这工地上发了。

7.1.3 二级简码的输入

二级简码的输入方法是取这个字的第一、第二个字根代码，再按空格键。25 个键位最多允许有 625 个汉字可用于二级简码。由于二级简码是用单个字全码中的前两个字根的代码作为该字的简码，因此，会遇到有些很常用的字不是二级简码，而有些很不常用的字却是二级简码。二级简码输入举例如图 7-2 所示。

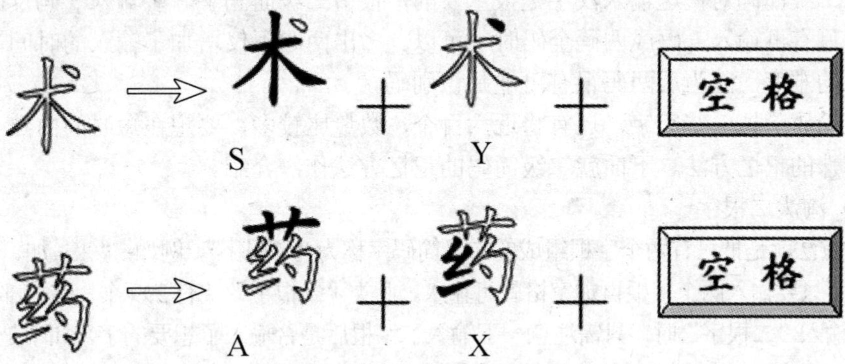

图 7-2　二级简码输入举例

五笔字型中二级简码共有六百多个，其中全码只由二个字根组成的二级简码有 299 个。初学者在记忆时可以忽略不记。二级简码如表 7-1 所示。

表 7-1　二级简码表

	G	F	D	S	A	H	J	K	L	M	T	R	E	W	Q	Y	U	I	O	P	N	B	V	C	X
G	五	于	天	末	开	下	理	事	画	现	玫	珠	表	珍	列	玉	平	不	来		与	屯	妻	到	互
F	二	寺	城	霜	载	直	进	吉	协	南	才	垢	圾	夫	无	坟	增	示	赤	过	志	地	雪	支	
D	三	夺	大	厅	左	丰	百	右	历	面	帮	原	胡	春	克	太	磁	砂	灰	达	成	顾	肆	友	龙
S	本	村	枯	林	械	相	查	可	楞	机	格	析	极	检	构	术	样	档	杰	棕	杨	李	要	权	楷
A	七	革	基	苛	式	牙	划	或	功	贡	攻	匠	菜	共	区	芳	燕	东		芝	世	节	切	芭	药
H	睛	睦	睚	盯	虎	止	旧	占	卤	贞	睡	睥	肯	具	餐	眩	瞳	步	眯	瞎	卢		眼	皮	此
J	量	时	晨	果	虹	早	昌	蝇	曙	遇	昨	蝗	明	蛤	晚	景	暗	晃	显	晕	电	最	归	紧	昆
K	呈	叶	顺	呆	呀	中	虽	吕	另	员	呼	听	吸	只	史	嘛	啼	吵		喧	叫	啊	哪	吧	哟
L	车	轩	因	困	轼	四	辊	加	男	轴	力	斩	胃	办	罗	罚	较		辚	边	思	团	轨	轻	累
M	同	财	央	朵	曲	由	则	迥	崭	册	几	贩	骨	内	风	凡	赠	峭		迪	岂	邮		凤	嶷
T	生	行	知	条	长	处	得	各	务	向	笔	物	秀	答	称	入	科	秒	秋	管	秘	季	委	么	第
R	后	持	拓	打	找	年	提	扣	押	抽	手	折	扔	失	换	扩	拉	朱	搂	近	所	报	扫	反	批
E	且	肝	须	采	肛	胩	胆	肿	肋	肌	用	遥	朋	脸	胸	及	胶	膛		爱	甩	服	妥	肥	脂
W	全	会	估	休	代	个	介	保	佃	仙	作	伯	仍	从	你	信	们	偿	伙		亿	他	分	公	化
Q	钱	针	然	钉	氏	外	旬	名	甸	负	儿	铁	角	欠	多	久	匀	乐	炙	锭	包	凶	争	色	
Y	主	计	庆	订	度	让	刘	训	为	高	放	诉	衣	认	义	方	说	就	变	这	记	离	良	充	率
U	闰	半	关	亲	并	站	间	部	曾	商	产	瓣	前	闪	交	六	立	冰	普	帝	决	闻	妆	冯	北
I	汪	法	尖	洒	江	小	浊	澡	渐	没	少	泊	肖	兴	光	注	洋	水	淡	学	沁	池	当	汉	涨
O	业	灶	类	灯	煤	粘	烛	炽	烟	灿	烽	煌	粗	粉	炮	米	料	炒	炎	迷	断	籽	娄	烃	糨
P	定	守	害	宁	宽	寂	审	宫	军	宙	客	宾	家	空	宛	社	实	宵	灾	之	官	字	安		它
N	怀	导	居		民	收	慢	避	惭	届	必	怕		愉	懈	心	习	悄	屡	忧	忆	届	恨	怪	尼
B	卫	际	承	阿	陈	耻	阳	职	阵	出	降	孤	阴	队	隐	防	联	孙	耿	辽	也	子	限	取	陛
V	姨	寻	姑	杂	毁	叟	旭	如	舅	妯	九		奶		婚	妨	嫌	录	灵	巡	刀	好	妇	妈	姆
C	骊	对	参	骠	戏		骒	台	劝	观	矣	牟	能	难	允	驻	骈			驼	马	邓	艰	双	
X	线	结	顷		红	引	旨	强	细	纲	张	绵	级	给	约	纺	弱	纱	继	综	纪	弛	绿	经	比

7.1.4 二级简码的记忆

熟悉二级简码对快速输入汉字是很重要的，很多二级简码字，多输入一码反而不是所需要的字，只有再输入一码成四码全码时才可以。多出两码不仅增加了输入的时间，同时也增加了输入的难度，因为后两码很有可能是识别码。

二级简码除掉一些空字，还有将近六百个，数量比较多，要想在短时间内熟记，就要采取一些特殊的记忆方法。下面就二级简码的记忆方法作一介绍。

（1）淘汰二根字

这种方法就是把只有两个字根组成的二级简码字称为“二根字”，例如：“来、加、开、吕、昌”等，这些字只要输入两个字根再加空格就可输入。此类“二根字”共有299个，这一部分可忽略不必死记。输入“二根字”时，只需注意一下输入二字根后是否输入了想要的字，如不是，则要记住所输入的二根字，以免在以后的输入中再发生错误。例如：输入“扛”时，键入“扌（R）”+“工（A）”+空格后为“找”，则记住“找”为二根字，重新再输入“扛”时需加识别码。

（2）分类记忆

1）二级简码中是键名字、成字字根的字（共25个）

车 也 用 力 手 方 小 米 由 几 心 马 立

大 立 水 之 子 二 三 四 五 七 九 早

2）称谓词

奶 妈 姆 姑 舅 姨 夫 妻

3）动物名称

燕 驼 马 虎 蝗 蛤

4）按字形分类

把字形相近，即有相同偏旁、部首的字分组记忆，如“肖、峭、悄、宵”都有一个“肖”字，放在一起联想记忆，很容易记住。

牙 呀　后 垢　你 称　给 蛤 答　娄 搂 屡　斩 渐 崭 惭

罚 楞　格 客　服 报　各 格 客　观 现 宽　占 卤 站 粘

宫 官　定 锭　军 晕　长 张 涨　曾 增 赠　可 苛 阿 啊

必 秘　注 驻　职 炽　约 哟 药　交 胶 较　良 恨 限 艰

棕 综　失 铁　才 财　比 批 楷 陛 脂　少 吵 炒 纱 秒 砂

忧 怀　昆 辊　东 陈　及 极 级 吸 圾　轻 烃　科 料

作 昨　害 瞎　收 叫　知 矣 牟 允 充

5）把二级简码字编成口诀助记

春联没空进行列，绿杨屯南争能量。

平原离婚保持孤寂烽烟，

珍珠暗淡呼吸粗细面粉。

怪物早晨遇难部长理事高度增强紧张。

画家宾各注册然后决定参与协商实际前景。

年轻职称胆敢（审）检查社会学说提纲，

管理方法普及早晚争取得到明显成就。

（3）强记难字

对于那些笔画和字根较多、字型复杂不易归类的字，只有强记，再上机多练习就可达到熟记的目的。这类难字共有 55 个：

率 瓣 澡 煤 降 慢 避 愉 懈 绵 弱 纱 贩 晃 宛 晕 嫌 磁 联
霜 载 用 顾 基 睡 餐 哪 笔 秘 肆 换 曙 最 嘛 喧 爱 偿 遥
悄 互 第 或 毁 菜 曲 向 变
脸 胸 膛 胆 （与身体部位有关）
眼 睛 瞳 眩 （与眼睛有关）

小技巧

二级简码数量不少，建议初学者在使用输入法时，先将输入法设置为“逐键提示”，这样经过长时间的使用，哪些字为简码就可以很快掌握了。

从上例可以清楚地看出，应用二级码的输入，不需要经过繁琐的拆分，只要牢记其前二笔的代码就行了，输入速度显然可以大大提高。

7.1.5 三级简码的输入

三级简码的输入方法是：取这个字的第一、第二、第三个字根的代码，再按空格键。选取时，只要该字的前三个字根能唯一地代表该字，就把它选为三级简码。这类汉字有 4400 个之多。此类汉字输入时不能明显地提高输入速度，因为在打了三个码后还必须打一个空格键。但由于省略了最后的字根码或末笔码字型交叉识别码，故对于提高速度来说，还是有一定帮助的。三级简码输入举例如图 7-3 所示。

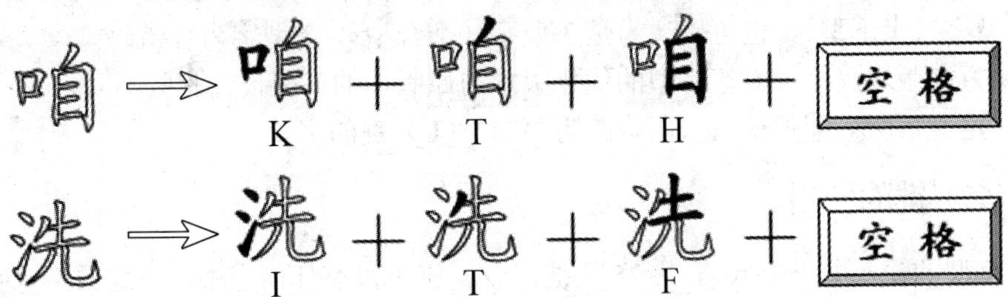

图 7-3 三级简码输入举例

另外，有时同一个汉字可有几种简码。例如“经”，就同时有一、二、三级简码及全码等四个输入码：经：（X）；经：（XC）经：（XCA）经：（XCAG）。这就为汉字输入提供了很大的方便。

7.2 重码和容错码

7.2.1 重码

重码就是指几个不同的汉字使用了相同的字根编码。例如：

在输入“去”字时会出现如图 7-4 所示的选单：

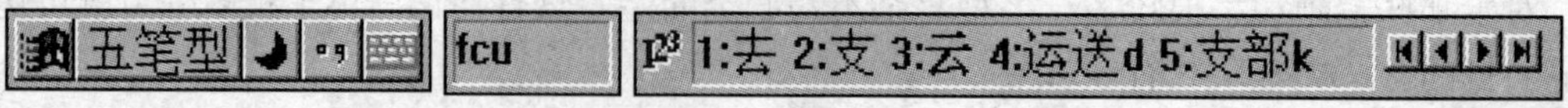

五笔型 | fcu | 1:去 2:支 3:云 4:运送d 5:支部k

图 7-4　重码字

这时可用数字“1”选“去”字，用数字“2”选“支”字，用数字“3”选“云”字。

一个好的编码方案，既要求有较少的击键次数，又要求有较少的重码汉字。这两者之间是相互矛盾的，在五笔字型输入方法中，对重码汉字作了如下处理。

（1）输入重码汉字的编码时，重码字同时显示在提示行，而较常用的那个字排在第一个位置上。如果输入的就是那个比较常用的字，那么只管继续输入别的汉字，这个字会自动跳到正常编辑位置上去；如果输入的是那个不常用的字，则可根据它在屏幕底部提示行中该字的位置号按其相应的数字键，即可使它显示在编辑位置上。

（2）在一些汉字中所出现的重码字中，我们将其不太常用的那个重码字的最后一码一律用 24（即 L）键代替，作为它的容错码。

7.2.2　容错码

容错码有两个涵义：其一是容易搞错的码；其二是容许搞错的码。“容易”弄错的码容许你按错的打，叫做“容错码”。容错码可按正确的编码输入外，还允许使用错码输入。容错码可以分为以下 4 种。

（1）拆分容错：个别汉字的书写顺序因人而异，因而拆分的顺序容易错。

例如，长：丿七、㉝（正确码）　长：七丿、㉝（容错码）

（2）字型容错：个别汉字的字型分类不易确定。例如，“右”确定识别码时正确的字型应该是 2 型字（上下型），也可以认为是 3 型字（杂合型），3 型字为容错码。

（3）方案版本汉字：五笔字型的优化版本与原版本的字根设计有些不同。

（4）定义后缀：即把最后一码修改为“24”（L）键的字。

7.2.3　〈Z〉键的使用

五笔字型的输入编码用 A~Y 共 25 个键，〈Z〉键上没有任何字根，但这并不意味着〈Z〉键没有用处。〈Z〉键在五笔字型输入法中被称为“帮助”键，它能够代替任何一个还不明确的编码。若在输入汉字时，对某一个汉字的某一个编码不太确定，就可以用〈Z〉键来代替它。当使用了〈Z〉键后，会出现较多的重码，这时就要进行选择。

在“五笔字型”输入状态下输入汉字时：

（1）当不知道字如何拆时，可用〈Z〉代替不会拆的部分。

（2）当不知道字根在哪个键位上时，可用〈Z〉代替。

（3）当不知道字的“识别码”时，都可以用万能学习键〈Z〉代替不知道的那个字根。而且，一旦用〈Z〉代替，相关字的正确码就会自动在字的后边提示。下面举例说明。

例如，要输入“燃”字，只知道第 1 个字根“火”与最后 1 个字根是“灬”，当输入 OZZO 时，字根是“火”与最后一个字根是“灬”的字都显示出来。如果要选的字没有在首页显示，可按〈+〉键向后翻页，找到要输入的字，按对应的数字键输入即可。

总之，〈Z〉键作为一种帮助键，对初学者认识和记忆字根有一定的帮助；但是一个熟练使用者是不喜欢在重码汉字中进行选择的。所以随着录入水平的提高，使用〈Z〉键的机率也就会变得越来越少。如果使用〈Z〉键查找难字，必须要设置“汉字编码提示”功能。

一、填空题

1. 简码的设计会通过________________、________________来达到提高输入速度的目的。简码汉字共分_______级。

2. 一级简码就是用_________和________作为一个字的编码，共有___个，也称为______。

3. 重码是指________________________________。

二、简答题

1. 二级简码是由什么构成的？共有多少二级简码？

2. 什么是容错码？它有什么作用？

3. 什么情况下使用〈Z〉键？〈Z〉键对初学者有什么好处？

三、练习题

1. 背熟一级简码，并上机进行练习。

2. 结合二级简码的记忆方式，练习二级简码的输入。

3. 上机验证〈Z〉键的作用。

第　　　章

汉字输入速度练习

在练习使用五笔字型汉字输入法的过程中，首先要注重练习手指协调性，掌握熟练的指法；其次是牢记基本字根总表及字根在键盘上的分布；第三是熟记常用字的编码（包括键名键及一级简码和部分常用的二级简码）；第四是在连续文本的输入中充分运用词组输入。另外，常用难字的经常性练习也很重要。以下按照速度练习的顺序分类列出了习题，连续文本的练习中标出了文本的字数，学员可边练习边测试速度。

学习流程

8.1 手指协调性练习

习题特点：此题是专为协调手指而设计的，做完此题，你手指的协调性将大大提高。
要求：请输入以下汉字 30 遍。

相	世	下	东	江	睛	盯	居	吉	楞	档	面	志	职	汉
SH	AN	GH	AI	IA	HG	HS	ND	FK	SL	SI	DM	FN	BK	IC
刀	南	关	偿	炙	或	机	胆	伙	纪	台	杰	芝	历	甩
VN	FM	UD	WI	QO	AK	SM	EJ	WO	XN	CK	SO	AP	DL	EN

8.2 简码练习

8.2.1 二级简码练习

1. 二级简码对照练习

下面对五笔字型二级简码进行了分类，读者可以对照简码上面的编码反复练习。

（1）姓氏

AQ	AB	AU	BJ	BE	DB	BO	BG	BI	CB	CN	DX	DR	DA
区	节	燕	阳	阴	顾	耿	卫	孙	邓	马	龙	原	左
DE	DL	DH	FK	FM	FA	FC	GF	HI	HC	HN	IE	IG	II
胡	历	丰	吉	南	载	支	于	步	皮	卢	肖	汪	水
IA	JV	JS	JY	JF	KF	KQ	KK	LP	LG	LT	LQ	MA	MH
江	归	果	景	时	叶	史	吕	边	车	力	罗	曲	由
DN	NG	NU	OV	OY	PK	PS	PN	PV	QR	QG	QN	QI	RH
成	怀	习	娄	米	宫	宁	官	安	铁	钱	包	乐	年
RI	SC	SN	SB	SJ	SS	TP	TB	TM	UB	UG	UC	UM	UL
朱	权	杨	李	查	林	管	季	向	闻	闰	冯	商	曾
WY	WA	WG	XK	XN	YJ	YY	YM						
信	代	全	强	纪	刘	方	高						

（2）颜色

QC	OW	DO	SP	RI	FO	XA	XV
色	粉	灰	棕	朱	赤	红	绿

（3）近义词与反义词

UE	RG	DA	DK	FM	UX	H	GH	DD	IH	LL	VVV	TJ	RW
前	后	左	右	南	北	上	下	大	小	男	女	得	失
E	FQ	MW	QH	GA	UD	QQ	IT	FJ	BM	BM	TY	DW	TO
有	无	内	外	开	关	多	少	进	出	出	入	春	秋
XK	XU	MA	FH	OE	XL	FW	GV	EP	NV	DW	GD	TO	GD
强	弱	曲	直	粗	细	夫	妻	爱	恨	春	天	秋	天
BE	BJ	JE	JU	XT	XB	IQ	JE	JU	IO	MA	RR	GU	FH
阴	阳	明	暗	张	弛	光	明	暗	淡	曲	折	平	直
GA	YT	WK	PF	BC	TJ	XW	GN	XF	VQ	YB	VQ	GD	F
开	放	保	守	取	得	给	与	结	婚	离	婚	天	地
NH	TY	FC	BM	JH	JQ	KS	VO						
收	入	支	出	早	晚	呆	灵						

（4）动植物

HA	CP	CN	DX	MC	AU	JR	JW	JK	KF	OB	JS
虎	驼	马	龙	凤	燕	蝗	蛤	蝇	叶	籽	果

（5）数字

FG	DG	LH	GG	UY	AG	VT	DJ	DV
二	三	四	五	六	七	九	百	肆

（6）称呼

TQ	KT	VC	VD	VG	VE	WR	VL	BI	WQ	Q	WB	PX
称	呼	妈	姑	姨	奶	伯	舅	孙	你	我	他	它

（7）学习与学科

IP	TU	IP	NU	IP	TG	F	GJ	DL	KQ	TR	GJ	WX	IP
学	科	学	习	学	生	地	理	历	史	物	理	化	学
SM	SA	TG	TR	WT	OG	DG	QE						
机	械	生	物	作	业	三	角						

（8）关联词

KJ	QD	WE	QD	MH	GF	VK	JS	UA	EG	LD	O	RN	C
虽	然	仍	然	由	于	如	果	并	且	因	为	所	以
T	GN	EY	AK										
和	与	及	或										

（9）语气词

KC	KX	CT	BN	TC	KY	KA	KV
吧	哟	矣	也	么	嘛	呀	哪

（10）地名

AI	UX	FK	SS	TA	DW	BP	PS	JX	JE	XR	BJ	JJ	GU
东	北	吉	林	长	春	辽	宁	昆	明	绵	阳	昌	平
PV	BJ												
安	阳												

（11）货币

QG	WN	QE	LH	WV	HN	XX	CN	DQ	DD	IU	QP
钱	亿	角	四	分	卢	比	马	克	大	洋	锭

以下是按词的形式分类。为了练习二级简码的输入，读者应逐一地输入这些词，从而达到练习记忆二级简码的目的。

EX	OW	WX	UV	GW	GR	DI	BB	HC	AF	OL	OA	EF	ID
脂	粉	化	妆	珍	珠	砂	子	皮	革	烟	煤	肝	尖
AE	OB	EC	OU	DH	NH	QS	BB	DU	QR	AE	VN	NJ	NJ
菜	籽	肥	料	丰	收	钉	子	磁	铁	菜	刀	慢	慢
CC	LV	OM	OM	AB	CE	OS	LM	BD	OC	OD	JN	BB	TP
双	轨	灿	灿	节	能	灯	轴	承	烃	类	电	子	管
G	UR	VS	OU	UF	XD	F	HP	BB	HS	W	HO	OP	W
一	瓣	杂	料	半	顷	地	瞎	子	盯	人	眯	迷	人
FR	EW	HU	W	OJ	IQ	XV	KF	IC	PB	T	HF	KD	DP
垢	脸	瞳	人	烛	光	绿	叶	汉	字	和	睦	顺	达
US	EE	VB	DC	GO	PR	WK	VX	OV	QA	WC	Y	LG	OQ
亲	朋	好	友	来	宾	保	姆	娄	氏	公	主	车	炮
IH	GT	PQ	VK	WM	VVV	BR	QT	A	AR	BK	KM	LG	LJ
小	玫	宛	如	仙	女	孤	儿	工	匠	职	员	车	辊
H	UP	GD	BB	BX	GH	NX	VD	GY	TE	IH	AY	HV	HG
上	帝	天	子	陛	下	尼	姑	玉	秀	小	芳	眼	睛
DB	PT	WT	PE	M	FN	GQ	PS	CN	DQ	LN	CB	IH	GU
顾	客	作	家	同	志	列	宁	马	克	思	邓	小	平
HQ	HW	YE	EB	QF	XG	QN	GL	MM	TT	YN	DD	SX	SG
餐	具	衣	服	针	线	包	画	册	笔	记	大	楷	本

FD IB SF PY TF PK GB QL FY F YM IW GX SH
城 池 村 社 行 宫 屯 甸 坟 地 高 兴 互 相

RS HL DM GY OY OH QN GA NY JS KT KE YR YU
打 卤 面 玉 米 粘 包 开 心 果 呼 吸 诉 说

WO FW H OF MF TL TH BG TG DS RB TW TM UE
伙 夫 上 灶 财 务 处 卫 生 厅 报 答 向 前

IT SS MI FH PI YE XY XI WL WT RV F PW PH
少 林 峭 直 宵 衣 纺 纱 佃 作 扫 地 空 寂

MQ PO UI FV UW JN BL BL LC LC RO JC SH LN
风 灾 冰 雪 闪 电 阵 阵 轻 轻 搂 紧 相 思

NI NI IL IL ER ER V KS JP HY LS HT FJ AM
悄 悄 渐 渐 遥 遥 发 呆 晕 眩 困 睡 进 贡

KU KN KP KI QI MA EL TS JL IQ YV VB TQ NY
啼 叫 喧 吵 乐 曲 肋 条 曙 光 良 好 称 心

TA JA IA II IG IG JH JD JY QC JT GD JF UJ
长 虹 江 水 汪 汪 早 晨 景 色 昨 天 时 间

TB YA G JI PU GM WB WU UG RH K QJ XF VQ
季 度 一 晃 实 现 他 们 闰 年 中 旬 结 婚

UB KR JM GC YO WX CV CW NO PW V SL YW O
闻 听 遇 到 变 化 艰 难 屡 空 发 楞 认 为

I NB PD NR MB WY YS RB RM OL WS HH IS II
不 敢 害 怕 邮 信 订 报 抽 烟 休 止 洒 水

YK EB EN RT YB GA FH YX CL YU MR BB HH HI
训 服 甩 手 离 开 直 率 劝 说 贩 子 止 步

BQ ND NN DC NG HJ IO IR PA NY BK TQ QB RT
隐 居 忆 友 怀 旧 淡 泊 宽 心 职 称 凶 手

VF RA AD SG N IF RK RL AW M DT W SO BM
寻 找 基 本 民 法 扣 押 共 同 帮 人 杰 出

WA GE IT JG SU AA UO EY FL UM I NQ UO SJ
代 表 力 量 样 式 普 及 协 商 不 懈 普 查

XX LU WV OD SW SJ GQ GE WQ WU RE XW LW IF
比 较 分 类 检 查 列 表 你 们 扔 给 办 法

RU LT SC BV DJ WV IJ LT JO FI BT II TP GJ
拉 力 权 限 百 分 浊 力 显 示 降 水 管 理

YN FA YN VI JV SI WD YF YF AJ TY MM WW GO
记 载 记 录 归 档 估 计 计 划 入 册 从 来

RJ FI RJ XM AN XN GA YT GA RD UL X FU LK
提 示 提 纲 世 纪 开 放 开 拓 曾 经 增 加
QU GA DF BC MU GN PJ RX XH NF AT DQ UH UU
匀 开 夺 取 赠 与 审 批 引 导 攻 克 站 立
I VY RC CF IV PN HE PG UN PG WV SR YC WV
不 妨 反 对 当 官 肯 定 决 定 分 析 充 分
SM SQ ET W KG H DN YI TD QK UU AL LR PT
机 构 用 人 呈 上 成 就 知 名 立 功 斩 客
UM OG CR BC WY YQ QW QG KW E LY UH SK BH
商 业 牟 取 信 义 欠 钱 只 有 罚 站 可 耻
UK BW BU BY CY PL HK E EV FL NK VU VA XQ
部 队 联 防 驻 军 占 有 妥 协 避 嫌 毁 约
CD CM IP NU XO BD OQ QO ES NH TN YY LP BF
参 观 学 习 继 承 炮 炙 采 收 秘 方 边 际
VP PF TK WH AQ TV L BF K MD G XE Y RF
巡 守 各 个 区 委 国 际 中 央 一 级 主 持
VV TU EA TU AH EI AH TU FC RF UY NM WG WF
妇 科 肛 科 牙 膛 牙 科 支 持 六 届 全 会
EF OO LE IX EQ EM RY XT EJ MW EK TR MW TU
肝 炎 胃 涨 胸 肌 扩 张 胆 内 肿 物 内 科
K AX VO AP BS EU BM BB IV JV HA ME RRR SY
中 药 灵 芝 阿 胶 贞 子 当 归 虎 骨 白 术
RR ON GA EI RT SY QH TU
折 断 开 膛 手 术 外 科

2. 二级简码自由输入

通过上面的对照练习，读者对二级简码熟悉程度有所提高，通过下面的自由输入达到熟练掌握二级简码的目的。

以下列出了所有的二级简码共 569 个汉字（不包括一级简码），这也是二级简码的精确数字。熟练掌握二级简码，对提高汉字输入速度非常重要。

要求：将每一小段输入 10 遍。

肝 且 胆 肿 钱 外 理 及 胶 膛 爱 肛 采 训 率 充 良 离 记 高 凤 崭 二 直 进
吉 协 支 雪 志 南 列 珍 表 珠 全 个 介 保 佃 化 变 度 订 庆 计 让 刘 肋 脂
肥 妥 服 甩 肌 换 失 拥 欠 角 铁 儿 久 匀 乐 炙 锭 氏 钉 然 针 折 手 扩 拉
朱 搂 近 找 打 拓 持 后 年 提 扣 押 批 反 扫 报 所 抽 称 答 秀 物 笔 入 科
秒 秋 管 长 条 知 行 生 处 得 各 务 第 耿 辽 陈 阿 承 际 卫 耻 阳 职 阵

陛 取 限 于 也 出 孵 玫 玉 平 来 开 末 于 五 下 理 事 妆 闻 决 商 光 兴 肖

泊少注洋水淡学江交闪前瓣产六冰普帝并亲关半闰站问部
曾北冯尖法汪小浊公分他亿仙胸脸朋遥用澡渐涨汉当池沁
没炮粉粗煌米料炒炎迷煤灯断灿宛空家宾客社实宵灾之宽
宁害守定寂审宫军它安字官宙区共菜匠攻芳燕东艺式

苛基革七牙或功药芭切节世贡构检极析格术样档杰棕械林
枯村本相查可楞楷权邮顾成面无夫圾垢才坟增示李杨机克
春胡原帮太磁砂灰达左厅大夺三丰百右历龙友肆赤过载霜
城寺么委季秘向义认衣诉放方说变类灶业粘烛炽烟烃娄籽
边曲朵央财由册皮眼卢贞晚蛤明昨景暗晃显晕虹果与现姑

餐具肯睡眩瞳步眯瞎虎盯睦睛止旧占卤此晨时量早昌蝇曙
昆紧归最电通史只吸听呼嘛啼吵喧呀呆顺叶呈虽吕另哟吧
哪啊叫岂员罗办胃斩力罚较边困因轩车四累加男累轻轨思
轴约给级绵张纺弱纱继综红顷结线引旨强细弛纪纲经难能
牟矣驻综戏参对台劝双艰邓马观允能奶九妨嫌录灵巡毁杂

寻姨旭如舅姆妈妇好刀隐队阴孤降防联孙画互到妻与愉伯
必心习悄屡忧居怀收慢避惭尼怪恨敢亿届风内骨贩几凡赠
峭则名甸色争凶色负你从仍伯作信们偿伙代休估会

8.2.2 三级简码练习

下面的三级简码是最常用的三级简码字，读者应反复练习，记住它们的输入方法，其他三级简码在练习中掌握即可。

AMD	YGK	FTX	JGM	UKN	FDM	GJQ	USR	XGU	YGK
英	语	老	师	总	需	更	新	母	语
FHN	PUV	YFJ	YJS	YGE	NNH	PGN	ADW	YFJ	YYQ
起	初	讲	课	请	书	写	其	讲	议
FTG	YAA	UDA	QAJ	WJG	GIP	UWY	YTF	GMF	FFH
考	试	差	错	但	还	准	许	再	填
RFC	SUQ	VCB	UQF	SVE	RND	WTK	WWW	APL	FCL
技	校	即	将	根	据	群	众	劳	动
NXF	WGQ	HKO	GFI	DJD	NTK	WSG	YCE	FCP	FCL
惯	例	点	球	非	属	体	育	运	动
GGI	FUJ	FHA	UDA	GJQ	FDM	RUV	EPC	FTG	CWG
环	境	越	差	更	需	接	受	考	验

PWW	JQR	YFJ	SYP	GHT	TGM	FWM	WIB	GHT	ICK
容	易	讲	述	政	策	规	范	政	治
FHW	SHN	TUJ	LTK	YMF	QEV	AFS	HXF	NTG	RFM
真	想	简	略	调	解	某	些	性	质
WTF	WSK	NGE	UKQ	FQU	FIY	UDG	WQA	IGE	WXM
任	何	情	况	均	求	减	低	清	货

用三级码输入汉字时，每个汉字都需要四笔（前三笔的代码加空格），这样做好像对于提高输入速度无关紧要，但其最大的好处在于输入者无需辩认其末笔码字型交叉识别码，从这个角度来说，三级码对于提高速度还是有很大帮助的。

8.3 常用 1000 字输入练习

习题特点：这1000 字在普通文章中使用率极高，做完该习题，对文章中的单字输入就十分有把握了。要想提高输入速度，必须做好此习题。

要求：请输入下列常用字，每小段输入 20 遍后，再输入下一段。

注：下列汉字的简码用数字标出，“1”代表一级简码，“2”代表二级简码，依此类推。

的(1) 一(1) 是(1) 在(1) 了(1) 不(1) 和(1) 也(1) 经(1) 力(2) 线(2) 本(2)
电(2) 高(2) 有(1) 大(2) 这(1) 主(1) 中(1) 人(1) 上(1) 为(1) 们(2) 地(1)
个(2) 用(2) 工(1) 时(2) 要(1) 动(3) 国(1) 产(1) 以(1) 我(1) 到(2) 他(2)
会(2) 作(2) 来(2) 分(2) 生(2) 对(2) 于(2) 学(2) 下(2) 级(2) 义(2) 就(2)
年(2) 队(2) 发(1) 成(2) 部(2) 民(1) 可(2) 出(2) 能(2) 方(2) 进(2) 同(1)
行(2) 面(2) 说(2) 种(3) 过(2) 命(4) 度(2) 革(2) 而(3) 多(2) 子(2) 后(2)
自(3) 社(2) 加(2) 小(2) 机(2) 量(2) 长(2) 党(3) 得(2) 实(2) 家(2) 定(2)
争(2) 现(2) 所(2) 二(2) 起(3) 政(3) 三(2) 深(3) 法(2) 表(2) 着(3) 水(2)
理(2) 化(2) 好(2) 十(3) 战(3) 无(2) 农(3) 使(4) 性(3) 路(3) 正(3) 新(3)
前(2) 等(4) 反(2) 体(3) 合(3) 斗(3) 图(3) 把(3) 结(2) 第(2) 里(3) 两(4)

开(2) 论(3) 之(2) 物(2) 从(2) 当(2) 些(3) 还(3) 天(2) 资(4) 事(2) 批(3)
如(2) 应(3) 形(3) 想(3) 帛(3) 心(2) 样(2) 干(4) 关(2) 点(3) 育(3) 重(3)
都(4) 向(2) 变(2) 其(3) 思(2) 与(2) 间(2) 内(2) 去(3) 因(2) 压(3) 员(2)
件(3) 日(4) 利(3) 相(2) 由(2) 气(3) 业(2) 代(2) 全(2) 组(3) 教(3) 果(2)
期(4) 导(2) 平(2) 各(2) 月(4) 毛(3) 然(2) 问(3) 比(2) 或(2) 展(3) 它(2)
最(2) 及(2) 外(2) 没(2) 看(3) 治(3) 提(2) 五(2) 解(3) 意(3) 认(2) 次(3)
系(3) 林(2) 者(3) 米(2) 群(4) 头(3) 只(2) 明(2) 四(2) 道(4) 马(2) 又(3)
文(4) 通(3) 但(3) 条(2) 较(2) 克(2) 公(2) 孔(3) 领(4) 军(2) 流(3) 入(2)
接(3) 席(3) 位(3) 情(3) 运(3) 器(3) 并(2) 习(2) 质(3) 建(4) 教(4) 决(3)
原(2) 油(3) 放(2) 立(2) 题(4) 极(2) 土(4) 特(3) 此(2) 常(4) 石(4) 强(2)

区(2) 验(3) 活(3) 众(3) 很(3) 少(2) 己(4) 根(3) 共(2) 直(2) 团(3) 统(3)
式(2) 转(3) 别(3) 造(4) 切(2) 九(2) 你(2) 西(4) 特(2) 总(3) 料(2) 连(3)
任(3) 志(2) 观(2) 么(2) 七(2) 程(4) 百(2) 报(3) 更(3) 见(3) 必(2) 真(3)
保(2) 热(4) 委(2) 手(2) 改(3) 管(2) 处(2) 将(3) 修(3) 支(2) 识(3) 病(3)
象(3) 先(3) 老(3) 光(2) 专(3) 几(2) 什(3) 六(2) 型(4) 具(2) 示(2) 复(3)
安(2) 带(4) 每(3) 东(2) 增(2) 则(2) 完(3) 风(2) 回(3) 南(2) 广(3) 劳(3)
轮(3) 科(2) 北(2) 打(2) 积(3) 车(2) 计(2) 给(2) 节(2) 做(3) 务(2) 被(4)
整(4) 联(2) 步(2) 类(2) 集(3) 号(3) 列(2) 温(3) 装(3) 即(3) 毫(3) 轴(2)
知(2) 研(3) 单(4) 色(2) 坚(3) 据(3) 速(4) 防(2) 史(2) 拉(2) 世(2) 设(3)
达(2) 尔(3) 场(4) 织(3) 历(2) 花(3) 受(3) 求(3) 传(4) 口(4) 断(3)

况(3) 采(2) 精(3) 金(4) 界(3) 品(3) 判(4) 参(2) 层(3) 止(2) 边(2) 清(3)
至(3) 万(3) 确(3) 究(3) 书(3) 低(3) 术(2) 状(3) 厂(3) 须(3) 离(2) 再(3)
目(4) 海(3) 交(2) 权(2) 且(2) 儿(2) 青(3) 才(2) 证(3) 越(3) 际(2) 八(3)
试(3) 规(3) 斯(4) 近(2) 注(2) 办(2) 布(3) 门(3) 铁(2) 需(3) 走(3) 议(3)
县(3) 兵(3) 虫(4) 固(3) 除(3) 般(3) 弓(3) 齿(3) 千(3) 胜(3) 细(2) 影(4)
济(3) 白(4) 格(2) 效(3) 置(4) 推(4) 空(3) 配(3) 刀(2) 叶(2) 率(2) 今(4)
选(4) 养(4) 德(3) 话(3) 查(2) 差(3) 半(2) 敌(3) 始(3) 片(3) 施(3) 响(3)
收(2) 华(3) 觉(4) 备(3) 名(2) 红(2) 续(3) 均(3) 药(2) 标(3) 记(2) 难(2)
存(3) 测(3) 土(4) 身(3) 紧(2) 液(3) 派(3) 准(3) 斤(3) 角(2) 降(2) 维(3)
板(3) 许(3) 破(3) 述(3) 技(3) 消(3) 底(3) 床(3) 田(4) 势(4) 端(4) 感(4)

往(3) 神(3) 便(3) 圆(4) 村(2) 构(2) 照(4) 容(3) 非(3) 搞(3) 亚(3) 磨(4)
族(4) 火(4) 段(3) 算(3) 适(3) 讲(3) 按(3) 值(4) 美(4) 态(3) 黄(3) 易(3)
彪(4) 服(2) 早(2) 班(3) 麦(3) 削(3) 信(2) 排(3) 台(2) 声(3) 该(4) 击(3)
素(3) 张(2) 密(3) 害(2) 候(3) 草(3) 何(3) 树(3) 肥(2) 继(2) 右(2) 属(3)
市(4) 严(3) 径(3) 螺(3) 检(2) 左(2) 页(3) 抗(4) 苏(3) 显(2) 苦(3) 英(3)
快(3) 称(3) 坏(3) 移(3) 约(2) 巴(3) 材(3) 省(3) 黑(3) 武(3) 培(3) 著(3)
河(3) 帝(2) 仅(3) 针(2) 怎(4) 植(4) 京(3) 助(3) 升(3) 王(4) 眼(2) 她(3)
抓(4) 含(4) 苗(3) 副(4) 杂(2) 普(4) 谈(3) 围(4) 食(3) 射(4) 源(3) 例(3)
致(4) 酸(3) 旧(2) 却(3) 充(2) 足(3) 短(3) 划(2) 剂(4) 宣(3) 环(3) 落(3)
首(3) 尺(3) 波(3) 承(2) 粉(2) 践(3) 府(3) 考(3) 刻(3) 靠(4) 够(4) 满(4)

夫(2) 失(2) 住(4) 枝(3) 局(3) 菌(3) 杆(3) 周(3) 护(3) 岩(3) 师(3) 举(3)
曲(2) 春(2) 元(3) 超(3) 负(2) 砂(2) 封(4) 换(2) 太(2) 模(3) 贫(3) 减(3)
阳(2) 包(2) 江(2) 扬(3) 析(2) 亩(3) 木(4) 言(4) 球(3) 朝(3) 医(3) 校(3)
古(4) 呢(3) 稻(3) 宁(2) 听(2) 唯(4) 输(3) 滑(3) 站(2) 另(2) 卫(2) 宇(3)
鼓(4) 刚(3) 写(3) 刘(2) 微(3) 略(3) 范(3) 供(3) 阿(2) 块(3) 某(3) 功(2)

套(3) 友(2) 限(2) 项(3) 余(3) 倒(3) 卷(4) 创(3) 律(4) 雨(4) 让(2) 骨(2)
远(3) 帮(2) 初(3) 皮(2) 播(4) 优(3) 占(2) 促(3) 死(3) 毒(4) 圈(3) 伟(3)
季(2) 训(2) 控(3) 激(3) 找(2) 叫(2) 云(3) 互(2) 跟(3) 裂(4) 粮(3) 母(3)
练(3) 擦(4) 钢(3) 顶(3) 策(3) 双(2) 留(4) 误(3) 粒(3) 础(3) 吸(2) 阻(4)
故(3) 寸(4) 晚(2) 丝(3) 女(3) 焊(3) 攻(2) 株(3) 亲(2) 院(3) 冷(4) 彻(4)

弹(3) 错(3) 散(3) 尼(2) 盾(3) 商(2) 视(3) 艺(3) 灭(3) 版(4) 烈(4) 零(4)
室(3) 轻(2) 血(3) 倍(3) 缺(3) 厘(4) 泵(3) 察(4) 绝(3) 富(3) 城(2) 喷(3)
简(3) 否(3) 柱(3) 李(2) 望(4) 盘(3) 磁(2) 雄(3) 似(3) 困(2) 巩(3) 益(3)
洲(3) 脱(3) 投(3) 送(3) 奴(3) 侧(3) 润(4) 盖(3) 挥(3) 距(3) 触(4) 星(3)
松(3) 获(3) 独(3) 宫(2) 混(3) 纪(2) 座(3) 依(3) 未(3) 突(3) 架(3) 宽(3)
冬(3) 兴(2) 章(3) 湿(3) 倜(4) 纹(3) 执(3) 矿(3) 寨(4) 责(3) 阀(3) 熟(3)
吃(3) 稳(3) 夺(2) 硬(3) 价(3) 努(3) 翻(4) 奇(4) 甲(4) 预(3) 职(2) 评(3)
读(3) 背(3) 协(2) 损(3) 棉(3) 侵(3) 灰(2) 虽(2) 矛(3) 罗(2) 厚(3) 泥(3)
辟(3) 告(4) 卵(3) 箱(3) 掌(4) 氧(4) 思(3) 爱(2) 停(3) 曾(2) 溶(4) 营(3)
终(3) 纲(3) 孟(3) 钱(2) 待(4) 尽(3) 俄(3) 缩(3) 沙(3) 退(3) 陈(2) 讨(3)

奋(3) 械(2) 胞(3) 幼(3) 哪(4) 剥(4) 迫(3) 旋(3) 征(3) 槽(4) 殖(3) 握(3)
担(3) 仍(2) 呀(2) 载(2) 鲜(3) 吧(2) 卡(3) 粗(2) 介(2) 钻(3) 逐(3) 弱(3)
脚(4) 伯(2) 盐(3) 末(2) 阴(2) 丰(2) 编(4) 印(3) 蜂(3) 急(3) 扩(2) 伤(3)
飞(3) 域(4) 露(4) 核(4) 缘(3) 游(4) 振(3) 操(3) 央(2) 伍(3) 甚(4) 迅(3)
辉(4) 异(3) 序(3) 免(4) 纸(3) 夜(3) 乡(3) 久(2) 隶(3) 缸(3) 夹(3) 念(4)
兰(3) 映(3) 沟(3) 乙(3) 吗(3) 儒(3) 杀(3) 汽(3) 磷(3) 艰(2) 晶(3) 插(3)
埃(3) 燃(4) 欢(3) 铁(3) 补(3) 咱(3) 芽(3) 永(3) 瓦(3) 倾(3) 阵(2) 碳(3)
演(3) 威(3) 附(3) 牙(3) 斜(4) 灌(4) 欧(3) 献(4) 顺(3) 猪(4) 洋(2) 腐(4)
请(3) 透(3) 司(3) 危(3) 括(3) 脉(4) 若(3) 尾(3) 束(3) 壮(3) 暴(3) 企(3)
菜(3) 穗(4) 楚(3) 汉(2) 愈(4) 绿(2) 拖(3) 牛(3) 份(3) 染(3) 既(3) 秋(2)
遍(4) 锻(3) 玉(2) 夏(3) 疗(3) 尖(2) 井(3) 费(3) 州(4) 访(3) 吹(3) 荣(3)
铜(4) 沿(3) 替(3) 滚(4) 客(2) 召(3) 旱(2) 悟(4) 刺(4) 措(3) 贯(3) 藏(4)
令(3) 隙(4) 曳(3)

8.4 纠错练习

（1）易输入错的字比较练习

习题特点：以下总结了打字员在速度练习过程中常常出错的汉字。学员在练习过程中可记录下自己常常出错的字，然后列出来作专门练习。

要求：请将下列汉字输入 20 遍。

且具 刀力 已己 变亦 丫义 酒洒 估伏 物手 未末
犬太 尤龙 万元 沿尚 自处 错昏 入八 甲由 果里

干士　　午年　　平夹　　秉乘　　已巳　　看着　　的和

（2）难字练习

习题特点：以下汉字常用但不易拆分，在输入过程中常常出错，所以在此专门列出，着重练习。该题属经常练习题。

要求：请将下列汉字输入 20 遍。

甲(LHNH)	申(JHK)	重(TGJ)	干(FGGH)	午(TFJ)	朱(RI)
翘(ATGN)	牛(RHK)	年(RH)	知(TD)	未(FII)	末(GS)
犬(DGTY)	尤(DNV)	龙(DX)	万(DNV)	夫(FW)	元(FQB)
夹(GUW)	与(GN)	书(NNH)	片(THG)	专(FNY)	毛(TFN)
世(AN)	身(TMD)	事(GK)	长(TA)	秉(TGV)	垂(TGA)
曲(MA)	州(YTYH)	严(GOD)	承(BD)	永(YNI)	离(YB)
禹(TKM)	越(FHA)	印(QGB)	乐(QI)	段(WDM)	追(WNNP)
股(EMC)	予(CBJ)	鸟(QYNG)	北(UX)	敝(UMI)	决(UN)
恭(AWNU)	曳(JXE)	鬼(RQC)	考(FTG)	貌(EERQ)	或(AK)
栽(FAS)	武(GAH)	食(WYV)	低(WQA)	派(IRE)	辰(DFE)
非(DJD)	飞(NUI)	着(UDH)	每(TXG)	酒(ISGG)	抓(RRHY)
其(ADW)	官(PN)	帛(RMH)	啊(KB)	薄(AIG)	餐(HQ)
鳝(QGUK)	瀛(IYNY)	鬻(XOXH)	黼(THLG)	菲(ADJ)	凹(MMGD)
凸(HGM)	舞(RLG)	藏(ADNT)	曹(GMA)	乘(TUX)	戊(DNY)

（3）易混淆的词组与非词组对比练习

习题特点：初学词组输入者总是希望所有的词组都能用词组输入，但又常常不能如愿，碰到与其他词组重码，若思想上没有引起重视，下一次还会发生错误，这里将常常出错的词组与非词组对比起来练习，以加深印象。

要求：输入 10 遍，着重记忆。

词组：起初　千万　省略　边疆　招待

非词组：真　实　造　成　活　力　连　续　执　行

8.5　识别码的练习

1. 识别码对照练习

据不完全统计，识别码字有四百多个，但很多都是不常用的。学习者应重点熟悉常用识别码字。识别码字的分类如下。

【横区】

	YWYG	RWYG	WGG	DCG	KCG	YWGG	WFHG	WUG	FHG	FUG	WJJG	RFFG	IUG	TKGG
〈G〉键	谁	推	伍	码	吗	住	值	位	址	垃	倡	挂	泣	程
	JGG	WBG	SFHG	SFG	KWYG	SRG	IHG							
	旺	仔	植	杜	唯	柏	泪							
〈F〉键	DSKF	UJFF	DLF	TFKF	WHF	RHF	GEF	ALF	TJF	UFF	AJF	NWYF	YLF	FWYF
	奇	童	奋	告	企	看	青	苗	香	兰	昔	翟	亩	霍

QGF	JGF	RGF	QAJF	FLF	JHF	UJF	IMKF	LFHF	SKF	ADF	TFF	BLF
鱼	旦	皇	昏	雷	冒	音	尚	置	杏	苦	竺	孟

〈D〉键

GHD	LKD	LDD	JFD	UKD	QKD	THD	YID	AND	TLD	DJFD	YMD	RGD	NHD
正	回	固	里	问	句	自	应	巨	血	厘	庙	丘	眉
YFD	UQVD	AGD	AFD										
庄	阎	匡	甘										

【竖区】

〈H〉键

YCEH	TDUH	UDJH	GAJH	QKHH	TJH	WFH	IFH	WKHH	FJH	IMH	QJH
诵	辞	判	刑	钟	利	什	汗	仲	刊	汕	钊

〈J〉键

TFJ	YMHJ	YJJ	UJFJ	AJJ	CBJ	UJJ	UDJ	AUJ	NAJ	YBJ	HJJ	JFJ	AJJ
午	市	齐	单	草	予	章	羊	莘	异	亨	卓	旱	草

〈K〉键

LPK	FMK	JHK	TAK	UFK	RHK	FHFK	FJK	TFK	DMJK	YLK	AAK	UBK	DLK
连	击	申	升	斗	牛	赶	井	千	厕	库	戒	疗	库

【撇区】

〈T〉键

IGT	FNRT	JYT
浅	场	旷

〈R〉键

FNR	PNTR
声	宓

〈E〉键

XTE	QRE	YNE	XDE	ADE
乡	勿	户	毋	戎

【捺区】

〈Y〉键

WCY	NTY	YFY	UDY	KCY	TFFY	WFY	FFFY	WGMY	WDY	FMY	TCY	QQYY	WTUY
仅	改	讨	状	叹	待	付	封	债	伏	坝	私	钓	佟
TFHY	GYIY	RHY	ITDY	INFY									
徒	琼	扑	沃	漏									

〈U〉键

FHU	KHU	TUU	YIU	FCU	NUDU	HHU	SFIU	GMU	QIU	TFFU	MQU	MCU	YXIU
走	足	冬	京	去	买	卡	票	责	尔	等	岁	殳	紊
PSU	DDU	UGDU	YHI	SMU	WTU	AQU							
宋	套	美	卞	贯	余	艾							

〈I〉键

PEI	UDI	FII	NUI	RYI	YSI	NYI	QCI	EPI	LKMI	UYI	GQI
农	头	未	飞	斤	床	尺	勾	逐	圆	闵	歹

【折区】

〈N〉键

VBN	YYN	BNN	WVN	RCN	PYNN	IAN	NYNN	WMN	RYMN
她	访	孔	仇	把	礼	汇	忙	仉	抗

〈B〉键

RNB	MQB	FQB	KQB	UKQB	UDBB	WYNB	WBB	ANB
气	见	元	兄	竞	卷	今	仓	艺

〈V〉键

FNV	DNV	YNV	NNV
亏	万	亡	也

2. 识别码自由练习

识别码是学习五笔字型的难点，常让初学者望而生畏。通过上面的对照练习，读者基本可以掌握识别码的使用方法，通过下面的自由练习可以熟练掌握识别码的使用规律。

（1）末笔在〈G〉键（一区、左右型）的识别码字

柏　铂　倡　扯　程　骷　杜　肚　饵　洱　杠　咕　泊　挂　佳　润　秸　炯

酒　钧　扛　框　垃　烂　擂　泪　粒　玛　码　蚂　吗　牡　拈　捏　涅　拍

迫　粕　栖　泣　蛆　仁　汝　润　晒　仨　谁　坍　贴　吐　推　洼　枉　旺

唯 位 佐 伍 悟 硒 惜 湘 翔 注 铀 油 淦 钥 砧 植 值 址
诌 住 壮 椎 谆 仔 阻 估 佶 仔 情 讧 迈 诘 讵 诖 诩 谄
阽 坩 填 揞 摺 咭 晒 晤 帖 岫 峋 租 犸 狺 怙 恪 悝 愠
沼 沿 泗 洧 泊 洫 沼 浯 淦 湮 湟 弪 轱 辁 略 轱 炻 糊
熠 祜 砬 碓 睢 钍 钕 钲 钴 钼 钿 铒 铕 锎 锖 锢 锫 稃
翊 聃 蛄 蚰 蝗 蛭 蛞 晴 舳 舾 粞 酤 跖 住 隹

（2）末笔在〈F〉键（一区、上下型）的识别码字

备 尘 旦 笛 翟 奋 告 苟 蛊 圭 昏 霍 眷 看 苦 奎 兰 雷
蕾 吝 冒 孟 苗 亩 奇 企 茄 青 酋 雀 茸 尚 圣 誓 誉 童
妄 吾 昔 香 享 杏 岩 妥 翌 音 盏 孕 誉 备 雀 孛 坠 丕
置 召 仝 佥 刍 垡 芏 鑫 芷 荏 茔 茹 茜 莒 尚 荃 茗 莅
莩 堇 菖 萑 菪 蓥 茸 銮 宕 宥 妾 孕 孥 甾 沓 娃 昝 昱
肓 骨 沓 砉 眚 智 罟 詈 盍 竺 笃 笸 得 笙 笠 笳 箐

（3）末笔在〈D〉键（一区、混合型）的识别码字

丑 闯 丹 刁 甘 固 肩 巨 句 君 匡 厘 里 眉 庙 丘 冉 壬
戾 舌 延 问 屑 血 阎 本 应 正 庄 自 叵 訇 甙 团 囡 囿
圄 闩 闫 闾 阊 透 疴 疰 痂 瘖

（4）末笔在〈H〉键（二区、左右型）的识别码字

拜 拌 剥 辞 悼 汀 拌 拂 杆 秆 汗 剂 钾 奸 试 刑 坤 利
卯 判 刨 扦 汕 什 诵 汀 锌 忻 刑 汹 驯 伴 仰 耶 沂 拥
佣 蛹 汗 钟 仲 到 刚 仃 讪 诎 邝 圳 圻 垧 叩 呷 晰 岬
犴 忻 忤 济 妤 嫜 杵 柙 樟 昕 晖 刖 胛 町 刈 钌 钏 斟
晰 蟑 舢 灿 酐

（5）末笔在〈J〉键（二区、上下型）的识别码字

岸 卑 草 岔 单 竿 幸 刊 亨 卉 荤 弄 齐 芹 市 羊 予 宰
章 卓 氚 甬 羿 措 覃 午

（6）末笔在〈K〉键（二区、混合型）的识别码字

厕 弗 戒 巾 井 库 连 疗 牛 千 申 升 匣 痈 瘴 囱 痒 迁

（7）末笔在〈K〉键（三区、混合型）的识别码字

场 妒 伐 贱 饯 溅 矿 旷 浅 杉 贼 栈 圹 垆 犷 纩 彤 炀
钐 铋

（8）末笔在〈R〉键（三区、上下型）的识别码字

笺 芦 声 彦 宓 豸 气

（9）末笔在〈E〉键（三区、混合型）的识别码字

户 庐 戒 缪 每 勿 乡 彦 尹 爿

（10）末笔在〈Y〉键（四区、左右型）的识别码字

敖 扒 叭 坝 败 钡 狈 触 待 狄 钧 钡 故 吠 伏 付 讣 改
弘 伎 仅 惊 抉 诀 凉 晾 漏 旅 掠 枚 谜 稣 奴 哎 扑 仆
怯 朴 琼 腮 私 酥 汉 讨 徒 蚊 纹 沃 矽 汐 虾 秧 双 债

伏 肘 状 吸 孜 卦 叙 伛 攸 佟 谀 孤 坩 埙 捋 叶 吆 吠
呗 吣 咔 咚 咪 哧 忖 怍 怯 快 怃 沐 汶 婊 纨 缌 玟 杓
杈 柝 椋 飒 砜 砝 砹 畎 畋 外 钬 酎 稞 铽 敉 钹 甸 锊

（11）末笔在〈U〉键（四区、上下型）的识别码字

哀 艾 泵 卞 茶 愁 臭 等 冬 尔 父 恭 汞 忌 贾 茧 京 卡
恳 哭 栗 罗 买 麦 美 莫 聂 票 泉 忍 杀 矢 宋 粟 岁 套
忘 紊 芯 玄 穴 页 余 责 走 足 爻 尕 祭 衮 芮 茭 莍 葸
呙 岌 岚 象 尕 柰 昙 杲 炅 殳 焱 丕 忐 恚 淼 虿 芨 篑
系 雯 亦 云 仄

（12）末笔在〈I〉键（四区、混合型）的识别码字

叉 卞 尺 斥 床 囱 歹 乏 飞 勾 隶 闷 灭 闽 尿 农 囚 去
刃 久 屎 丸 未 闲 圆 去 丈 痔 舟 逐 爪 天 囟 闵 阏 孓
衤 痣 疋 飑 臾 艮

（13）末笔在〈N〉键（五区、左右型）的识别码字

皑 把 彻 弛 仇 讹 犯 坊 肪 仿 访 幻 汇 讥 幼 抗 孔 礼
忙 扔 伲 讫 巧 鲂 她 泄 配 锈 绣 屹 幼 扎 札 轧 忉 氾
妃 纥 纰 枋 把 桃 桤 祀 矶 钇 钇 纺 钪 钯 虬 虬 虮 舫

（14）末笔在〈B〉键（五区、上下型）的识别码字

笆 仓 宠 兑 夯 见 筋 今 竟 卷 亢 亏 仑 乞 气 冗 秃 芜
兄 艺 邑 元 皂 兮 究 艽 艿 芎 艺 芫 旯 晁 雩 雳

（15）末笔在〈V〉键（五区、混合型）的识别码字

疤 厄 虏 匹 万 亡 尤 兆 兀 乇 卮 乜 庀 闶 尻 疠 疣

8.6 词汇练习

提高汉字五笔字型输入速度的窍门除了指法正确、编码熟悉之外，就是对词语的熟练掌握，特别是对二字词的熟练掌握。

8.6.1 二字词特殊输入练习

二字词中有一级简码的，在与其他字组词时，要使用其全码的前两码。二字词中一级简码的汉字拆分如表 8-1 所示

表 8-1 二字词中一级简码的汉字拆分表

一：一一	GG	地：土也	FB	在：ナ丨	DH	要：西女	SV	工：（键名字根）	AA
上：上丨	HH	是：曰一	JG	中：口丨	KH	国：囗王	LG	同：冂一	MG
和：禾口	TK	的：白勹	RQ	有：ナ月	DE	人：（键名字根）	WW	我：丿扌	RT
主：丶王	YG	产：立丿	UT	不：一小	GI	为：丶力	YL	这：文辶	YP
民：巳七	NA	了：了乙	BN	发：乙丿	NT	以：乙丶	NY	经：纟ス	XC

练习以下用一级简码字组成的词

一	GGTM	GGTE	GGFH	GGSV	GGAV	GGGC	GGJG	GGXF	GGDM	GGWH
	一向	一般	一起	一概	一切	一致	一旦	一贯	一面	一个
地	FBFD	FBLT	FBAQ	FBGA	FBTE	FBYY	FBGJ	FBRV	FBSR	FFFB
	地震	地图	地区	地形	地盘	地方	地理	地势	地板	土地
在	GMDH	DHYW	DHPE	DHUJ	DHDH	PUDH	DHBK	DHGF	DHHX	DHMW
	现在	在座	在家	在意	存在	实在	在职	在于	在此	在内
要	GISV	TGSV	KWSV	EDSV	SVFI	SVGX	SVJC	SVHK	SVWY	FDSV
	还要	重要	只要	须要	要求	要素	要紧	要点	要领	需要
工	AAAD	AAPE	AAOG	AAUQ	AAWF	AAWT	AADG	AAAR	AAAN	AASG
	工期	工农	工业	工资	工会	工作	工厂	工匠	工艺	工本
上	HHYJ	HHYE	HHXE	HHWT	HHUP	HHUD	HHTU	HHTF	HHTA	HHSY
	上课	上衣	上级	上任	上帝	上头	上税	上午	上升	上述
是	JGDJ	GIJG	GFJG	YIJG	MYJG	GIJG				
	是非	还是	于是	就是	凡是	不是				
中	KHMD	KHAI	TDKH	KHTO	KHLG	ADKH	KHQH	KHUU	KHBW	KHWX
	中央	中东	适中	中秋	中国	其中	中外	中立	中队	中华
国	LGYT	LGLT	LGGK	LGYD	LGYL	LGCW	LGGG	GGLG	LGQH	LGSK
	国旗	国力	国事	国庆	国库	国难	国王	王国	国外	国歌
同	MGJE	MGFN	GIMG	MGUJ	DDMG	MGTF	MGTF	AWMG	MGNY	MGIP
	同盟	同志	不同	同意	大同	同行	同等	共同	同心	同学
和	TKRN	TKIM	TKGU	UKTK	TKAY	AWTK	IJTK	JETK	TKHF	TKYX
	和气	和尚	和平	总和	和蔼	共和	温和	暖和	和睦	和谐
的	RQDQ	VBRQ	RQFG	HHRQ	WQRQ					
	的确	好的	的士	目的	你的					
有	DEUW	DEPD	DEOV	HKDE	RNDE	DESM	AWDE	FTDE	KWDE	DEBV
	有益	有害	有数	占有	所有	有机	共有	都有	只有	有限
人	WWPE	WWAA	IFWW	VBWW	WWUT	IUWW	WWKK	WWNA	WWOD	WWGK
	人家	人工	法人	好人	人道	洋人	人口	人民	人类	人事
我	TRWU	WQTR	TDTR	THTR	TRLG	TRYY				
	我们	你我	敌我	自我	我国	我方				
主	YGYA	YGSV	YGYQ	YGRF	YGXT	YGSC	YGCM	YGQE	YGWS	YGJG
	主席	主要	主义	主持	主张	主权	主观	主角	主体	主题
产	UTJG	UTSC	UTOG	TGUT	RMUT	FUUT	UDUT	TRUT	DHUT	UTKK
	产量	产权	产业	生产	投产	增产	减产	特产	破产	产品
不	GIFU	GIJG	GITF	GIFP	GIWJ	GITP	FQGI	GICW	GICE	GICF
	不幸	不是	不行	不过	不但	不管	无不	不难	不能	不对
为	YLBN	DNYL	LDYL	WTYL	RNYL	TFYL	WVYL	YLCW	YLHX	YLHH
	为了	成为	因为	作为	所为	行为	分为	为难	为此	为止
这	YPHX	YPSU	YPWH	YPGH	YPHK	YPJF	YPJG	YPJF	YPLK	YPLP
	这些	这样	这个	这下	这点	这时	这是	这里	这回	这边

民	NAYG	NAYT	NAIF	NARG	NAUJ	GUNA	NASK	WWNA	PENA	IQNA
	民主	民族	民法	民兵	民间	平民	民歌	人民	农民	渔民
了	BNXF	BNQE	YLBN	BNYN	LFBN	THBN				
	了结	了解	为了	了望	罢了	算了				
发	NTMF	NTGM	NTNA	NHNT	NTDM	NTTF	NTWT	NTJE	NTYC	NTRN
	发财	发现	发展	收发	发布	发行	发作	发明	发育	发扬
以	NYYL	SKNY	TJNY	RNNY	CBNY	CWNY	NYGH	NYGO	NYQK	NYQH
	以为	可以	得以	所以	予以	难以	以下	以来	以免	以外
经	XCDL	XCIP	XCFP	MFXC	XCCW	XCMA	PYXC	XCGJ	XCAP	XCQI
	经历	经常	经过	财经	经验	经典	神经	经理	经营	经销

8.6.2 词组输入练习

（1）双字词

我们 他们 你们 北方 东方 南方 西方 保守 保护 保证 保险 保卫
保健 保存 保障 保留 保密 报名 报道 报表 报告 报销 报纸 成都
成本 成长 成立 补助 成交 成员 成绩 参观 参加 部分 部长 部队
长征 长度 长期 长城 宾馆 处分 处长 处处 出口 出生 出现 出来
出差 出租 出入 表示 表扬 表现 办事 办公 创作 创造 初步 初中
初级 标准 标点 促进 并且 彩色 布告 打印 厂长 并且 重复 纯洁
不要 不但 不断 大量 大海 大地 帮助 本来 本质 健康 充实 充足
北京 南京 天津 上海 四川 贵州 广州 云南 充分 变动 变化 从此
干部 党派 敌人 道理 分析 代表 夫人 电脑 饭店 地图 分析 固定
动员 对于 繁华 饭店 妨碍 分析 封锁 辅助 公路 共同 故障 观念
广播 规模 大量 道路 动作 发明 干部 种类 公民 固定 观众 广场
规则 代表 常委 电扇 发生 繁荣 访问 废除 分子 富强 负责 高峰
革命 发现 方案 风格 福利 工厂 鼓舞 管理 广大 大批 地址 电视
关键 妇联 干劲 革新 工程 固体 冠军 代替 到达 地质 广泛 大使
代理 电影 而且 反动 方法 广大 分别 改革 官僚 广告 国防 到来
电子 多次 发展 反对 方面 粉碎 改进 工会 构造 关键 国际 调动
动力 读书 多么 儿女 方式 放松 符号 改良 感动 钢笔 高兴 公报
公式 购买 国家 调查 反复 方向 贯彻 非常 风俗 符合 改善 感激
钢铁 高原 根本 公司 大型 弟弟 典礼 独立 对待 多少 儿子 方针
非洲 分类 奋斗 疯狂 服务 改造 感觉 工人 关系 国外 大学 当前
登记 弟兄 典型 对方 多数 耳朵 法律 房间 飞机 讽刺 服装 复杂
港口 工业 公分 姑娘 关心 规定 国营 大约 当然 导弹 地方 法院
房屋 否定 概况 感冒 岗位 单位 导演 顾客 关于 规范 工艺 公园
等候 地理 电报 动态 多种 发表 法制 分配 丰富 否认 概括 感情
工资 公共 顾问 观测 光明 规格 果然 大众 号召 合计 红旗 忽然
缓慢 恢复 会议 货币 籍贯 急忙 技巧 监督 艰险 交易 结构 杰出
谨慎 禁止 经过 距离 科长 课题 控制 过来 合理 红色 画报 问答

绘画 机场 集合 急需 技师 继承 监视 经济 就是 具备 开幕 慷慨
渴望 客观 过去 核算 合适 画家 回顾 婚姻 货物 机动 集市 急躁
技术 继续 加速 监狱 简便 奖状 骄傲 结合 解放 经理 就要 具体
开辟 抗拒 可爱 核心 合同 候补 划分 激动 机构 集体 家具 坚持
简单 建成 讲话 接触 解决 紧张 经历 开始 抗议 可耻 合作 后边
户口 化工 回来 混合 机关 集团 家属 简明 建国 接待 解剖 精彩
经受 居然 可贵 肯定 河流 后代 护士 化学 激光 机会 集中 即刻
季度 家庭 坚固 简明 建立 讲究 接近 结论 解释 尽管 精华 经验
居住 和平 后果 互相 化验 激烈 及时 即使 季节 家乡 假如 坚决
简要 建设 校对 结束 经营 局部 开展 考虑 孩子 汉语 怀念 黄河

（2）三字词

电视机 计算机 代办处 本世纪 百分比 自治区 专利法 印度洋 司令部
司令员 文化部 中纪委 展销会 新华社 手工业 生产力 委员会 没关系
幼儿园 联系人 电气化 工业化 八进制 本报讯 常委会 大部分 自行车
展览会 知识化 研究所 拉萨市 卫生部 团支部 山东省 收录机 俱乐部
广东省 杭州市 吉林省 江西省 成都市 西安市 山西省 济南市 南京市
广州市 银川市 长沙市 安徽省 工商业 革命化 纺织品 电风扇 革命化
操作员 责任制 共青团 辩证法 反革命 工程师 国庆节 积极性 评论员
人民币 委员长 宣传部 自动化 半导体 炊事员 大西洋 电冰箱 副总理
国务院 机器人 建筑物 联合国 普通话 人生观 审计署 世界观 私有制
太平洋 为什么 消费品 怎么样 政治部 座右铭 北冰洋 标准化 存储器
大学生 房租费 甘肃省 机械化 鉴定会 马克思 南昌市 气象台 日用品
沈阳市 事实上 司法部 太阳能 图书馆 小朋友 研究室 有效期 奥运会
北京市 三极管 工业品 规律性 合肥市 教研室 辽宁省 秘书长 南宁市
青海省 陕西省 生产率 书记处 天安门 托儿所 文化宫 洗衣机 医学院
阅览室 招待所 办公室 成品率 代表团 电视台 二进制 缝纫机 工艺品
贵阳市 黑龙江 青年人 农业部 数据库 天津市 文化馆 系列化 营业员
云南省 浙江省 总工会 办公厅 大规模 电影院 发电机 福建省 各单位
贵州省 红领巾 解放军 科学家 劳动者 林业部 莫斯科 年轻人 青少年
上海市 四川省 铁道部 文汇报 运动者 中宣部 专业化 总书记 石家庄
办事处 必要性 出版社 大使馆 常委会 动物园 发动机 福建省 公安部
工作者 国防部 后勤部 同志们 科学院 灵敏度 目的地 无线电 农作物

（3）四字词

中国人民 中外合资 中国政府 中国银行 中央委员 中华民族 中国青年
社会主义 共产主义 形式主义 国际主义 爱国主义 唯物主义 集体主义
唯心主义 资产阶级 资本主义 共产党员 工人阶级 无产阶级 社会实践
全国各地 四化建设 社会关系 生产关系 生活水平 生活方式 思想方法
人民政府 人民日报 解放军报 光明日报 农民日报 群众路线 文学艺术
基本原则 生动活泼 黑龙江省 哈尔滨市 广西壮族 石家庄市 电报挂号

炎黄子孙 公共汽车 国家机关 出租汽车 大公无私 工作人员 通信地址
集成电路 科研成果 参考资料 物质文明 物质财富 先进个人 一分为二
上层建筑 集成电路 科研成果 百货商店 参考资料 程序设计 电报挂号
衣食住行 引进技术 经济管理 劳动模范 报刊杂志 体制改革 文化教育
经济效益 科学研究 联系实际 百货公司 参考消息 第二产业 奋发图强
培训中心 调查研究 国民经济 高等院校 各级党委 政治面貌 国防大学
五讲四美 先进个人 行政管理 应用技术 知识分子 数据处理 文明礼貌
领导干部 党政机关 程序设计 国务委员 合资经营 基础理论 综合利用
专用设备 总政治部 专业人员 综上所述 标点符号 程序控制 得不偿失
机构改革 计划生育 艰苦奋斗 经济基础 科学管理 通讯卫星 农副产品
海外侨胞 核工业部 计算中心 经济特区 科学技术 交通规则 操作系统
生产方式 十六进制 体力劳动 先进事迹 新陈代谢 信息社会 企业管理
新华书店 少数民族 社会科学 天气预报 外部设备 文化水平 优质产品
指导思想 民主党派 脑力劳动 农副产品 平方公里 全心全意 少年儿童
银行账号 政协委员 内部矛盾 勤工俭学 情报检索 群众观点 少先队员
系统工程 刑事犯罪 中共中央 千方百计 全党全国 时时刻刻 通讯卫星
组织纪律 操作规程 电话号码 各级领导 工人日报 广播电台 科技人员
自动检索 自始至终 自动控制 自力更生 精神文明 科学分析 劳动人民
总参谋部 总而言之 总结经验 总后勤部 众所周知

（4）多字词

兵器工业部 常务委员会 电子工业部 发展中国家 四个现代化
纺织工业部 广播电视部 喜马拉雅山 新华通讯社 新技术革命
呼和浩特市 化学工业部 集体所有制 军事委员会 国防科工委
毛泽东思想 民主集中制 为人民服务 西藏自治区 中央书记处
中央委员会 中央政治局 中国共产党 中央办公厅 全民所有制
人民大会堂 中央电视台 中国科学院 全国人民代表大会
人民代表大会 中央人民广播电台 中央政治局委员 内蒙古自治区
宁夏回族自治区 国务院办公厅 对外经济贸易部 历史唯物主义
广西壮族自治区 马克思列宁主义 新疆维吾尔族 新疆维吾尔自治区
政治协商会议 中国人民解放军 中华人民共和国

8.7 自由输入练习

（1）连续文本练习与测验

要求：以下短文每段至少打 20 遍后再打下一段，然后用它来测试录入速度。

（一）

你用冷冷的口吻说要分手，我更深地读懂了你残酷的温柔。在无人的角落，我一个人多少次的哭，“忘了吧”，我苦涩地对自己说。破碎的心让平静冷冷地紧裹，就像流水最终凝成冰的形状。曾经浪漫不变的真情，最终成为一个空洞的传说。日子在我眼里慢慢地走过，我捂着被你伤的胸口，双手合十地依然为你做着祈求：愿你过得平安到永久。

许多年以后，我想一个人孤独地走，把你远离我的理由遗落在身后。却又传来你的消息，我忘却已久的伤悲又开始回归，引领着你再次走进我的梦里。我落泪了，为此生无奈的自己。

随着日子的流动，我对不起你的心情越来越重，我可以遗忘一切，却缺乏遗忘关于你的记忆的能力。编织着背叛你的理由，却依然不能拒绝想你。想你的日子，我把任何人都忽视。疯长的寂寞吸收着痛苦的养料。我不想说什么，牵挂太久已没有别的理由，只让自己变成哑默的雕塑。因为我知道，执着于一种真爱的时候，最得力的方式就是默默无语。

把包容给你，把宽厚给你，让你撕开难受，让我为你疗好伤口，让你在我温柔的怀里幸福的哭；把宁静给你，把平安给你，让你不再飘游，让你睡在身旁，让我在无言中为梦中的你加盖好衣裳。你却依然就这样的离去……

那个人留下借口走了之后，我护着伤痛的心，找个地方哭一哭，不再找谁去倾诉。因为每个人都有放弃不了的包袱。心头承载许多的我拼命去忙碌，一步一步的艰辛使我更加成熟，今天的我开始轻松上路。依然美丽的梦伴着我走，你再多的爱也无法使我回头，带着坚强我去遥远的地方，找寻我的所有。（619 个字）

（二）

工作是算在幸福的因素内，还是算在不幸福的因素内，或许仍是疑问。的确有许多工作是极其使人厌倦的，过度的工作又总是一件痛苦的事。然而依我看来，只要工作量不过分，那么即便最枯燥的工作，对于大多数人来说，也比闲来无事要好受些。工作有各种等级，从单为解闷直到最深刻的欢乐，视工作的性质和工作者能力而定。绝大多数人非得做的绝大多数工作，本身乏味无聊，但即使这类工作也有一定的益处。首先，一个人无需决定做什么，工作可以让他消磨一天的好多时间。有许多人，当他们可以随心所欲地安排其闲暇时，他们竟然想不出什么够快活的事值得一做。不管他们决定做什么，他们总感到一定有别的更快活的事情，这使他们苦恼不堪。能明智地充实空闲时间是文明的最后产物，而目前很少有人能达到这一程度。另外，进行选择的本身也是很费劲的。除了有特别主见的人之外，一般人总喜欢由别人告诉他一天中的每个小时该做些什么，只要这些命令不是太让人感到不快而受不了。像是免于苦役而付出的代价，大多有钱的富人感到一种难以言状的烦闷。有时他们可以在非洲猎射猛兽，或环游世界，以减轻这一感觉，但这类惊人之举是有限的，特别是在青春年华流逝之后。于是比较聪明的富翁便埋头工作，就像他是穷人一样，而有钱的女人，大多忙于难以计数的琐碎小事，她们对其惊天动地的重要性信以为真。（548 个字）

（三）

现代女性个性的成熟大致有以下几个标志：

1）具有一定的自主能力。凡事既不会过分依赖别人，也不会推卸自己的责任，坚持干自己认为该做的事情。

2）有自知之明。对自己的才能有实事求是的分析和判断，量力而行，尽力而为。

3）正视现实。对于周围发生的一切，不以本人的偏见作毫无意义的曲解、猜测。凡属无可争辩的客观事物，即使违反本人的意愿，也能冷静地欣然接受。

4）具有一定的决断能力。凡认准该做的事情，尽管困难重重，亦会选择一个最好、最适合的方法和时机千方百计地去做。而对于任何不应该做的事情，决不为蝇头小利动心。

5）善与人相处。客观、冷静地相处共事，不偏听偏信。

6）具有自我成就感、有较强的事业心，懂得利用自己的一技之长，去开创各种新局面，一旦取得成就，虽不沾沾自喜，却颇有自我成就感，懂得自我欣赏。（347 个字）

（四）

被困在野外的活命之道：

野外活动中意外受伤、汽车抛锚、天气恶劣或迷了路，扫兴事小，酿成悲剧则事大。置身沼泽、山区、热带雨林或荒凉沙漠，都可能发生这些意外。活命之道有4 个必须解决的基本问题，依次为藏身之处、信号、饮用水、食物。

无论在哪里，应该立刻离开寒冷或炎热的地点，避开风雨。

然后，利用可用之物发出容易引人注意的信号，诸如把颜色与周围环境成强烈对比的衣物挂在比较高的位置或在地上生一堆火冒出浓烟；吹哨子——国际公认的求救信号是每分钟吹 6 下，停一分钟再吹；用镜子反射阳光(在夜间则用电筒发出闪光信号)。发信号前不要到处寻找食物和饮用水，搜索队说不定就在附近：如不及时发出求救信号，可能错过宝贵的获救机会。

找寻饮用水比找寻食物更重要。一般人没有水只能活几天，热天时则更短。找寻或改善藏身之所、发出信号等活动时，体内水分已消耗不少，须予补充。

最后应找食物。成年男子通常至少可捱一周才开始出现严重症状。当然最好能尽快找到食物。必要时试试附近的植物是否可吃。（417 个字）

（2）不连续文本练习与测验

（一）

章猿间睦溃 辨疸闻伍批 乘风蜂得呻 哽忌灭龈协 洗卢度志专 怕赛疚栈直
玻编流儿燕 鞋备写硝详 小叶谢性胜 蟹演沏消想 懈化霄骁限 霰袄纤氖衔
觅钎蝉嫌鲜 嬉限羡吊员 喇晤买阂务 尤郭纲骏猴 捡渭窝末嘻 析菲侮鞠恶
晓孝桑说箱 始纲像沃唯 纬痞腊哲晰 牺裁萄邢姓 导体醒该稳 问波屋款舞
放闻胃淄慰 纬螺送杏吸 她索损笋雕 隧缩悄统蜕 顿互团次持 捅铜倒象羊

（150 个字）

（二）

岳往竿让塌 舱捷卡生卜 曦绳才 碱篷 王酮妻斑摈 敌簇傲睫叫 瑶证睡谙暇
植培鸦锹控 药维顿咳抠 饺蝴蜗掘绸 匡晕船终渠 稍掩针柬冬 者罪但淳飘
改威茸呢磁 匝暮蝎酵捅 破僧逞率床 酚芬冯念痰 妒杠彬痰那 菇勉绍停焉
勉灿哆丐起 媲骗勇良漱 稠溉造汪试 钞参瞻折拆 额部捕稍搏 钵幽窜病埠
埔孽膊悼堡 擦喀款因堑 抗豪号顽函 茵酣财韩涵 皆街话动侥 觅被服览况
竞检漳僧饺 键接阶睫哨 饺菠般舰剪 鲤剪研键本 伤喉犄馒嘛 蔓蜗缓促洪
遏绑吃随敖 掇凸细宜悼。撬廉捶评物 魂拆魏虎站 之韶鲍军为 眯油溯耻粘

（210 个字）

（三）

络瀛筑膘熬 遍碧嘿弊摈 茶颁爆渤秉 蓖颤堑营隘 弊意癌丙操 森搬睁蝶诞
痒淌刻舱日 遁胯傈傈恃 策喘烃肪哟 霓膜块碧秉 猜掂掘赣肮 促涡烃埂硅
卓澜哩呻屋 架甸氟姻宵 蝇殷蜗夷宫 鳃踪蜓崎抽 殉榴簇阉殉 花瘦幅荫酗
鸦液陶嚣 耷稽吁切蟹 场湘腋娟簇 减数殿轧哑 昨独衅删桓 佾绍橡整衔

猾汽理莹菠　沈器魁瘁秸　痛袄签联烫　阅啼塞屁呼　匝檄熄要慰　握换渭瘦猴
唯琶花托毛　余囤邬脉湍　臀鸵驮湍蜗　匝眺茹柄汀　剃要还瘫蹈　经蜂贴嚏醒
石烃婶餐滔　塘螳趟蔬胎　枢就瘦殊嗜　蓄乘论顾芍　柄散嗓秤瑟　痉舍椿蠕助
编睡膛瓣空　罗宛复嫌阂　灾呻凸吁瘁　凛辨泪休砸　蹭韶焉喉琅　纪椿慑陋躁
肮冠辑傈持　迂暇畅韩堤　阂遏痴辊恭　憨蕉屹慑慨　既肋杆限涡　扳朗陆魄蘸
蹿碟枢陈蹈　擎砌娇翘腕　鞘羌怪签揪　罩钦量食焚　款篷芽判炒　扳服阳魄蘸
策乔遣绦等　寨棋汽肤谊　缉漆脯沁繁　阮麻膜骂嘛　蟹馒盲解氓　廖护菠贸缕
癌楼纺戮峻　替护癌垄肪　馏谩蟹峪馒　骡稳错穷酸　据橡磷陵缕　炉渡麓晃喇
邀獭榄嘉翱　恐寇侩硅间　肖筐眶痴蓝　澜缆懒南筋　廓睐锡咐吼　溢箱俊尝铿

（420个字）

掌握五笔字型输入法，并且要想达到较高的录入速度，只有通过不断的练习和强化记忆。只要按照顺序一步步地学习，就会达到想达到的目的，这样做也会培养持之以恒的毅力。

五笔字型 98 王码输入法

五笔字型 86 版本问世以来，在我国汉字输入领域一直占据着主导地位，但通过近十多年的应用实践，86 版的五笔字型也显露出了自身的缺点和不足。因此，王永民教授在现行五笔字型科学体系的基础上，从理论到实践，完成了对五笔字型的版本更新，经更新的 98 版五笔字型输入法编码体系更加科学合理、部件规范，编码规则简单明了、好学易用、输入效率高，并且与原五笔字型方案具有良好的兼容性，我们现在正要介绍的就是比86版五笔输入法更具有创新性的98版王码输入法。

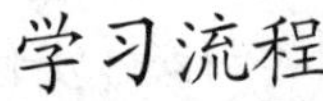

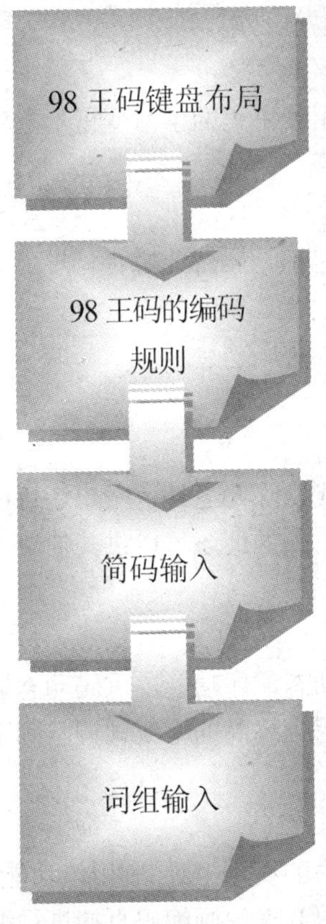

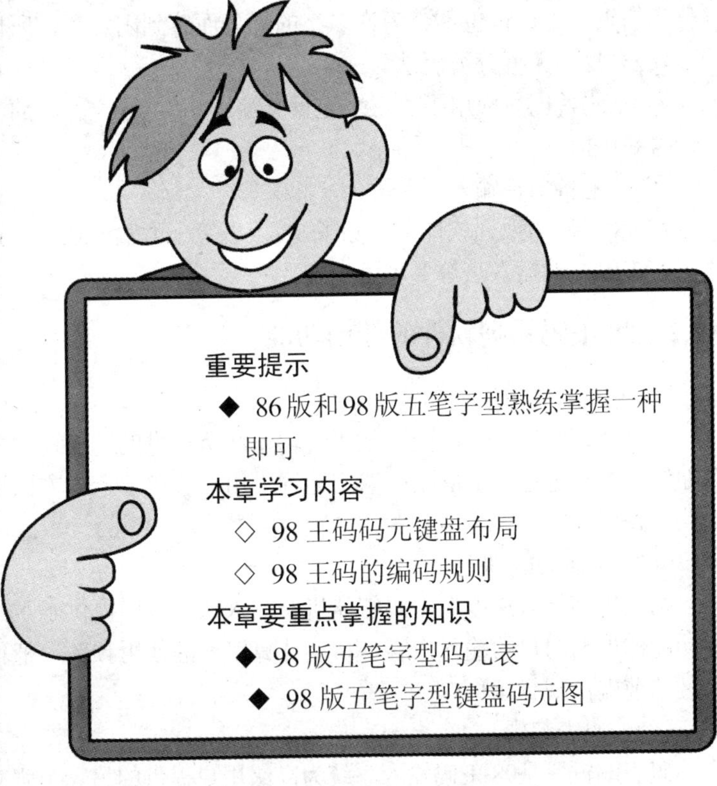

9.1 98 王码简介

五笔字型 98 王码中的 98 版五笔字型，是五笔字型的第 2 个定型版本。98 王码可以处理国家标准的 6763 个汉字，也可以处理港澳台地区的 13053 个繁体字，以及国际标准大字符集包括中、日、韩三国汉字的 21003 个汉字。98 王码完全依照字形编码，不受汉字读音和方言的限制，重码率低。

五笔字型 98 王码输入法和原有的 86 版输入法在很多方面都存在着差异。本节将对 98 王码的优点及其新增功能作一个简单的介绍。

9.1.1 98 王码的优点

（1）处理多种字集

内码是在计算机内部表示汉字和各种符号的机内编码，但不同的中文系统往往采用不同的内码标准，中国大陆使用国标码（GB 码），中国台湾省使用大五码（BIG5），其他国家和地区还采用 TCA 码、CNS 码、IS 码和 IBN5550 等内码标准。98 规范王码系列软件能够处理多种字集。

98 规范王码的部件选取及笔顺符合国家语言文字规范，86 版中需要“拆分”的许多笔画结构，如“夫、甫、气、羊、母、扩、丘、皮、毛、戊”等在 98 王码中都不需要拆分了，可以整体编码。用户再也不会为许多字的拆分而感到困惑了，所以易学易用。

（2）汉字无拆分编码法

98 王码首创并应用了“汉字无拆分编码法”，这一方法的应用使王码的学习变得形象生动、直观快捷。

（3）配备多种输入法

在 98 王码的系列软件中，除了 98 版五笔字型输入法外，还包括王码智能拼音、规范五笔画、王码音形输入法等多种输入法。

9.1.2 98 王码系列软件的新增功能

（1）动态取字造词功能

自动造词功能是为王码智能拼音输入法所提供的一种造词方式。除此之外，用户还可以在编辑文本的过程中从屏幕中取字造词。用屏幕取字造词方法造出来的词还可以供其他输入法共享使用。

（2）重码动态调序

为了提高录入速度，王码智能拼音输入法还专门提供了重码动态调序功能。重码动态调序功能即根据用户的输入内容，自动计算字词的使用频率，把使用频率高的字或词调整到重码区的前端，减少翻页。

（3）码表编辑

码表编辑器是98 王码输入系统为高级用户提供的另一个强有力的实用工具。利用该功能，用户可以对 Windows 中 GBK 字集的 21,003 个汉字的五笔字型编码和五笔画编码直接进行编辑修改，还可以建立自己的容错码。

（4）汉字内码转换

98 王码软件克服了许多中文平台软件产品互不兼容、自立标准等缺点，立足于多内码实时转换、动态翻译的新技术。

9.2 98 版基本编码单位——码元

五笔字型 98 版是在 86 版输入法的基础上更新完善的，其基本原理与原版大致相同。在前面的章节里，我们已经详细介绍过了五笔字型输入法的基本原理，所以与此相关的内容将不再介绍。

98 版的基本字根较之于 86 版有所调整，下面从 98 版的基本概念起，对 98 版五笔字型输入法进行讲解。

9.2.1 码元

好像给人起名字一样，编码是给汉字以及笔画结构编制“代码”，或命名为“代号”。

汉字是图形文字，笔画繁多，形态多变。如果把所有的汉字分解成较小的块，即使不细分，分解出来的“字根”或“部件”也多达上千种，根本就没有办法将其放在 26 个英文字母键上。

在 98 王码中，汉字是以“码元”为单位输入电脑的。

我们把笔画结构特征相似、笔画形态及笔画多少大致相同的“笔画结构”作为编码的“单元”，即编码的“元素”，简称“码元”。

例如，字根“廾”和“廿”、“廾”、“艹”形态虽略有不同，但有视觉上的相同特征。尽管这 4 个笔画结构属于 4 个不同的字根或部件，但我们认为它们属于同一“码元”。其中“廾”有代表性，使用次数多，叫“主码元”，简称“主元”；使用次数少的“廿”、“廾”、“艹”，则叫“次元”或“副元”。

98 王码确定的“码元”，除 5 个单笔画外，“主元”有 150 个，次元有 90 个。“主元”与“次元”的关系如下：

（1）同源码元

同源码元是指字源相同的码元。例如：

阝（主元）——耳、卩、㔾（次元）；水（主元）——氺、氵、氺（次元）。

（2）形似码元

形似码元是指形态相近的码元。例如：

廾（主元）——廿、廾、艹（次元）；又（主元）——ス、マ（次元）。

“码元”完全不同于文字学意义上的“字根”或“部件”，“码元”是属于编码学及信息处理中的概念，两者虽有联系，但绝对不是一回事。

9.2.2 码元顺序与笔顺规范

当把几个码元用于编码时，其码元的顺序应该与汉字的书写顺序保持一致。例如，

待：彳　土　寸　（正确）

彳 寸 土 （错误）

另外，笔画既不能任意切断，也不能重复使用，即在两个码元中出现。例如，

里：曰 土 （正确）

田 土 （错误）

一般来说，一个汉字的码元顺序和笔画顺序是一致的。在大多数情况下，码元顺序也与书写汉字时字根或部件的顺序一致，但也有以下两种例外情况：

（1）码元顺序与笔画顺序不一致

编码不是书法，在编码时码元的顺序无法与正确的笔顺完全一致，为了照顾码元的完整性和直观性，有时就无法遵循笔顺规范了。例如，

“围”字的最后一笔是“一”，即“囗”的最后一笔，但是当提取“围”字的第一码元“囗”时，却把最后一笔带走了。

（2）码元顺序与汉字部件结构的顺序不一致

码元和字根或部件的确是不同的，例如，

“武”字的码元顺序是：一、弋、止、丶（编码顺序）

“武”字的规范笔顺是：二、止、乚、丶（书写顺序）

9.3 王码键盘及码元布局

9.3.1 五笔字型键盘设计准则

在五笔字型键盘上，中间一排安排的码元键位实用频率最高，上排次之，下排最低。在每一排上又对称地分为左、右两区。同一区中，依食指向小指的顺序，从中央到两端，各个码元的使用频率依次降低。五笔字型键盘设计时，主要考虑了以下 3 个条件。

（1）相容性：使每一键位的码元组合产生的重码最少，重码率控制在 2%以内。

（2）规律性：使各键位或码元的排列井然有序，让读者好学易记。

（3）协调性：使双手操作键盘时“顺手”，充分发挥各手指的功能，提高录入速度。

9.3.2 98 版五笔字型键盘的布局特点

98 王码共有 145 个码元，将这 145 个码元分 5 个区放在除〈Z〉键以外的 25 个英文字母键上，这样就形成了 98 王码的码元键盘。98 王码键盘分为以下 5 个区：

第一区：主要放置横起笔的码元 32 个，其中包括“王、土、大、木、工”等；

第二区：主要放置竖起笔的码元 23 个，其中包括“目、日、口、田、山”等；

第三区：主要放置撇起笔的码元 34 个，其中包括“禾、白、月、人、金”等；

第四区：主要放置点起笔的码元 27 个，其中包括“言、立、水、火、之”等；

第五区：主要放置折起笔的码元 29 个，其中包括“已、子、女、又、幺”等。

键盘分区与 86 版相同，共 5 个区，每个区有 5 个键位。区号和位号均为 1~5，区位号组合共形成 5×5=25 个代码，作为各个键位的代号，即编码。

各区的位号都从键盘的中部向两端排列，这样使得双手放在键盘上时，位号的顺序与食指到小指的顺序相一致。王码（五笔字型）键盘如图 9-1 所示。

3区(撇起笔) ←					4区(点起笔) →				
金 35 Q	人 34 W	月 33 E	白 32 R	禾 31 T	言 41 Y	立 42 U	水 43 I	火 44 O	之 45 P
1区(横起笔) ←					2区(竖起笔) →				
工 15 A	木 14 S	大 13 D	土 12 F	王 11 G	目 21 H	日 22 J	口 23 K	田 24 L	： ；
	5区(折起笔) ←								
(学习键) Z	纟 55 X	又 54 C	女 53 V	子 52 B	已 51 N	山 25 M			

图 9-1　王码（五笔字型）键盘分区表

9.3.3　王码键盘键面符号介绍

王码键盘的各个键面上，有以下几类符号：

（1）键名

98 版码元键盘分布图如图 9-2 所示。每个键的左上角打头的那个主码元都是构字能力很强或者有代表性的汉字。这个汉字称为“键名字”，简称“键名”，一般用黑体字表示。

（2）主码元

主码元是各键上代表每种汉字结构“特征”的笔画结构。

（3）次码元

次码元是具有主码元的特征，但不太常用的笔画结构。

9.3.4　码元总表

把码元全部安排在对应的键位上，配上助记词，就构成了表 9-1 所示的码元总表。这张表对于读者熟悉码元和学习编码很重要。

码元总表是用表格的形式概述 98 王码中所有的码元及其分布情况。码元分布规律、码元分区助记歌和码元总表对快速记住码元的区位号是大有帮助的。

码元分布规律、码元分区助记歌和码元总表只是帮助记忆而已，真正记住还要靠大量的练习。实践证明，对于码元，死记硬背绝不是一个好办法，最好的办法是边用边查，即“用、查、用、查”。码元在哪个键上是固定的，查上几遍，用上几次，就会记牢。

把码元全部安排在对应的键位上，配上助记词，就构成了表 9-1 所示的码元总表。这张表对于读者熟悉码元和学习编码很重要。

码元总表列出了 98 王码的所有码元。在这些码元中，有的码元本身也是汉字。在 98 王码中规定，凡是码元总表上已有的汉字都为码元汉字，而码元总表上没有的汉字都为键外字。键外字都是由多个与码元对应的字根拼合而成的，因此，我们又将这类汉字称为合体字。码元汉字和合体字的编码规则和输入方法将在后面介绍。

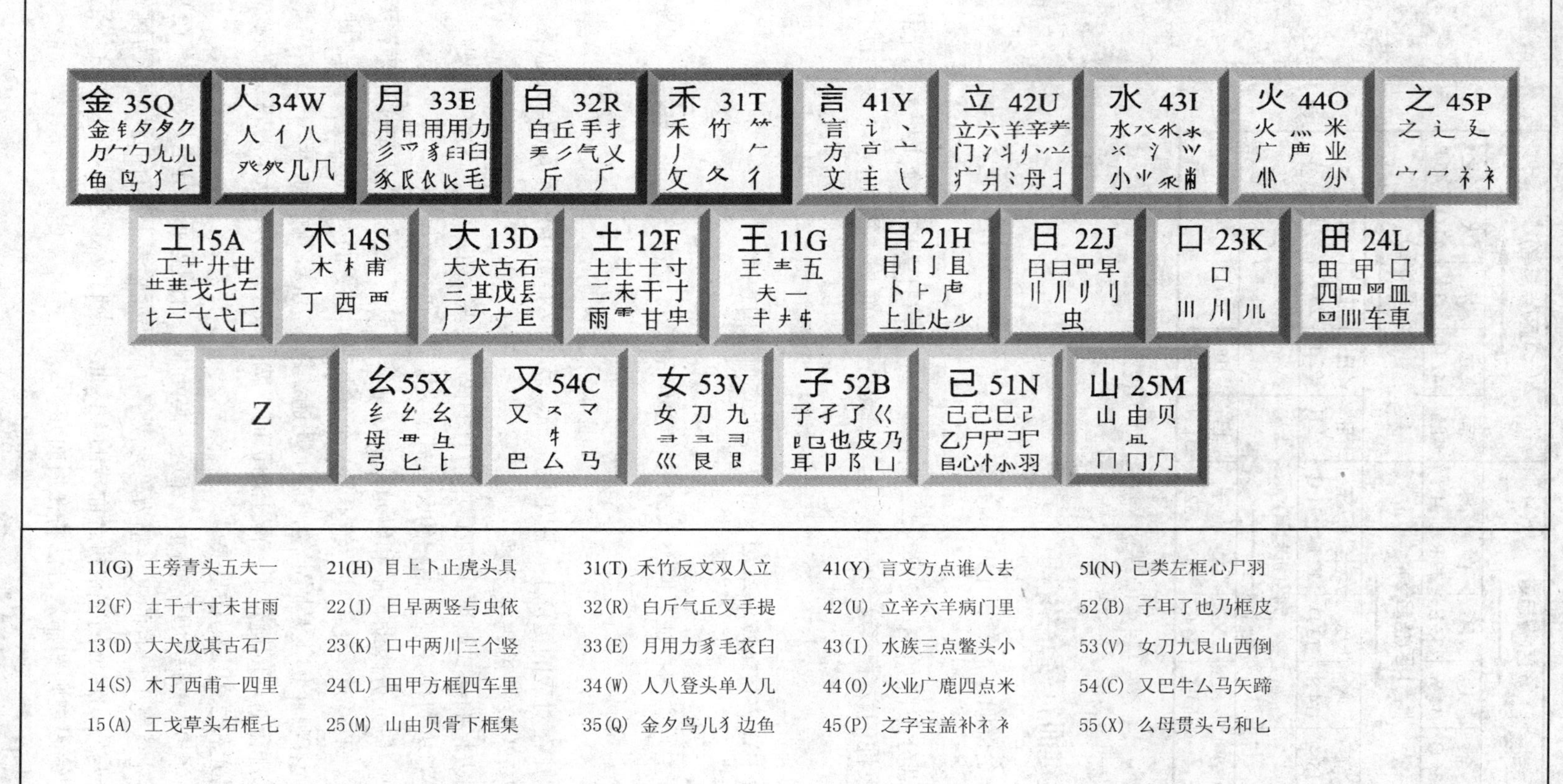

图 9-2　98 版五笔字型码元键盘分布图

表 9-1 98 王码码元表

分区	区键位	一级简码	键名	码元	识别码	助记词
1区横起笔	11G 12F 13D 14S 15A	一 地 在 要 工	王 土 大 木 工	王龶五夫キ夫丰一 土士二干十寸未甘雨十串 大犬三戊古厂ナア镸甘 木朩丁西甫覀 工戈艹廾卄龷龷匚弋七㐅匸廿	㊀ ㊁ ㊂	王旁青头五夫一 土干十寸未甘雨 大犬戊其古石厂 木丁西甫一四里 工戈草头右框七
2区竖起笔	21H 22J 23K 24L 25M	上 是 中 国 同	目 日 口 田 山	目上卜止⺊⻊少虍且丨亅 日曰早虫⺜刂丿丿丿 口川儿川 田甲皿四囗车車罒罒罒Ⅲ 山由贝冎冂冂冂冂	㈠ ㈡ ㈢	目上卜止虎头具 日早两竖与虫依 口中两川三个竖 田甲方框四车里 山由贝骨下框集
3区撇起笔	31T 32R 33E 34W 35Q	和 的 有 人 我	禾 白 月 人 金	禾⺮丿𠂉夂攵彳 白斤气丘乂手扌龵𠂊厂 月⺼用用力毛臼𦥑豸豕𧘇𠂢𧰨彡爫 人亻八儿癶癶几 金钅勹儿夕夕⺈⺈⺌犭鸟力㔾	㊀ ㊁ ㊂	禾竹反文双人立 白斤气丘叉手提 月用力豸毛衣臼 人八登头单人儿 金夕鸟儿犭边鱼
4区捺起笔	41Y 42U 43I 44O 45P	主 产 不 为 这	言 立 水 火 之	言讠亠文方圭户乀丶 立冫六辛丬爿疒门羊⺶䒑丬丷冫丷 水氵八⺢氺氵小⺌⺍ 火业米广⺌业户灬 之冖宀辶廴礻衤	㊀ ㊁ ㊂	言文方点谁人去 立辛六羊病门里 水族三点鳖头小 火业广鹿四点米 之字宝盖补礻衤
5区折起笔	51N 52B 53V 54C 55X	民 了 发 以 经	已 子 女 又 幺	已己巳⺋尸目心忄羽尸尸⺗⺕乙 子孑了阝卩㔾卩凵也乃皮耳巜 女刀九艮彐⺕⺕巛 又厶巴マス马⺧ 幺纟纟母弓毌匕⺊七𠂤	㉆ ㉇ ㉈	已类左框心尸羽 子耳了也乃框皮 女刀九艮山西倒 又巴牛厶马矢蹄 幺母贯头弓和匕
"乙"代表的各类折笔			顺时针	𠃌乛㇇⺄乙㇋㇌乃	逆时针	㇄𠃊㇗㇜㇙㇛㇂㇉㇞ㄣ

9.3.5 98 王码码元的助记

（1）快速记忆码元的区位号

1）区号与首笔代号一致

区号一般与码元第 1 个笔画的代号一致，例如，码元"禾"，它的第 1 笔画为"撇"，其代号为 3，因此它属于第 3 区的码元。

2）许多位号与次笔代号一致

在键盘设计中，尽量让码元的位号与第 2 个笔画的代号一致，例如，码元"禾"，它的第 2 笔画为"横"，其代号为 l，故将其安排在第 1 位。对于大部分码元，只要用笔画代码"读"它的前两个笔画，就构成了码元的区位号。

3）单笔画的个数与位号一致

单笔画"一、丨、丿、乀、乙"都在相应区的第 1 位；

双笔画"二、刂、〃、冫、巜"都在相应区的第 2 位；

三笔画"三、川、彡、氵、巛"都在相应区的第 3 位；

四笔画"Ⅲ、灬"都在相应区的第 4 位。

（2）五笔字型码元助记词

为了便于学习和掌握，王永民教授为每一个区的码元编写了一首助记词，助记词的内容如下：

助记词　　　　　　　　　　助记词注释

11（G）王旁青头五夫一　（"キ、夫、丰"为次元，随"夫"记忆，"青头"是指"龶"）

12（F）土干十寸未甘雨　（本键“寸”、“串”为次元，与“十”、“干”形似）
13（D）大犬戊其古石厂　（“甚”读作其，次元“丆”、“ナ”前2笔为13，“镸”有三之形）
14（S）木丁西甫一四里　（次元“朩”为余的下部，随“木”记忆）
15（A）工戈草头右框七　（“廾”有4个次元，七的3个次元“七、弋、𠂇”前2笔为15）
21（H）目上卜止虎头具　（“且”念具，“⺊、卜”同键，次元“⺌”与“止”同源）
22（J）日早两竖与虫依　（“曰、⺜”为“日”的次元，“丨丨、刂、丨丨”为“刂”的次元）
23（K）口中两川三个竖　（“⺍”与“川”同源，故称两个川，“川”叫三个竖）
24（L）田甲方框四车里　（车的繁体与甲形似，“四、皿”为主元，“罒、罓”为次元）
25（M）山由贝骨下框集　（下框集，即为向下框的“集合”，“冂、⺆、冂”为次元）
31（T）禾竹反文双人立　（“夂”与“攵”形似，为次元，单笔撇及𠂉在〈31〉键）
32（R）白斤气丘叉手提　（“⺈”及“厂”为撇起2个撇，故在〈32〉，“扌、手”与“手”同源）
33（E）月用力豸毛衣臼　（“彡”为撇起三个撇，即“33”，“豸”音志，“𧘇”为衣字底）
34（W）人八登头单人几　（祭头与登头形似，风字框与几形似）
35（Q）金夕鸟儿犭边鱼　（“儿”与“儿”形似，“⺈”为无尾鱼，“鸟”为无脚鸟，“犭”编双码犭㉂）
41（Y）言文方点谁人去　（“亠、讠”前两笔为41，谁字去掉中间的“亻”，即为“讠”及“主”）
42（U）立辛六羊病门里　（汉字中有两个点的码元大都在此，故为“42”）
43（I）水族三点鳖头小　（水有6个与其形似的次元，三点在“43”，“㡀”为鳖字头）
44（O）火业广鹿四点米　（与4个点形似者在“44”）
45（P）之字宝盖补礻衤　（“礻、衤”为补码码元，编2个码，礻：礻㊀；衤：衤㊂）
51（N）已类左框心尸羽　（已类有若干形似码元，目有2个左框，在“コ”键上）
52（B）子耳了也乃框皮　（耳有若干形似码元，2个折笔“巜”在52）
53（V）女刀九艮山西倒　（“艮”“𥃭”音gen，“彐”为向左（西）倒的山）
54（C）又巴牛厶马矢蹄　（“厶”读私，牛指“牜”，“马”可谓失去蹄子的马）
55（X）么母贯头弓和匕　（“匕”有几个次元，“纟”首2笔为“55”，易记）

小技巧

不管是86版五笔还是98王码五笔，字根的记忆始终是重点，初学者不妨用下面的方法进行记忆。

1）理解：要理解码元表的含义，能够掌握码元表中的“重点”所在，根据“助记词”去联想，切忌死记硬背；

2）放弃：联想句和助读句只有帮助作用，获得帮助后要立即放弃联想句和助读句，记忆的目标只有一个——记住“记忆句”；

3）读音：助读句的读音就是记忆句的“读音”，助读句引导用户如何去读记忆句；

4）读抄：进行记忆时，要一边读一边抄写记忆句，并特别留意字根与对应完整汉字的区别；

5）默写：对“五笔字根总表”进行默写，也是加强记忆的一个好方法。

9.3.6 码元的复姓家族——补码码元

98 王码中有一特别之处，就是它有 3 个补码码元。“补码码元”就是在参与编码时要编两个码的码元，也叫“双码码元”。如表 9-2 所示。

表 9-2 补码码元

补码码元	所在键位	主码（第一码）	补码（第二码）
犭	35Q	犭 35Q	㉠ 31T
礻	45P	礻 45P	㉡ 41Y
衤	45P	衤 45P	㉢ 42U

注：表中带圆圈的笔画，是“补码”的笔画的表示形式。

可以看出，补码码元与其他码元的不同之处在于它用两个码来编码，需按两次键。

9.4 98 王码的编码规则

在掌握了 98 王码输入的输入原则后，我们就开始学习使用 98 王码来输入汉字了。凡是码元总表上已有的汉字，都是码元汉字，而码元总表上没有的汉字都是键外字。键外字是由码元对应的字根拼合而成的，因此，我们又将这类汉字称为合体字。

9.4.1 码元汉字的输入

码元中，有的是汉字，有的不是汉字。是汉字的码元可以分为键名码元、成字码元、补码码元 3 种。

（1）键名码元的输入

键名码元是占据了标准键盘上的 25 个英文字母键的汉字，它是一种特殊类型的汉字，是一些组字频率较高而形体上又有一定代表性的字根。键名码元有以下 25 个。

1 区：王（G）土（F）大（D）木（S）工（A）

2 区：目（H）日（J）口（K）田（L）山（M）

3 区：禾（T）白（R）月（E）人（W）金（Q）

4 区：言（Y）立（U）水（I）火（O）之（P）

5 区：已（N）子（B）女（V）又（C）幺（X）

键名码元的输入法是把码元所在的键连击 4 下。例如，

1 区 2 位键名：土　　12　12　12　12　　（按 FFFF 键）

2 区 3 位键名：口　　23　23　23　23　　（按 KKKK 键）

3 区 5 位键名：金　　35　35　35　35　　（按 QQQQ 键）

5 区 4 位键名：又　　54　54　54　54　　（按 CCCC 键）

（2）成字码元的输入

在五笔字型码元键盘的每个键位上，除了一个键名码元外，还有数量不等的其他码元，它们中的一部分本身也成为汉字，这就是成字码元的汉字。

它的输入方法是首先把码元所在的键打一下（俗称报户口），然后再依次补打它的第一、第二及最末一个单笔画（注意：单笔画所在的键均为每个区的第1个键）。如果该码元的笔画只有两个笔画，即不足四码，则补打空格键。例如：

1区3位的成字码元：石　石　一　丿　一

13　11　31　11　（DGTG）

3区5位的成字码元：儿　儿　丿　乚

35　31　51　（QTN）　（不足四码，补打空格键）

成字码元共有一百多个，其中本身形成汉字的有66个，如下所示：

1区：五夫士土十寸未甘雨犬三戊古石厂木丁西甫七戈（21个）

2区：上止早虫川甲四车由贝（10个）

3区：斤丘气手用力毛八几夕儿（11个）

4区：文方辛六羊门小业广米（10个）

5区：心尸羽耳了也乃皮刀九巴母弓匕（14个）

（3）补码码元的输入

在掌握补码码元的编码规则以后，补码码元的输入就很简单了。

补码码元的编码输入由主码、补码、首笔、末笔四个码组成。在输入补码码元时，首先敲一下主码对应的键，然后再补敲一下补码对应的键，再打第一个笔画及最后一个笔画。例如：

依次按35 31 31 31（QTTT）键可以输入补码码元“犭”；

依次按45 41 41 41（PYYY）键可以输入补码码元“礻”；

依次按45 42 41 41（PUYY）键可以输入补码码元“衤”。

9.4.2　合体字的取码规则

98版王码输入法的合体字取码规则与86版总体上是一致的。进行合体字编码时要遵循以下基本规则。

（1）书写顺序

在进行合体字编码时，一般情况下，要求按照正确的书写顺序进行。例如，

朝：十　早　月　　（正确，符合规范书写顺序）

十　月　早　　（错误，未按书写顺序书写）

（2）取大优先

“取大优先”也叫“优先取大”，按“书写顺序”为汉字编码时不能无限制地采用笔画少的码元，否则汉字将变成单笔画了。

要以“再添一个笔画，便不能构成为笔画更多的码元”为限度，每次都以那个“尽可能大”的，即“尽可能笔画多”的结构特征作为码元编码。例如，

朝：十　日　十　月　　（误）

十　早　月　　（正）

（3）兼顾直观

在确认码元时，为了使码元特征明显易辨，有时就要“牺牲”“书写顺序”和“取大优先”的原则，形成个别例外的情况。例如，

因：按书写顺序，码元理应是“冂、大、一”，但这样编码，不但有悖于该字的字源，也不能使码元“口”直观易辨，因此只好违背书写顺序，按“口、大”的顺序编码。

自：按取大优先编码为“十、乛、三”，但这样编码不仅不直观，而且也有悖于该字的字源；只能按“丿、目”编码。

（4）能连不交

当一个字既可以视作“相连”的几个码元，也可视作“相交”的几个码元时，我们认为“相连”的情况是可取的。因为一般来说，“连”比“交”更为直观，更能体现码元的笔画结构特征。例如，

天：一　大　　（二者是相连的）　（正）
　　二　人　　（二者是相交的）　（误）

（5）能散不连

在前面的内容里已经给大家介绍过，笔画与字根之间、字根与字根之间的关系可以分为“散”的关系、“连”的关系和“交”的关系。相应地，码元之间也有这样的 3 种关系。

但遇到一个汉字的几个码元（都不是单笔画）之间的关系，既能按“散”，又能按“连”的情况，规定：只要不是单笔画，一律按“能散不连”判别，即作为“散”的关系。例如，

午：𠂉　十　　（按“散”处理）　（正）
　　丿　干　　（按“连”处理）　（误）

9.4.3 合体字的输入

根据码元数量的不同，合体字又可以分为多元字、四元字、三元字和二元字 4 种。下面来分别进行介绍。

（1）多元字的输入

多元字是指有 4 个以上码元的字，其取码方法是：“按照笔画的书写顺序将第一、第二、第三及最末一个码元编码”，俗称“一二三末”，共编 4 个码。例如，

懦：忄　雨　𠂆　刂　　（51　12　13　22）（NFDJ）

（2）四元字的输入

四元字是指刚好有 4 个码元特征的字。其取码方法是“按照笔画的书写顺序将 4 个码元依次编码”。例如：

段：亻　三　几　又　　（34　13　34　54）（WDWC）

（3）二元字和三元字的取码规则

二元字是指有 2 个码元的字；三元字是指有 3 个码元的字。

凡是取不够 4 个码元的汉字编码时，需要追加一个“末笔字型识别码”，如还不足 4 个码元，则补打空格键。例如：

“沐”字的码元为“氵、木”，其相应的码元编码为“43，14”，还需一个识别码“⊙”，最后还要补打空格键。

9.4.4 末笔字型识别码

“识别码”是由“末笔”代号加“字型”代号构成的一个复合附加码。

末笔字型识别码是为了区别码元编码相同、字型不同的汉字而设置的，只适用于不足四个码元组成的汉字。我们知道，在五笔字型中，笔画分为 5 种，字型分为 3 种，那么，末笔与字型交叉的可能性就是 5×3=15 种。其识别码如表 9-3 所示。

表 9-3 末笔字型识别码

字型＼末笔		横 1	竖 2	撇 3	捺 4	折 5
左右型	1	11（G）㊀	21（H）丨⃝	31（T）丿⃝	41（Y）丶⃝	51（N）乙⃝
上下型	2	12（F）㊁	22（J）〢⃝	32（R）丿丿⃝	42（U）冫⃝	52（B）巜⃝
杂合型	3	13（D）㊂	23（K）〣⃝	33（E）彡⃝	43（I）氵⃝	53（V）巛⃝

从上面的表格中发现，这些带圆圈的笔画为什么可以起到识别码的作用呢？这是因为区位号、笔画数、字型号有以下的一致性：

（1）单笔画在各区的第 1 位，第 1 位刚好也代表 1 型字。

（2）双笔画在各区的第 2 位，第 2 位正好代表 2 型字。

（3）3 个单笔画在各区的第 3 位，第 3 位正好代表 3 型字。

识别码共 15 个符号，输入时，只打圈里边的笔画键就行了。外带圆圈只是为了便于与真正的笔画相区别。下面举例说明。

（1）对于 1 型（左右型）字，输入完字根之后，补打 1 个末笔画即等于加了“识别码”。

腊：月 龷 日 ㊀　　（末笔为“一”，1 型，补打“㊀”）
蛃：虫 禾 刂 丨⃝　　（末笔为“丨”，1 型，补打“丨⃝”）
泸：氵 ⺊ 尸 丿⃝　　（末笔为“丿”，1 型，补打“丿⃝”）
诔：讠 二 木 丶⃝　　（末笔为“、”，1 型，补打“丶⃝”）
礼：礻 、 乙 乙⃝　　（末笔为“乙”，1 型，补打“乙⃝”）

（2）对于 2 型（上下型）字，输入完字根之后，补打由 2 个末笔画复合而成的“字根”即等于加了“识别码”。

娄：米 女 ㊁　　（末笔为“一”，2 型，扑打“㊁”）
弄：王 廾 〢⃝　　（末笔为“丨”，2 型，补打“〢⃝”）
参：厶 大 彡 丿丿⃝　　（末笔为“丿”，2 型，补打“丿丿⃝”）
彖：彑 豕 冫⃝　　（末笔为“、”，2 型，补打“冫⃝”）
号：口 一 乙 巜⃝　　（末笔为“乙”，2 型，补打“巜⃝”）

（3）对于 3 型（杂合型）字，输入完字根之后，补打由 3 个末笔画复合而成的“字根”即等于加了“识别码”。

同：冂 一 口 ㊂　　（末笔为“一”，3 型，补打“㊂”）

乎：丿 丷 十 [川]　　（末笔为“丨”，3 型，补打“[川]”）
户：丶 尸 [彡]　　（末笔为“丿”，3 型，补打“[彡]”）
还：丆 卜 辶 [氵]　　（末笔为“ 、”，3 型，补打“[氵]”）
虎：虍 几 [巛]　　（末笔为“乙”，3 型，补打“[巛]”）

9.5　简码的输入

为了提高输入汉字的速度，我们对常用汉字只取其前一个、两个或三个码元，再加空格键输入之，即只取其全码的最前边的一个、两个或三个码，再加打空格键表示输入结束，形成所谓一级、二级、三级简码。

9.5.1　一级简码

根据每一个键位上的码元形态特征，在每个键各安排一个常用的高频汉字，这类字只要键入一个码元代码和一个空格键即可输入。

一级简码共计 25 个，要熟记：

一	11（G）	地	12（F）	在	13（D）	要	14（S）	工	15（A）
上	21（H）	是	22（J）	中	23（K）	国	24（L）	同	25（M）
和	31（T）	的	32（R）	有	33（E）	人	34（W）	我	35（Q）
主	41（Y）	产	42（U）	不	43（I ）	为	44（O）	这	45（P）
民	51（N）	了	52（B）	发	53（V）	以	54（C）	经	55（X）

注意

在一级简码中，“有、不、这”的一级简码是其全码的第二个码。而“我、为、以、发”的一级简码与其全码无关。

9.5.2　二级简码

二级简码汉字只需键入单字全码的前二个码和一个空格键即可输入。25 个键位代码由两码组合共有 25×25=625 个汉字。由于部分两个代码的组合没有汉字或者组合得到的汉字不常用，所以，五笔字型输入法实际安排的二级简码字不到 625 个。二级简码如表 9-4 所示。

下面举例说明二级简码的输入方法。

李：木　子　（14　52　SB）
心：心　丶　（51　41　NY）
还：丆　卜　（13　21　DH）
证：讠　一　（41　11　YG）

二级简码只要击两次键和一次空格键即可键入一个汉字。从一定意义上讲，熟记二级简码是学习五笔字型的捷径。

98 版的二级简码与 86 版有较大不同，表 9-4 是 98 版的二级简码表。

表 9-4　98 版五笔字型二级简码表

	GFDSA	HJKLM	TREWQ	YUIOP	NBVCX
G	五于天末开	下理事画现	麦珀表珍万	玉来求亚琛	与击妻到互
F	十寺城某域	直刊吉雷南	才垢协零无	坊增示赤过	志坡雪支坶
D	三夺大厅左	还百右面而	故原历其克	太辜砂矿达	成破肆友龙
S	本票顶林模	相查可柬贾	枚析杉机构	术样档杰枕	札李根权楷
A	七革苦莆式	牙划或苗贡	攻区功共匹	芳蒋东蘑芝	艺节切芭药
H	睛睦非盯瞒	步旧占卤贞	睡睥肯具餐	虔瞳步虚瞎	虑　眼眸此
J	量时晨果晓	早昌蝇曙遇	鉴蚯明蛤晚	影暗晃显蛇	电最归坚昆
K	号叶顺呆呀	足虽吕喂员	吃听另只兄	唁咬吵嘛喧	叫啊啸吧哟
L	车团因困轼	四辊回田轴	略斩男界罗	罚较　辘连	思团轨轻累
M	赋财央崧曲	由则迥崭册	几冈骨内见	丹赠峭赃迪	岂邮　峻幽
T	年等知条长	处得各备身	秩稀务答稳	入冬秒秋乏	乐秀委么每
R	后质拓打找	看提扣押抽	手折拥兵换	搞拉泉扩近	所报扫反指
E	且肚须采肛	毡胆加舆觅	用貌朋办胸	肪胶膛脏边	力服妥肥脂
W	全什估休代	个介保佃仙	八风佣从你	信们偿伙伫	亿他分公化
Q	钱针然钉氏	外旬名甸负	儿勿角欠多	久匀乐炙锭	包迎争色锴
Y	证什诚订试	让刘训亩市	放义衣认询	方详就亦亮	记享良充率
U	半斗头亲并	着间部闻端	道交前闪次	六立冰普	闷疗妆痛北
I	光汗尖浦江	小浊溃泗油	少汽肖没沟	济洋水渡党	沁波当汉涨
O	精庄类床席	业烛燥库灿	庭粕粗府底	广粒应炎迷	断籽数序鹿
P	家守害宁赛	寂审宫军宙	客宾农空宛	社实宵灾之	官字安　它
N	那导居懒异	收慢避惭届	改怕尾恰懈	心习尿屡忱	已敢恨怪尼
B	卫际承阿陈	耻阳职阵出	降孤阴队陶	及联孙耿辽	也子限取陛
V	建寻姑杂既	肃旭如姻妯	九婢姐妗婚	妨嫌录灵退	恳好妇妈姆
C	马对参牺戏	犋　台　观	矣　能难物	叉	予邓艰双牝
X	线结顷缚红	引旨强细贯	乡绵组给约	纺弱纱继综	纪级绍弘比

9.5.3　三级简码

三级简码汉字只需键入单字全码的前三个码和一个空格键即可输入。

三级简码的输如举例如下。

想：木 目 心 （14　21　51　SHN）

得：彳 曰 一 （31　22　11　TJG）

我们再对三级简码与四码字的区别作一介绍。从形式上看，三级简码与四码字都是按键四次，似乎一样，但实质上两者大不相同，其区别主要表现在以下两方面：

（1）三级简码少分析了最后一个码元，减少了思考的环节及脑力负担。

（2）三级简码的最后一键是拇指按空格键，其他八个手指可以从容变位，有利于迅速投入下一次按键。

对于一级简码汉字，因为只有 25 个，因此要求大家一定要熟记；对于二级或三级简码汉字，不要求大家熟记，这些字只能通过平时不断练习来掌握，这样会大大提高汉字的输入速度。

9.6 词组的输入

中文是以单字为基本单位，由单字可以灵活地组成成千上万的词语，而五笔字型输入方法就完全体现了汉字的这一特点，以单字代码为基础，完全依据字形组成了与单字代码码型一致相容的大量词汇代码。不管多长的词语，一律取等长四码，而且单字和词语可以混合输入，其间不用任何换档或其他附加操作。98 版五笔字型采用了与 86 版五笔字型相同的词语输入原理，下面简单介绍一下。

9.6.1 双字词语

双字词在汉语的词汇中占相当大的比例，所以在输入语句时应尽量输入词组，能加快输入速度，提高工作效率。

双字词输入的编码规则：分别取两个单字的前两个字根代码。例如，

机器：木 几 口 口；应输入相应编码 SWKK（14 34 23 23）。

实践：宀 丷 口 止；应输入相应编码 PUKH（45 42 23 21）。

汉字：氵 又 宀 子；应输入相应编码 ICPB（43 54 45 52）。

我们：丿 扌 亻 门；应输入相应编码 TRWU（31 32 34 42）。

9.6.2 三字词语

三字词输入的编码规则：分别取前两个字的第 1 码及第 3 个字的前两码。例如，

现代化：王 亻 亻 匕；相应编码为 GWWX（11 34 34 55）。

太阳能：大 阝 厶 月；相应编码为 DBCE（13 52 54 33）。

电视机：曰 礻 木 几；相应编码为 JPSW（22 45 14 34）。

纪念品：纟 人 口 口；相应编码为 XWKK（55 34 23 23）。

9.6.3 四字词语

四字词输入的编码规则：分别取每个字的第一码。例如，

公共场所：八 艹 土 厂；相应编码为 WAFR（34 15 12 32）。

眼花缭乱：目 艹 纟 丿；相应编码为 HAXT（21 15 55 31）。

9.6.4 多字词语

多字词的编码规则：依次取第一、第二、第三和最后一个字的第一码。例如，

发展中国家：乙 尸 口 宀；相应编码为 NNKP（51 51 23 45）。

内蒙古自治区：冂 艹 古 匚；相应编码为 MADA（25 15 13 15）。

9.6.5 屏幕动态造词

在王码输入软件中，系统为用户提供了15000条常用词组。此外，用户还可以使用系统提供的造词功能造新词，或直接在编辑文本过程中从屏幕上“取字造词”。对于所有新造的词，系统将自动按取码规则编制出词汇的正确输入码，并自动并入原词库统一使用。具体方法如下：

1）将某段文字输入电脑。

2）通过鼠标的拖动选择想新建词的汉字。

3）单击输入法状态窗口中“词”的按钮。

4）刚才选取的汉字就被当作一条新词语存入词库中，以后便可当作词组使用。

9.7 重码、容错码及〈Z〉键的作用

9.7.1 重码

重码就是指几个不同的汉字使用了相同的码元编码。例如，

衣：（41 33 42 YEU） 亠 𧘇

哀：（41 33 42 YEU） 亠 口 𧘇

输入重码汉字的编码时，重码字同时显示在提示行，而较常用的那个字排在第一个位置上，此时电脑报警发出短暂的“嘟”声，如果所要的那个字刚好处在第1个位置上，那么就只管继续输入别的汉字，这个字会自动跳到正常编辑位置上去；如果输入的那个字处在第2个位置上，则按空格键即可使它显示在编辑位置上。

9.7.2 容错码

所谓容错码就是指容易编错的码或允许编错的码，即容易编错的码允许按错的打。容错码可以分为两种类型：

（1）编码容错

个别汉字的书写顺序因人而异，致使码元的序列也不尽相同，因而容易弄错。

（2）字型容错

个别汉字的字型分类不易确定。98王码提供了一个名为王码码表编辑器的实用工具，用户可以用它来定义一个码字的容错码。

9.7.3 万能学习键〈Z〉键

在五笔字型输入状态下输入汉字时，如果对某字编码有困难时，或不知道某个码元在哪个键上时，或不知道识别码是什么时，可以用万能学习键〈Z〉代替不知道的那个输入码，相关字的正确码就会自动提示在字的后边。

9.7.4 98王码五笔字型的中文符号

相对于原版的五笔字型输入法，98王码五笔字型的中文字符输入要方便得多，中文标点与键盘符号的对应如表9-4所示。

表 9-5 键盘符号与中文标点对应关系

中文标点名称	中文标点	键盘符号	中文标点名称	中文标点	键盘符号
句　号	。	.	右括号	）	)
逗　号	，	,	书名号	《	[
分　号	；	;	书名号	》	]
冒　号	：	:	省略号	…	|
问　号	？	?	破折号	——	-
感叹号	！	!	顿　号	、	、
双引号	“	“	间隔号	•	\
双引号	”	“	加减号	±	@
单引号	‘	{	乘　号	×	^
单引号	’	}	除　号	÷	&
左括号	（	(	人民币符号	￥	$

一、填空题

1．我们把________、________及________大致相同的“笔画结构”，作为编码的“单元”，即编码的“元素”，简称“________”。

2．五笔字型键盘设计时，主要考虑了________、________、________3个条件。

3.“识别码”是由“________”代号加“________”代号，构成的一个________。

4．根据________的不同，合体字又可以分为________、________、________和________4种。

5．容错码就是指________或________，即________。容错码可以分为________类型。

二、简答题

1．98王码有哪些优点？86版与98版五笔字型有什么异同？

2．98王码有哪些新增功能？

3. 什么是码元？五笔字型的码元有多少个？怎样才能在键盘上快速准确地找到某一个指定的码元？

4．98版五笔字型键盘的设计准则及布局特点是什么？

5．什么叫键名码元？如何输入键名码元？25个键名码元是什么？

6．什么叫成字码元？成字码元是如何输入的？请举例说明。

7．什么是补码码元？如何输入？

8．什么是合体字？合体字的取码规则有哪些？如何输入？

9．什么叫重码？出现重码怎么办？

三、练习题

1．练习一级简码的输入。

2．练习二级简码的输入。

3．按照 98 版王码五笔字型输入法的输入规则，对第 8 章所提供的习题进行输入练习。

附录　五笔字型字根及编码字典

说明：附录中给出了五笔字型 86 版的字根拆分及编码。编码表中的字母表示该字的编码，前面的小写字母表示该字的简码，也就是说只要输入前面的小写字母就可以打出该字，后面的大写字母输不输入都可以；例如，“吖”字的编码为“kuhH”，只需要输入前面的小写字母“k、u、h”就可以输入“吖”字，后面的大写字母“H”输不输入均可。汉字是按拼音的顺序排序，方便读者的查询。

字	86码	字根	字	86码	字根	字	86码	字根	字	86码	字根	字	86码	字根
a			谙	yujG	讠立曰㊀	祆	putD	礻㇛丿大	耙	dicN	三小巴[乙]	瓣	urCU	辛厂厶辛
吖	kuhH	口丷丨[丨]	鹌	djng	大曰乙一	媪	vjlG	女曰皿㊀	**bai**			**bang**		
阿	bsKG	阝丁口	鞍	afpV	廿串宀女	岙	tdmJ	丿大山[刂]	掰	rwvr	手八刀手	邦	dtbH	三丿阝[丨]
啊	kbSK	口阝丁口	俺	wdjn	亻大曰乙	傲	wgqt	亻龶力攵	白	rrrR	白白白白	帮	dtBH	三丿阝丨
锕	qbsK	钅阝丁口	埯	fdjN	土大曰乙	奥	tmoD	丿冂米大	百	djF	丆日㊁	梆	sdtB	木三丿阝
腌	edjn	月大曰乙	铵	qpvG	钅宀女㊀	骜	gqtc	龶力攵马	佰	wdjG	亻丆日㊀	浜	irgw	氵斤一八
ai			揞	rujg	扌立曰㊀	澳	itmD	氵丿冂大	柏	srg	木白㊀	绑	xdtB	纟三丿阝
哎	kaqY	口艹乂[丶]	犴	qtfh	犭丿干[丨]	懊	ntmD	忄丿冂大	伯	wrG	亻白㊀	榜	supY	木立冖方
哀	yeu	亠𧘇[冫]	岸	mdfj	山厂干[刂]	鏊	gqtq	龶力攵金	捭	rrtF	扌白丿十	膀	eupY	月立冖方
唉	kctD	口厶𠂉大	按	rpvG	扌宀女㊀	**ba**			摆	rlfC	扌罒土厶	蚌	jdhH	虫三丨[丨]
埃	fctD	土厶𠂉大	案	pvsU	宀女木[冫]	八	wty	八丿乀	败	mty	贝攵[丶]	傍	wupY	亻立冖方
挨	rctD	扌厶𠂉大	胺	epvG	月宀女㊀	巴	cnhN	巴乙丨乙	拜	rdfh	手三十[丨]	棒	sdwH	木三人丨
锿	qyey	钅亠𧘇[丶]	暗	juJG	日立曰㊀	叭	kwy	口八[丶]	稗	trtf	禾白丿十	谤	yupY	讠立冖方
捱	rdff	扌厂土土	黯	lfoj	罒土灬曰	扒	rwy	扌八[丶]	**ban**			蒡	aupy	艹立冖方
皑	rmnn	白山乙[乙]	**ang**			吧	kcN	口巴[乙]	扳	rrcY	扌厂又[丶]	磅	dupY	石立冖方
癌	ukkM	疒口口山				岜	mcb	山巴[巜]	班	gytG	王丶丿王	镑	qupY	钅立冖方
嗳	kepC	口爫冖又	肮	eymN	月亠几[乙]	芭	acB	艹巴[巜]	般	temC	丿舟几又	**bao**		
矮	tdtv	𠂉大禾女	昂	jqbJ	曰𠂆卩[刂]	疤	ucv	疒巴[巛]	颁	wvdM	八刀丆贝			
蔼	ayjN	艹讠曰乙	盎	mdlF	冂大皿㊁	捌	rklj	扌口力刂	斑	gygG	王文王㊀	包	qnV	勹巳[巛]
霭	fyjn	雨讠曰乙	**ao**			笆	tcb	𥫗巴[巜]	搬	rteC	扌丿舟又	孢	bqnN	子勹巳[乙]
艾	aqu	艹乂[冫]				粑	ocn	米巴[乙]	瘢	utec	疒丿舟又	苞	aqnB	艹勹巳[巜]
爱	epDC	爫冖ナ又	凹	mmgd	冂冂一㊂	拔	rdcY	扌ナ又[丶]	阪	brcy	阝厂又[丶]	胞	eqnN	月勹巳[乙]
砹	daqy	石艹乂[丶]	坳	fxlN	土幺力[乙]	茇	adcU	艹ナ又[冫]	坂	frcY	土厂又[丶]	煲	wkso	亻口木火
隘	buwL	阝䒑八皿	敖	gqty	龶力攵[丶]	菝	ardC	艹扌ナ又	板	srcY	木厂又[丶]	龅	hwbn	止人凵巳
嗌	kuwL	口䒑八皿	嗷	kgqt	口龶力攵	跋	khdc	口止ナ又	版	thgc	丿丨一又	褒	ywke	亠亻口𧘇
嫒	vepc	女爫冖又	廒	ygqT	广龶力攵	魃	rqcc	白儿厶又	钣	qrcY	钅厂又[丶]	雹	fqnB	雨勹巳[巜]
碍	djgF	石曰一寸	獒	gqtd	龶力攵犬	把	rcn	扌巴[乙]	舨	terc	丿舟厂又	宝	pgyU	宀王丶[冫]
暧	jepC	日爫冖又	遨	gqtp	龶力攵辶	靶	afcN	廿串巴[乙]	办	lwI	力八[氵]	饱	qnqn	⺈乙勹巳
瑷	gepc	王爫冖又	熬	gqto	龶力攵灬	坝	fmy	土贝[丶]	半	ufK	䒑十[川]	保	wksY	亻口木[丶]
an			翱	rdfn	白大十羽	爸	wqcB	八乂巴[巜]	伴	wufH	亻䒑十[丨]	鸨	xfqG	匕十勹一
安	pvF	宀女㊁	聱	gqtb	龶力攵耳	鲅	qgdc	⺈一ナ又	扮	rwvN	扌八刀[乙]	堡	wksf	亻口木土
桉	spvG	木宀女㊀	鳌	gqtg	龶力攵一	霸	fafE	雨廿串月	拌	rufh	扌䒑十[丨]	葆	awkS	艹亻口木
庵	ydjn	广大曰乙	鏖	ynjq	广コ刂金	灞	ifaE	氵雨廿月	绊	xufH	纟䒑十[丨]	褓	puws	礻㇛亻木

字	86码	字根	字	86码	字根	字	86码	字根	字	86码	字根	字	86码	字根
报	rbCY	扌卩又[丶]	坌	wvff	八刀土[二]	裨	purF	衤⺀丿十	飑	mqqn	几乂勹巳	摒	rnua	扌尸丷廾
抱	rqnN	扌勹巳[乙]	笨	tsgF	⺮木一[二]	跸	khxf	口止匕十	骠	csFI	马西二小	疒	uygg	疒丶一一
豹	eeqy	爫豸勹丶	夯	dlb	大力[巜]	弊	umia	丷冂小廾	膘	esfI	月西二小	**bo**		
趵	khqy	口止勹丶	**beng**			碧	grdF	王白石[二]	瘭	usfI	疒西二小	拨	rntY	扌乙丿丶
鲍	qgqN	鱼一勹巳	崩	meeF	山月月[二]	箅	tlgJ	⺮田一川	镖	qsfI	钅西二小	波	ihcY	氵广又[丶]
暴	jawI	日龷八氺	绷	xeeG	纟月月[一]	蔽	aumT	艹丷冂攵	飙	dddq	犬犬犬乂	玻	ghcY	王广又[丶]
爆	ojaI	火日龷氺	嘣	kmeE	口山月月	壁	nkuf	尸口辛土	飚	mqoO	几乂火火	钵	qsgG	钅木一[一]
剥	vijh	彐氺 刂[丨]	甭	gieJ	一小用[刂]	嬖	nkuv	尸口辛女	镳	qyno	钅广コ灬	饽	qnfb	饣乙十子
薄	aigF	艹氵一寸	泵	diu	石水[冫]	篦	ttlx	⺮丿囗匕	表	geU	龶𧘇[冫]	啵	kihC	口氵广又
刨	qnjh	勹巳 刂[丨]	迸	uapK	丷廾辶[川]	薜	ankU	艹尸口辛	婊	vgey	女龶𧘇[丶]	脖	efpB	月十冖子
瀑	ijaI	氵日龷氺	甏	fkun	士口丷乙	避	nkuP	尸口辛辶	裱	puge	衤⺀龶𧘇	菠	aihC	艹氵广又
bei			蹦	khme	口止山月	濞	ithj	氵丿目川	鳔	qgsI	鱼一西小	播	rtol	扌丿米田
			bi			臂	nkue	尸口辛月	**bie**			伯	wrG	亻白[一]
呗	kmy	口贝[丶]	逼	gklp	一口田辶	髀	merf	冎月白十	憋	umin	丷冂小心	驳	cqqY	马乂乂[丶]
陂	bhcY	阝广又[丶]	荸	afpb	艹十冖子	璧	nkuy	尸口辛丶	鳖	umig	丷冂小一	帛	rmhJ	白冂丨[刂]
卑	rtfj	白丿十[刂]	鼻	thlJ	丿目田川	襞	nkue	尸口辛𧘇	别	kljH	口力 刂[丨]	泊	irG	氵白[一]
杯	sgiY	木一小[丶]	匕	xtn	匕丿乙	**bia**			蹩	umih	丷冂小龰	勃	fpbL	十冖子力
悲	djdn	三刂三心	比	xxN	匕匕[乙]	髟	det	镸彡[丿]	瘪	uthx	疒丿目匕	亳	ypta	亠冖丿七
碑	drtF	石白丿十	吡	kxxN	口匕匕[乙]	**bian**			**bin**			钹	qdcy	钅犮又[丶]
鹎	rtfg	白丿十一	妣	vxxN	女匕匕[乙]	边	lpV	力辶[巛]	宾	prGW	宀斤一八	铂	qrg	钅白[一]
北	uxN	⺦匕[乙]	彼	thcY	彳广又[丶]	砭	dtpY	石丿之[丶]	彬	sseT	木木彡[丿]	舶	terG	丿舟白[一]
贝	mhny	贝丨乙丶	秕	txxN	禾匕匕[乙]	笾	tlpU	⺮力辶[冫]	傧	wprW	亻宀斤八	博	fgeF	十一月寸
狈	qtmy	犭丿贝[丶]	俾	wrtF	亻白丿十	编	xyna	纟丶尸廾	斌	ygaH	文一弋止	渤	ifpL	氵十冖力
邶	uxbH	⺦匕阝[丨]	笔	ttFN	⺮丿二乙	煸	oyna	火丶尸廾	滨	iprW	氵宀斤八	鹁	fpbg	十冖子一
备	tlf	夂田[二]	舭	texX	丿舟匕匕	蝙	jyna	虫丶尸廾	缤	xprW	纟宀斤八	搏	rgef	扌一月寸
背	uxeF	⺦匕月[二]	必	ntE	心丿[彡]	鳊	qgya	鱼一丶廾	槟	sprW	木宀斤八	箔	tirF	⺮氵白[二]
钡	qmy	钅贝[丶]	毕	xxfJ	匕匕十[刂]	鞭	afwQ	廿串亻乂	镔	qprW	钅宀斤八	膊	egef	月一月寸
倍	wukG	亻立口[一]	闭	uftE	门十丿[彡]	贬	mtpY	贝丿之[丶]	濒	ihim	氵止小贝	踣	khuk	口止立口
悖	nfpb	忄十冖子	庇	yxxV	广匕匕[巛]	扁	ynma	丶尸冂廾	豳	eemK	豕豕山[川]	礴	daiF	石艹氵寸
被	puhc	衤⺀广又	畀	lgjJ	田一川[刂]	窆	pwtp	宀八丿之	摈	rprW	扌宀斤八	跛	khhc	口止广又
惫	tlnU	夂田心[冫]	哔	kxxf	口匕匕十	匾	ayna	匚丶尸廾	殡	gqpW	一夕宀八	簸	tadc	⺮艹三又
焙	oukG	火立口[一]	毖	xxnt	匕匕心丿	碥	dyna	石丶尸廾	膑	eprW	月宀斤八	擘	nkur	尸口辛手
辈	djdl	三刂三车	荜	axxf	艹匕匕十	褊	puya	衤⺀丶廾	髌	mepw	冎月宀八	檗	nkus	尸口辛木
碚	dukG	石立口[一]	陛	bxXF	阝匕匕土	卞	yhu	亠卜[冫]	鬓	depw	镸彡宀八	卜	hhy	卜丨丶
蓓	awuk	艹亻立口	毙	xxgx	匕匕一匕	弁	caj	厶廾[刂]	玢	gwvN	王八刀[乙]	**bu**		
褙	puue	衤⺀⺦月	狴	qtxf	犭丿匕土	汴	iyhY	氵亠卜[丶]	**bing**			逋	gehp	一月丨辶
鞴	afae	廿串艹用	铋	qntt	钅心丿[丿]	苄	ayhU	艹亠卜[冫]	冰	uiY	冫水[丶]	钸	qdmh	钅ナ冂丨
鐾	nkuq	尸口辛金	婢	vrtF	女白丿十	便	wgjQ	亻一日乂	兵	rgwU	斤一八[冫]	晡	jgeY	日一月丶
孛	fpbf	十冖子[二]	庳	yrtF	广白丿十	变	yoCU	亠小又[冫]	丙	gmwI	一冂人[氵]	醭	sgoy	西一业八
ben			敝	umiT	丷冂小攵	缏	xwgq	纟亻一乂	邴	gmwb	一冂人阝	卟	khy	口卜[丶]
			萆	artF	艹白丿十	遍	ynmP	丶尸冂辶	秉	tgvI	丿一彐小	补	puhY	衤⺀卜[丶]
奔	dfaJ	大十廾[刂]	弼	xdjX	弓丆日弓	辨	uytU	辛丶丿辛	柄	sgmW	木一冂人	哺	kgeY	口一月丶
贲	famU	十艹贝[冫]	愎	ntjt	忄𠂉日攵	辩	uyuH	辛讠辛[丨]	炳	ogmW	火一冂人	捕	rgeY	扌一月丶
锛	qdfA	钅大十廾	筚	txxf	⺮匕匕十	辫	uxuH	辛纟辛[丨]	饼	qnuA	饣乙丷廾	不	giI	一小[氵]
本	sgD	木一[三]	滗	ittN	氵⺮丿乙	**biao**			禀	ylki	亠口口小	布	dmhJ	ナ冂丨[刂]
苯	asgF	艹木一[二]	痹	ulgj	疒田一川	彪	hame	虍七几彡	并	uaJ	丷廾[刂]	步	hiR	止小[丿丿]
畚	cdlF	厶大田[二]	蓖	atlX	艹丿囗匕	标	sfiY	木二小[丶]	病	ugmW	疒一冂人	怖	ndmH	忄ナ冂丨

字	86码	字根	字	86码	字根	字	86码	字根	字	86码	字根	字	86码	字根
钚	qgiy	钅一小⊙	艹	aghh	艹一丨丨	豺	eefT	爫豸十丿	敞	imkt	⺌冂口攵	龀	hwbx	止人凵匕
部	ukBH	立口阝①	草	ajj	艹早⑪	虿	dnju	丆乙虫⑤	氅	imkn	⺌冂口乙	趁	fhwe	土龰人彡
埠	fwnF	土亻コ十		**ce**			**chan**		怅	ntaY	忄丿七㇏	榇	susY	木立木⊙
瓿	ukgN	立口一乙	册	mmGD	冂冂一⊖	觇	hkmQ	⊢口冂儿	畅	jhnr	曰丨乙彡	谶	ywwg	讠人人一
卜	hhy	卜丨丶	侧	wmjH	亻贝刂①	掺	rcdE	扌厶大彡	倡	wjjg	亻曰曰⊖		**cheng**	
	ca		厕	dmjk	厂贝刂⑪	搀	rqku	扌⺈口⺀	鬯	qobX	乂灬凵匕	称	tqIY	禾⺈小⊙
擦	rpwi	扌宀癶小	恻	nmjH	忄贝刂①	婵	vujF	女丷曰十	唱	kjjG	口曰曰⊖	柽	scfg	木又土⊖
礤	dawI	石艹癶小	测	imjH	氵贝刂①	谗	yqkU	讠⺈口⺀		**chao**		蛏	jcfg	虫又土⊖
	cai		策	tgmI	竹一冂小	孱	nbbB	尸子子子	抄	ritT	扌小丿①	铛	qivG	钅⺌彐⊖
猜	qtge	犭丿龶月		**cen**		禅	pyuf	礻丶丷十	怊	nvkG	忄刀口⊖	撑	ripR	扌⺌冖手
才	ftE	十丿③	岑	mwyn	山人丶乙	馋	qnqu	⺈乙⺈⺀	钞	qitT	钅小丿①	瞠	hipF	目⺌冖土
材	sftT	木十丿①	涔	imwN	氵山人乙	缠	xyjF	纟广曰土	焯	ohjH	火⊢早①	丞	bigF	了⺺一⊖
财	mftT	贝十丿①	参	cdER	厶大彡②	蝉	jujf	虫丷曰十	超	fhvK	土龰刀口	成	dnNT	厂乙乙丿
裁	fayE	十戈亠𧘇		**ceng**		廛	yjfF	广曰土土	晁	jiqb	曰⺍儿⑥	呈	kgF	口王⊖
采	esU	爫木⑤	噌	kulJ	口丷罒曰	潺	inbb	氵尸子子	巢	vjsU	巛曰木⑤	承	bdII	了三⺺⑤
彩	eseT	爫木彡②	层	nfcI	尸二厶⑤	蟾	jqdY	虫⺈厂言	朝	fjeG	十早月⊖	枨	staY	木丿七㇏
睬	hesY	目爫木⊙	蹭	khuj	口止丷曰	躔	khyf	口止广土	嘲	kfjE	口十早月	诚	ydnT	讠厂乙丿
踩	khes	口止爫木	曾	ulJF	丷罒曰⊖	产	uTE	立丿③	潮	ifjE	氵十早月	城	fdNT	土厂乙丿
菜	aeSU	艹爫木⑤		**cha**		谄	yqvg	讠⺈臼⊖	吵	kiTT	口小丿①	乘	tuxV	禾丬匕⑥
蔡	awfI	艹癶二小	嚓	kpwI	口宀癶小	铲	qutT	钅立丿①	炒	oiTT	火小丿①	埕	fkgG	土口王⊖
	can		叉	cyi	又丶⑤	阐	uujF	门丷曰十	耖	diit	三小小丿	铖	qdnT	钅厂乙丿
参	cdER	厶大彡②	杈	scyy	木又丶⊙	蒇	admt	艹厂贝丿	绰	xhjH	纟⊢早①	惩	tghn	彳一止心
骖	ccdE	马厶大彡	插	rtfV	扌丿十臼	冁	ujfe	丷曰十𧘇		**che**		裎	pukG	礻⺀口王
餐	hqCE	⊢夕又𧘇	馇	qnsG	⺈乙木一	忏	ntfh	忄丿十①	车	lgNH	车一乙丨	塍	eudf	月⺍大土
残	gqgT	一夕戋①	锸	qtfv	钅丿十臼	颤	ylkm	亠口口贝	砗	dlh	石车①	酲	sgkg	西一口王
蚕	gdjU	一大虫⑤	查	sjGF	木曰一⊖	羼	nudd	尸丷⺶⺶	扯	rhg	扌止⊖	澄	iwgu	氵癶一⺌
惭	nlRH	忄车斤①	茬	adhf	艹ナ丨土	澶	iylg	氵亠口一	彻	tavn	彳七刀②	橙	swgu	木癶一⺌
惨	ncdE	忄厶大彡	茶	awsU	艹人木⑤	骣	cnbB	马尸子子	坼	fryY	土斤丶⊙	逞	kgpD	口王辶⊜
黪	lfoe	罒土灬彡	搽	raws	扌艹人木		**chang**		掣	rmhr	𠂉冂丨手	骋	cmgN	马由一乙
灿	omH	火山①	猹	qtsG	犭丿木一	伥	wtaY	亻丿七㇏	撤	rycT	扌亠厶攵	秤	tguH	禾一⺌丨
粲	hqco	⊢夕又米	槎	suda	木丷𠂇工	昌	jjF	曰曰⊜	澈	iyct	氵亠厶攵		**chi**	
	cang		察	pwfi	宀癶二小	娼	vjjG	女曰曰⊖		**chen**		吃	ktnN	口𠂉乙②
仓	wbb	人㔾⑥	碴	dsjG	石木曰一	猖	qtjj	犭丿曰曰	抻	rjhH	扌曰丨①	哧	kfoY	口土⺌⊙
伧	wwbn	亻人㔾②	檫	spwi	木宀癶小	菖	ajjf	艹曰曰⊜	郴	ssbH	木木阝①	蚩	bhgj	凵丨一虫
沧	iwbn	氵人㔾②	衩	pucY	礻⺀又丶	阊	ujjd	门曰曰⊜	琛	gpwS	王冖八木	鸱	qayg	𠂎七丶一
苍	awbB	艹人㔾⑥	镲	qpwi	钅宀癶小	鲳	qgjj	鱼一曰曰	嗔	kfhw	口十目八	眵	hqqY	目夕夕⊙
舱	tewB	丿舟人㔾	汊	icyy	氵又丶⊙	肠	enrT	月乙彡①	尘	iff	小土⊜	笞	tckF	竹厶口⊜
藏	adnt	艹厂乙丿	岔	wvmj	八刀山⑪	苌	ataY	艹丿七㇏	臣	ahnH	匚丨乙丨	嗤	kbhj	口凵丨虫
	cao		诧	ypta	讠宀丿七	尝	ipfC	⺌冖二厶	忱	npQN	忄冖儿②	媸	vbhJ	女凵丨虫
操	rkkS	扌口口木	姹	vptA	女宀丿七	偿	wiPC	亻⺌冖厶	沉	ipmN	氵冖几②	痴	utdk	疒𠂉大口
糙	otfP	米丿土辶	差	udaF	丷𠂇工⊜	常	ipkh	⺌冖口丨	辰	dfeI	厂二𧘇⑤	螭	jybc	虫文凵厶
曹	gmaJ	一冂艹曰	刹	qsjH	乂木刂①	徜	timK	彳⺌冂口	陈	baIY	阝七小⊙	魑	rqcc	白儿厶厶
嘈	kgmj	口一冂曰		**chai**		嫦	viph	女⺌冖丨	宸	pdfe	宀厂二𧘇	弛	xbN	弓也②
漕	igmj	氵一冂曰	拆	rryY	扌斤丶⊙	厂	dgt	厂一丿	晨	jdFE	曰厂二𧘇	池	ibN	氵也②
槽	sgmj	木一冂曰	钗	qcyY	钅又丶⊙	场	fnrt	土乙彡①	谌	yadn	讠艹三乙	驰	cbn	马也②
艚	tegj	丿舟一曰	侪	wyjH	亻文川①	昶	ynij	丶乙⺍日	碜	dcdE	石厶大彡	迟	nypI	尸㇏辶⑤
螬	jgmj	虫一冂曰	柴	hxsU	止匕木⑤	惝	nimK	忄⺌冂口	衬	pufY	礻⺀寸⊙	茌	awff	艹亻土⊜

字	86码	字根	字	86码	字根	字	86码	字根	字	86码	字根	字	86码	字根
持	rfFY	扌土寸⊙	出	bmK	凵山⑩	钏	qkh	钅川①	鹚	uxxg	丷幺幺一	榱	sykE	木亠口𧘇
墀	fniH	土尸氺丨	初	puvN	衤⺀刀②		chuang		糍	ouxX	米丷幺幺	璀	gmwy	王山亻圭
踟	khtk	口止𠂉口	樗	sffn	木雨二乙	疮	uwbV	疒人㔾⑮	此	hxN	止匕②	脆	eqdB	月𠂊厂㔾
篪	trhm	⺮厂广儿	刍	qvf	𠂊彐⊖	窗	pwtQ	宀八丿夕	次	uqwY	冫𠂊人⊙	啐	kywF	口亠人十
尺	nyi	尸乀③	除	bwtY	阝人禾⊙	床	ysi	广木③	刺	gmiJ	一冂小刂	悴	nywf	忄亠人十
侈	wqqY	亻夕夕⊙	厨	dgkf	厂一口寸	创	wbjH	人㔾刂①	赐	mjqR	贝曰勹彡	淬	iywf	氵亠人十
齿	hwbJ	止人凵⑪	滁	ibwT	氵阝人禾	怆	nwbN	忄人㔾②		cong		萃	aywF	艹亠人十
耻	bhG	耳止⊖	锄	qegl	钅月一力	闯	ucd	门马⊜	囱	tlqi	丿囗夕③	毳	tfnn	丿二乙乙
豉	gkuc	一口丷又	蜍	jwtY	虫人禾⊙	幢	mhuF	冂丨立土	葱	aqrn	艹勹彡心	瘁	uywF	疒亠人十
褫	purm	衤⺀厂儿	雏	qvwY	𠂊彐亻圭		chui		从	wwY	人人⊙	粹	oywF	米亠人十
叱	kxn	口匕②	橱	sdgf	木厂一寸	吹	kqwY	口𠂊人⊙	匆	qryI	勹彡丶③	翠	nywf	羽亠人十
斥	ryi	斤丶③	躇	khaj	口止艹曰	炊	oqwY	火𠂊人⊙	苁	awwu	艹人人③		cun	
赤	foU	土⺍③	杵	stfh	木𠂉十①	垂	tgaF	丿一艹士	枞	swwY	木人人⊙	村	sfY	木寸⊙
饬	qntl	𠂊乙𠂉力	础	dbmH	石凵山①	陲	btgf	阝丿一士	骢	ctlN	马丿口心	皴	cwtc	厶八夕又
炽	okWY	火口八⊙	储	wyfJ	亻讠土曰	捶	rtgf	扌丿一士	璁	gtlN	王丿口心	存	dhbD	𠂇丨子⊜
翅	fcnD	十又羽⊜	楮	sftj	木土丿曰	棰	stgF	木丿一士	聪	bukn	耳丷口心	忖	nfy	忄寸⊙
敕	gkit	一口小攵	楚	ssnH	木木乙龰	槌	swnP	木亻コ辶	丛	wwgF	人人一⊖	寸	fghy	寸一丨丶
啻	upmk	立冖冂口	褚	pufj	衤⺀土曰	锤	qtgf	钅丿一士	淙	ipfi	氵宀二小		cuo	
傺	wwfi	亻癶二小	亍	fhk	二丨⑩		chun		琮	gpfI	王宀二小	瘥	uuda	疒丷𡗗工
瘛	udhn	疒三丨心	处	thI	夂卜③	春	dwJF	三人曰⊖		cou		搓	rudA	扌丷𡗗工
	chong		怵	nsyY	忄木丶⊙	椿	sdwj	木三人曰	凑	udwD	冫三人大	磋	dudA	石丷𡗗工
充	ycQB	亠厶儿⑭	绌	xbmH	纟凵山①	蝽	jdwj	虫三人曰	楱	sdwd	木三人大	撮	rjbC	扌曰耳又
冲	ukhH	冫口丨①	搐	ryxl	扌亠幺田	纯	xgbN	纟一凵乙	腠	edwD	月三人大	蹉	khua	口止丷工
忡	nkhH	忄口丨①	触	qejy	𠂊用虫⊙	唇	dfek	厂二𠂆口	辏	ldwD	车三人大	嵯	mudA	山丷𡗗工
茺	aycQ	艹亠厶儿	憷	nssH	忄木木龰	莼	axgN	艹纟一乙		cu		痤	uwwf	疒人人土
舂	dwvF	三人臼⊖	黜	lfom	罒土灬山	淳	iybG	氵亠子⊖	粗	oeGG	米月一⊖	矬	tdwF	𠂉大人土
憧	nujf	忄立日土	矗	fhfh	十且十且	鹑	ybqG	亠子勹一	徂	tegg	彳月一⊖	鹾	hlqa	⺊口乂工
艟	teuf	丿舟立土	畜	yxlF	亠幺田⊖	醇	sgyb	西一亠子	殂	gqeG	一夕月一	脞	ewwF	月人人土
虫	jhny	虫丨乙丶		chuai		蠢	dwjj	三人曰虫	促	wkhY	亻口龰⊙	厝	dajD	厂艹日⊜
崇	mpfI	山宀二小	搋	rrhm	扌厂广儿		chuo		猝	qtyf	犭丿亠十	挫	rwwF	扌人人土
宠	pdxB	宀𠂇匕⑭	揣	rmdJ	扌山𠂆刂	啜	kccc	口又又又	蔟	aytD	艹方𠂉大	措	rajG	扌艹日⊖
铳	qycQ	钅亠厶儿	嘬	kjbC	口曰耳又	踔	khhj	口止⺊早	醋	sgaJ	西一艹曰	锉	qwwF	钅人人土
	chou		踹	khmj	口止山刂	戳	nwya	羽亻圭戈	簇	tytD	⺮方𠂉大	错	qajG	钅艹日⊖
抽	rmG	扌由⊖	膪	eupk	月立冖口	辍	lccc	车又又又	蹙	dhih	厂上小龰		da	
瘳	unwe	疒羽人彡	啜	kccc	口又又又	龊	hwbh	止人凵龰	蹴	khyn	口止亠乙	哒	kdpY	口大辶⊙
仇	wvn	亻九②		chuan			ci			cuan		耷	dbf	大耳⊖
俦	wdtf	亻三丿寸	川	kthh	川丿丨丨	呲	khxn	口止匕②	汆	tyiu	丿八水③	搭	rawk	扌艹人口
愁	tonu	禾火心⊙	氚	rnkj	𠂉乙川⑩	疵	uhxV	疒止匕⑮	撺	rpwh	扌宀八丨	嗒	kawk	口艹人口
稠	tmfk	禾冂土口	穿	pwat	宀八匚丿	词	yngk	讠乙一口	镩	qpwH	钅宀八丨	褡	puaK	衤⺀艹口
筹	tdtf	⺮三丿寸	传	wfny	亻二乙丶	祠	pynk	礻丶乙口	蹿	khph	口止宀丨	达	dpI	大辶③
酬	sgyh	西一丶丨	舡	teaG	丿舟工⊖	茈	ahxB	艹止匕⑭	窜	pwkH	宀八口丨	妲	vjgG	女曰一⊖
踌	khdf	口止三寸	船	temk	丿舟几口	茨	auqw	艹冫𠂊人	篡	thdc	⺮目大厶	怛	njgG	忄曰一⊖
雠	wyyY	亻圭讠圭	遄	mdmP	山𠂆冂辶	瓷	uqwn	冫𠂊人乙	爨	wfmo	亻二冂火	笪	tjgf	⺮曰一⊖
丑	nfd	乙土⊜	椽	sxeY	木彑豕⊙	慈	uxxn	丷幺幺心		cui		答	twGK	⺮人一口
瞅	htoY	目禾火⊙	舛	qahH	夕匚丨①	辞	tduh	丿古辛①	崔	mwyF	山亻圭⊖	瘩	uawk	疒艹人口
臭	thdu	丿目犬③	喘	kmdJ	口山𠂆刂	磁	duXX	石丷幺幺	催	wmwY	亻山亻圭	靼	afjg	廿串曰⊖
	chu		串	kkhK	口口丨⑩	雌	hxwY	止匕亻圭	摧	rmwY	扌山亻圭	鞑	afdp	廿串大辶

字	86码	字根	字	86码	字根	字	86码	字根	字	86码	字根	字	86码	字根
打	rsH	扌丁①	氮	rnoO	𠂉乙火火	邓	cbH	又阝①	滇	ifhw	氵十且八	叠	cccg	又又又一
大	ddDD	大大大大	澹	iqdy	氵⺈厂言	凳	wgkm	癶一口几	颠	fhwm	十且八贝	牒	thgs	丿丨一木
	dai		赕	moOY	贝火火⊙	嶝	mwgu	山癶一䒑	巅	mfhM	山十且贝	碟	danS	石廿乙木
呆	ksU	口木Ⓢ		**dang**		瞪	hwgu	目癶一䒑	癫	ufhm	疒十且贝	蝶	janS	虫廿乙木
歹	gqi	一夕Ⓢ	当	ivF	⺌彐㊁	磴	dwgu	石癶一䒑	典	mawU	冂龷八Ⓢ	蹀	khas	口止廿木
傣	wdwI	亻三人氺	裆	puiv	衤⺀⺌彐	镫	qwgu	钅癶一䒑	点	hkoU	⺊口灬Ⓢ	鲽	qgaS	鱼一廿木
代	waY	亻弋⊙	挡	rivG	扌⺌彐㊀		**di**		碘	dmaW	石冂龷八		**ding**	
岱	wamj	亻弋山⑩	党	ipkQ	⺌冖口儿	低	wqaY	亻𠂆七丶	踮	khyk	口止广口	丁	sgh	丁一丨
甙	aafd	弋艹二㊂	谠	yipQ	讠⺌冖儿	羝	udqY	丷𠂇𠂆丶	电	jnV	曰乙⑩	仃	wsh	亻丁①
绐	xckG	纟厶口㊀	凼	ibk	水凵⑪	堤	fjgh	土日一止	佃	wlG	亻田㊀	叮	ksh	口丁①
迨	ckpD	厶口辶㊂	宕	pdf	宀石㊁	嘀	kumD	口立冂古	甸	qlD	勹田㊂	玎	gsh	王丁①
带	gkpH	一川冖丨	砀	dnrT	石乙彡①	滴	iumD	氵立冂古	阽	bhkg	阝⺊口㊀	疔	usk	疒丁⑪
待	tffy	彳土寸⊙	荡	ainR	艹氵乙彡	镝	qumD	钅立冂古	坫	fhkg	土⺊口㊀	盯	hsH	目丁①
怠	cknU	厶口心Ⓢ	档	siVG	木⺌彐㊀	狄	qtoy	犭丿火⊙	店	yhkd	广⺊口㊂	钉	qsH	钅丁①
殆	gqcK	一夕厶口	菪	apdf	艹宀石㊁	籴	tyoU	丿乀米Ⓢ	垫	rvyf	扌九丶土	耵	bsh	耳丁①
玳	gwaY	王亻弋⊙		**dao**		迪	mpD	由辶㊂	玷	ghkG	王⺊口㊀	酊	sgsH	西一丁①
贷	wamU	亻弋贝Ⓢ	刀	vnT	刀乙丿	敌	tdtY	丿古攵⊙	钿	qlg	钅田㊀	顶	sdmY	丁𠂇贝⊙
埭	fviY	土彐氺⊙	叨	kvn	口刀Ⓩ	涤	itsY	氵夂木⊙	惦	nyhK	忄广⺊口	鼎	hndN	目乙𠂇乙
袋	waye	亻弋亠𧘇	忉	nvn	忄刀Ⓩ	荻	aqto	艹犭丿火	淀	ipgh	氵宀一止	订	ysH	讠丁①
戴	falw	土弋田八	氘	rnjJ	𠂉乙刂⑪	笛	tmf	竹由㊁	奠	usgd	丷西一大	定	pgHU	宀一止Ⓢ
黛	walO	亻弋罒灬	导	nfU	巳寸Ⓢ	觌	fnuq	十乙⺀儿	殿	nawC	尸龷八又	啶	kpgh	口宀一止
呔	kdyy	口大丶⊙	岛	qynm	勹丶乙山	嫡	vumD	女立冂古	靛	gepH	龶月宀止	腚	epgH	月宀一止
骀	cckG	马厶口㊀	倒	wgcJ	亻一厶刂	氐	qayI	𠂆七丶Ⓢ	癜	unaC	疒尸龷又	碇	dpgh	石宀一止
	dan		捣	rqym	扌勹丶山	诋	yqay	讠𠂆七丶	簟	tsjJ	竹西早①	锭	qpGH	钅宀一止
丹	myd	冂亠㊂	祷	pydF	礻丶三寸	邸	qayb	𠂆七丶阝		**diao**		町	lsh	田丁①
单	ujfj	丷曰十⑩	蹈	khev	口止爫臼	坻	fqaY	土𠂆七丶	刁	ngd	乙一㊂		**diu**	
担	rjgG	扌曰一㊀	到	gcFJ	一厶土刂	底	yqaY	广𠂆七丶	叼	kngG	口乙一㊀	丢	tfcU	丿土厶Ⓢ
眈	hpqN	目冖儿Ⓩ	悼	nhjh	忄⺊早①	抵	rqaY	扌𠂆七丶	凋	umfK	冫冂土口	铥	qtfc	钅丿土厶
耽	bpqN	耳冖儿Ⓩ	盗	uqwl	冫⺈人皿	柢	sqaY	木𠂆七丶	貂	eevK	豸刀口		**dong**	
郸	ujfb	丷曰十阝	道	uthp	䒑丿目辶	砥	dqay	石𠂆七丶	碉	dmfK	石冂土口	东	aiI	七小Ⓢ
聃	bmfg	耳冂土㊀	稻	tevG	禾爫臼㊀	骶	meqy	骨月𠂆丶	雕	mfky	冂土口隹	冬	tuu	夂⺀Ⓢ
殚	gquF	一夕丷十	纛	gxfI	龶母十小	地	fBN	土也Ⓩ	鲷	qgmK	鱼一冂口	咚	ktuy	口夂⺀⊙
瘅	uujf	疒丷曰十		**de**		弟	uxhT	丷弓丨丿	吊	kmhJ	口冂丨⑪	岽	maiU	山七小Ⓢ
箪	tujf	竹丷曰十	得	tjGF	彳曰一寸	帝	upMH	立冖冂丨	钓	qqyy	钅勹丶⊙	氡	rntu	𠂉乙夂⺀
儋	wqdY	亻⺈厂言	锝	qjgf	钅曰一寸	娣	vuxT	女丷弓丿	掉	rhjH	扌⺊早①	鸫	aiqG	七小勹一
胆	ejGG	月曰一㊀	德	tflN	彳十罒心	递	uxhp	丷弓丨辶	铞	qkmh	钅口冂丨	董	atgF	艹丿一土
疸	ujgD	疒曰一㊂	的	rQYY	白勹丶⊙	第	txHT	竹弓丨丿	铫	qiqN	钅⺍儿Ⓩ	懂	natF	忄艹丿土
掸	rujf	扌丷曰十	地	fBN	土也Ⓩ	谛	yuph	讠立冖丨		**die**		动	fclN	二厶力Ⓩ
旦	jgf	曰一㊁	底	yqaY	广𠂆七丶	棣	sviY	木彐氺⊙	爹	wqqq	八乂夕夕	冻	uaiY	冫七小⊙
但	wjgG	亻曰一㊀		**deng**		睇	huxT	目丷弓丿	跌	khrW	口止𠂉人	侗	wmgk	亻冂一口
诞	ythp	讠丿止廴	灯	osH	火丁①	缔	xupH	纟立冖丨	迭	rwpI	𠂉人辶Ⓢ	垌	fmgK	土冂一口
啖	kooY	口火火⊙	登	wgku	癶一口䒑	蒂	aupH	艹立冖丨	垤	fgcF	土一厶土	峒	mmgk	山冂一口
弹	xujF	弓丷曰十	噔	kwgu	口癶一䒑	碲	duph	石立冖丨	瓞	rcyw	𠂆厶乀人	恫	nmgk	忄冂一口
惮	nujF	忄丷曰十	簦	twgu	竹癶一䒑		**dia**		谍	yanS	讠廿乙木	栋	saiY	木七小⊙
淡	ioOY	氵火火⊙	蹬	khwu	口止癶䒑	嗲	kwqQ	口八乂夕	堞	fanS	土廿乙木	洞	imgk	氵冂一口
萏	aqvf	艹⺈臼㊁	等	tffu	竹土寸Ⓢ		**dian**		揲	rans	扌廿乙木	胨	eaiY	月七小⊙
蛋	nhjU	乙止虫Ⓢ	戥	jtga	曰丿王戈	掂	ryhK	扌广⺊口	耋	ftxf	土丿匕土	胴	emgK	月冂一口

字	86码	字根	字	86码	字根	字	86码	字根	字	86码	字根	字	86码	字根
硐	dmgK	石冂一口	**dui**			峨	mtrT	山丿扌丿	发	ntcY	乙丿又丶	仿	wyn	亻方[乙]
dou			堆	fwyG	土亻圭[一]	锇	qtrt	钅丿扌丿	乏	tpi	丿之[氵]	访	yyn	讠方[乙]
都	ftjb	土丿日阝	队	bwY	阝人[丶]	鹅	trng	丿扌丿一	伐	wat	亻戈[丿]	纺	xyN	纟方[乙]
兜	qrnq	⺁白乙儿	对	cfY	又寸[丶]	蛾	jtrT	虫丿扌丿	垡	waff	亻戈土[二]	舫	teyn	丿舟方[乙]
蔸	aqrq	艹⺁白儿	兑	ukqb	丷口儿[巜]	额	ptkm	宀夂口贝	罚	lyJJ	罒讠刂[刂]	放	ytY	方攵[丶]
篼	tqrq	⺮⺁白儿	怼	cfnU	又寸心[冫]	婀	vbsK	女阝丁口	阀	uwaE	门亻戈[彡]	**fei**		
斗	ufk	⺀十[川]	碓	dwyg	石亻圭[一]	厄	dbv	厂㔾[巛]	筏	twAR	⺮亻戈[彡]	飞	nui	乙⺀[氵]
抖	rufh	扌⺀十[丨]	憝	ybtn	亠子攵心	呃	kdbN	口厂㔾[乙]	法	ifCY	氵土厶[丶]	妃	vnn	女己[乙]
陡	bfhY	阝土龰[丶]	**dun**			扼	rdbN	扌厂㔾[乙]	砝	dfcy	石土厶[丶]	非	djdD	三刂三[三]
蚪	jufh	虫⺀十[丨]	镦	qybT	钅亠子攵	苊	adbB	艹厂㔾[巜]	珐	gfcY	王土厶[丶]	啡	kdjD	口三刂三
豆	gkuF	一口丷[二]	吨	kgbN	口一凵乙	轭	ldbN	车厂㔾[乙]	**fan**			绯	xdjd	纟三刂三
逗	gkup	一口丷辶	敦	ybtY	亠子攵[丶]	垩	gogf	一业一土	帆	mhmY	冂丨几丶	菲	adjD	艹三刂三
痘	ugku	疒一口丷	墩	fybT	土亠子攵	恶	gogn	一业一心	番	tolF	丿米田[二]	扉	yndd	丶尸三三
窦	pwfd	宀八十大	礅	dybT	石亠子攵	饿	qntT	⺈乙丿丿	幡	mhtl	冂丨丿田	蜚	djdj	三刂三虫
du			蹲	khuF	口止丷寸	谔	ykkn	讠口口乙	翻	toln	丿米田羽	霏	fdjd	雨三刂三
嘟	kftb	口土丿阝	盹	hgbN	目一凵乙	鄂	kkfb	口口二阝	藩	aitl	艹氵丿田	鲱	qgdd	鱼一三三
督	hich	上小又目	趸	dnkH	丆乙口龰	愕	nkkN	忄口口乙	凡	myI	几丶[氵]	肥	ecN	月巴[乙]
毒	gxgu	龶母一⺀	沌	igbN	氵一凵乙	萼	akkn	艹口口乙	矾	dmyY	石几丶[丶]	淝	iecN	氵月巴[乙]
读	yfnD	讠十乙大	炖	ogbn	火一凵乙	遏	jqwp	曰勹人辶	钒	qmyy	钅几丶[丶]	腓	edjD	月三刂三
渎	ifnd	氵十乙大	钝	qgbn	钅一凵乙	腭	ekkN	月口口乙	烦	odmY	火丆贝[丶]	匪	adjd	匚三刂三
椟	sfnD	木十乙大	顿	gbnm	一凵乙贝	锷	qkkn	钅口口乙	樊	sqqd	木又又大	诽	ydjD	讠三刂三
牍	thgd	丿丨一大	遁	rfhp	⺁十目辶	鹗	kkfg	口口二一	蕃	atoL	艹丿米田	悱	ndjd	忄三刂三
犊	trfd	丿扌十大	**duo**			颚	kkfm	口口二贝	燔	otoL	火丿米田	斐	djdy	三刂三文
黩	lfod	罒土灬大	多	qqU	夕夕[冫]	噩	gkkk	王口口口	繁	txgi	𠂉母一小	榧	sadd	木匚三三
髑	melJ	冎月罒虫	咄	kbmH	口凵山[丨]	鳄	qgkn	鱼一口乙	蹯	khtl	口止丿田	篚	tadd	⺮匚三三
独	qtjY	犭丿虫[丶]	哆	kqqY	口夕夕[丶]	**ei**			蘩	atxi	艹𠂉母小	吠	kdy	口犬[丶]
笃	tcf	⺮马[二]	裰	pucc	礻⺀又又	诶	yctD	讠厶𠂉大	反	rcI	厂又[氵]	废	ynty	广乙丿丶
堵	fftJ	土土丿日	夺	dfU	大寸[冫]	**en**			返	rcpI	厂又辶[氵]	沸	ixjH	氵弓丿丨[丨]
赌	mftj	贝土丿日	铎	qcfH	钅又二丨	恩	ldnU	囗大心[冫]	犯	qtbN	犭丿㔾[乙]	狒	qtxJ	犭丿弓丿丨
睹	hftJ	目土丿日	掇	rccC	扌又又又	蒽	aldn	艹囗大心	泛	itpY	氵丿之[丶]	肺	egmH	月一冂丨
芏	aff	艹土[二]	踱	khyc	口止广又	摁	rldN	扌囗大心	饭	qnrC	⺈乙厂又	费	xjmU	弓丿丨贝[冫]
妒	vynt	女丶尸[丿]	朵	msU	几木[冫]	**er**			范	aibB	艹氵㔾[巜]	痱	udjd	疒三刂三
杜	sfg	木土[一]	哚	kmsY	口几木[丶]	儿	qtN	儿丿乙	贩	mrCY	贝厂又[丶]	镄	qxjM	钅弓丿丨贝
肚	efg	月土[一]	垛	fmsY	土几木[丶]	而	dmjJ	丆冂刂[刂]	畈	lrcY	田厂又[丶]	芾	agmH	艹一冂丨
度	yaCI	广廿又[氵]	缍	xtgF	纟丿一土	鸸	dmjg	丆冂刂一	梵	ssmY	木木几丶	**fen**		
镀	qyaC	钅广廿又	躲	tmds	丿冂三木	鲕	qgdj	鱼一丆刂	**fang**			分	wvB	八刀[巜]
蠹	gkhJ	一口丨虫	剁、	msjH	几木刂[丨]	尔	qiu	⺈小[冫]	方	yyGN	方丶一乙	吩	kwvN	口八刀[乙]
duan			沲	itbN	氵𠂉也[乙]	耳	bghG	耳一丨一	邡	ybh	方阝[丨]	纷	xwvN	纟八刀[乙]
端	umdJ	立山丆刂	堕	bdef	阝𠂇月土	迩	qipI	⺈小辶[氵]	坊	fyn	土方[乙]	芬	awvB	艹八刀[巜]
短	tdgU	𠂉大一⺍	舵	tepx	丿舟宀匕	洱	ibg	氵耳[一]	芳	ayB	艹方[巜]	氛	rnwV	𠂉乙八刀
段	wdmC	亻三几又	惰	ndaE	忄𠂇工月	饵	qnbg	⺈乙耳[一]	枋	syn	木方[乙]	酚	sgwV	西一八刀
断	onRH	米乙斤[丨]	跺	khmS	口止几木	珥	gbg	王耳[一]	钫	qyn	钅方[乙]	坟	fyY	土文[丶]
缎	xwdC	纟亻三又	**e**			铒	qbg	钅耳[一]	防	byN	阝方[乙]	汾	iwvN	氵八刀[乙]
椴	swdC	木亻三又	屙	nbsK	尸阝丁口	二	fgG	二一一	妨	vyN	女方[乙]	棼	sswV	木木八刀
煅	owdC	火亻三又	讹	ywxn	讠亻匕[乙]	佴	wbg	亻耳[一]	房	ynyV	丶尸方[巛]	焚	ssoU	木木火[冫]
锻	qwdC	钅亻三又	俄	wtrT	亻丿扌丿	贰	afmI	弋二贝[氵]	肪	eyn	月方[乙]	鼢	vnuv	臼乙⺀刀
簖	tonr	⺮米乙斤	娥	vtrT	女丿扌丿	**fa**			鲂	qgyn	鱼一方[乙]	粉	owVN	米八刀[乙]

字	86码	字根	字	86码	字根	字	86码	字根	字	86码	字根	字	86码	字根
份	wwvN	亻八刀[乙]	凫	qynm	勹丶乙几	讣	yhy	讠卜[丶]	甘	afd	艹二[三]	缟	xymK	纟亠冂口
奋	dlf	大田[二]	孚	ebf	爫子[二]	付	wfy	亻寸[丶]	杆	sfh	木干[丨]	槁	symk	木亠冂口
岔	wvnu	八刀心[丶丶]	扶	rfwY	扌二人[丶]	妇	vvG	女彐[一]	肝	efH	月干[丨]	稿	tymK	禾亠冂口
偾	wfaM	亻十艹贝	芙	afwU	艹二人[丶丶]	负	qmU	⺈贝[丶丶]	坩	fafg	土艹二[一]	镐	qymK	钅亠冂口
愤	nfaM	忄十艹贝	怫	nxjH	忄弓川[丨]	附	bwfY	阝亻寸[丶]	泔	iafG	氵艹二[一]	藁	ayms	艹亠冂木
粪	oawu	米艹八[丶丶]	拂	rxjh	扌弓川[丨]	咐	kwfY	口亻寸[丶]	苷	aafF	艹艹二[二]	告	tfkf	丿土口[二]
鲼	qgfm	鱼一十贝	服	ebCY	月卩又[丶]	阜	wnnf	亻ココ十	柑	safG	木艹二[一]	诰	ytfk	讠丿土口
瀵	iolW	氵米田八	绂	xdcY	纟𠂇又[丶]	驸	cwfY	马亻寸[丶]	竿	tfj	𥫗干[丨丨]	郜	tfkb	丿土口阝
feng			绋	xxjH	纟弓川[丨]	复	tjtU	𠂉曰夂[丶丶]	疳	uafD	疒艹二[三]	锆	qtfk	钅丿土口
丰	dhK	三丨[丨丨丨]	苻	awfu	艹亻寸[丶丶]	赴	fhhI	土止卜[丶丶丶]	酐	sgfh	西一干[丨]	ge		
风	mqI	几乂[丶丶丶]	俘	webG	亻爫子[一]	副	gklJ	一口田刂	尴	dnjl	𠂇乙刂皿	戈	agnt	戈一乙丿
沣	idhH	氵三丨[丨]	氟	rnxJ	𠂉乙弓川	芾	agmH	艹一冂丨	秆	tfh	禾干[丨]	圪	ftnN	土𠂉乙[乙]
枫	smqY	木几乂[丶]	祓	pydc	礻丶𠂇又	佛	wxjH	亻弓川[丨]	赶	fhfk	土止干[丨丨丨]	纥	xtnn	纟𠂉乙[乙]
封	fffy	土土寸[丶]	罘	lgiU	罒一小[丶丶]	脯	egeY	月一月丶	敢	nbTY	乙耳攵[丶]	疙	utnV	疒𠂉乙[乙乙乙]
疯	umqI	疒几乂[丶]	茯	awdU	艹亻犬[丶丶]	傅	wgeF	亻一月寸	感	dgkn	厂一口心	哥	sksK	丁口丁口
砜	dmqy	石几乂[丶]	郛	ebbH	爫子阝[丨]	富	pgkL	宀一口田	澉	inbT	氵乙耳攵	胳	etkG	月夂口[一]
峰	mtdH	山夂三丨	浮	iebG	氵爫子[一]	赋	mgaH	贝一弋止	橄	snbT	木乙耳攵	袼	putk	礻⺀夂口
烽	otDH	火夂三丨	砩	dxjH	石弓川[丨]	缚	xgeF	纟一月寸	擀	rfjF	扌十早干	鸽	wgkg	人一口一
葑	afff	艹土土寸	莩	aebf	艹爫子[二]	腹	etjT	月𠂉曰夂	旰	jfh	日干[丨]	割	pdhj	宀三丨刂
锋	qtdH	钅夂三丨	蚨	jfwY	虫二人[丶]	鲋	qgwF	鱼一亻寸	矸	dfh	石干[丨]	搁	rutK	扌门夂口
蜂	jtdH	虫夂三丨	匐	qgkL	勹一口田	赙	mgeF	贝一月寸	绀	xafG	纟艹二[一]	歌	sksw	丁口丁人
酆	dhdb	三丨三阝	桴	sebG	木爫子[一]	蝮	jtjt	虫𠂉曰夂	淦	iqg	氵金[一]	阁	utkD	门夂口[三]
冯	ucG	冫马[一]	涪	iukG	氵立口[一]	鳆	qgtt	鱼一𠂉夂	赣	ujtM	立早夂贝	革	afJ	廿串[丨丨]
逢	tdhP	夂三丨辶	符	twfU	𥫗亻寸[丶丶]	覆	sttT	西彳𠂉夂	gang			格	stKG	木夂口[一]
缝	xtdp	纟夂三辶	艴	xjqC	弓川⺈巴	馥	tjtt	禾曰𠂉夂	冈	mqi	冂乂[丶丶丶]	鬲	gkmh	一口冂丨
讽	ymqY	讠几乂[丶]	菔	aebc	艹月卩又	ga			刚	mqjH	冂乂刂[丨]	葛	ajqN	艹曰勹乙
唪	kdwH	口三人丨	袱	puwd	礻⺀亻犬	旮	vjf	九曰[二]	岗	mmqU	山冂乂[丶丶]	隔	bgkH	阝一口丨
凤	mcI	几又[丶丶丶]	幅	mhgL	冂丨一田	伽	wlkG	亻力口[一]	纲	xmQY	纟冂乂[丶]	嗝	kgkh	口一口丨
奉	dwfH	三人二丨	福	pygL	礻丶一田	钆	qnn	钅乙[乙]	肛	eaG	月工[一]	塥	fgkH	土一口丨
俸	wdwh	亻三人丨	蜉	jebG	虫爫子[一]	尜	idiU	小大小[丶丶]	缸	rmaG	𠂉山工[一]	搿	rwgr	手人一手
fo			辐	lgkL	车一口田	嘎	kdhA	口丆目戈	钢	qmqY	钅冂乂[丶]	膈	egkH	月一口丨
佛	wxjH	亻弓川[丨]	幞	mhoY	冂丨业八	噶	kajN	口艹曰乙	罡	lghF	罒一止[二]	镉	qgkh	钅一口丨
fou			蝠	jgkl	虫一口田	尕	eiu	乃小[丶丶]	港	iawn	氵龷八巳	骼	metK	冎月夂口
缶	rmk	𠂉山[丨丨丨]	黻	oguc	业一丷又	尬	dnwJ	𠂇乙人川	杠	sag	木工[一]	哿	lksk	力口丁口
否	gikF	一小口[二]	抚	rfqN	扌二儿[乙]	gai			筻	tgjq	𥫗一曰乂	舸	tesK	丿舟丁口
fu			甫	gehY	一月丨丶	该	yynw	讠亠乙人	戆	ujtn	立早夂心	个	whJ	人丨[丨丨]
夫	fwI	二人[丶丶丶]	府	ywfI	广亻寸[丶丶丶]	陔	bynw	阝亠乙人	gao			各	tkF	夂口[二]
呋	kfwY	口二人[丶]	拊	rwfY	扌亻寸[丶]	垓	fynw	土亠乙人	皋	rdfj	白大十[丨丨]	虼	jtnN	虫𠂉乙[乙]
肤	efwY	月二人[丶]	斧	wqrJ	八乂斤[丨丨]	赅	mynW	贝亠乙人	羔	ugoU	丷王灬[丶丶]	硌	dtkG	石夂口[一]
趺	khfW	口止二人	俯	wywF	亻广亻寸	丐	ghnV	一⊢乙[乙乙乙]	高	ymKF	亠冂口[二]	铬	qtkG	钅夂口[一]
麸	gqfw	龶夕二人	釜	wqfU	八乂干丷	钙	qghN	钅一⊢乙	槔	srdF	木白大十	咯	ktkG	口夂口[一]
稃	tebg	禾爫子[一]	辅	lgey	车一月丶	盖	uglF	丷王皿[二]	睾	tlff	丿罒土十	gei		
跗	khwf	口止亻寸	腑	eywF	月广亻寸	溉	ivcQ	氵彐厶儿	膏	ypkE	亠冖口月	给	xwGK	纟人一口
孵	qytb	𠂎丶丿子	滏	iwqU	氵八乂丷	戤	ecla	乃又皿戈	篙	tymk	𥫗亠冂口	gen		
敷	geht	一月丨攵	腐	ywfw	广亻寸人	概	svcq	木彐厶儿	糕	ougo	米丷王灬	根	sveY	木彐𠄌[丶]
弗	xjk	弓川[丨丨丨]	黼	oguy	业一丷丶	gan			杲	jsu	曰木[丶丶]	跟	khvE	口止彐𠄌
伏	wdy	亻犬[丶]	父	wqu	八乂[丶丶]	干	fggh	干一一丨	搞	rymK	扌亠冂口	哏	kveY	口彐𠄌[丶]

字	86码	字根	字	86码	字根	字	86码	字根	字	86码	字根	字	86码	字根
亘	gjgF	一日一[二]	笱	tqkF	⺮勹口[二]	痼	uldD	疒囗古[三]		**gui**		掴	rlgy	扌囗王丶
艮	vei	彐𠄌[氵]	构	sqCY	木勹厶[丶]	锢	qldg	钅囗古[一]	归	jvG	刂彐[一]	虢	efhm	爫寸虍儿
茛	aveU	廾彐𠄌[冫]	诟	yrgK	讠厂一口	鲴	qgld	鱼一囗古	圭	fff	土土[二]	馘	uthg	䒑丿目一
	geng		购	mqcY	贝勹厶[丶]		**gua**		妫	vylY	女丶力丶	果	jsI	日木[氵]
更	gjqI	一日乂[氵]	垢	frGK	土厂一口	瓜	rcyI	𠂆厶乀[氵]	龟	qjnB	⺈日乙[巜]	猓	qtjs	犭丿日木
庚	yvwI	广彐人[氵]	够	qkqq	勹口夕夕	刮	tdjh	丿古刂[丨]	规	fwmQ	二人冂儿	椁	sybG	木亠子[一]
耕	difJ	三小二川	媾	vfjF	女二刂土	胍	ercY	月𠂆厶乀	皈	rrcy	白厂又[丶]	蜾	jjsY	虫日木[丶]
赓	yvwm	广彐人贝	彀	fpgc	士冖一又	鸹	tdqG	丿古勹一	闺	uffd	门土土[三]	裹	yjse	亠日木𧘇
羹	ugod	丷王灬大	遘	fjgp	二刂一辶	呱	krcY	口𠂆厶乀	硅	dffG	石土土[一]	过	fpI	寸辶[氵]
哽	kgjQ	口一日乂	觏	fjgq	二刂一儿	剐	kmwj	口冂人刂	瑰	grqC	王白儿厶		**ha**	
埂	fgjQ	土一日乂		**gu**		寡	pdeV	宀丆月刀	鲑	qgff	鱼一土土	蛤	jwGK	虫人一口
绠	xgjQ	纟一日乂	估	wdG	亻古[一]	卦	ffhy	土土卜[丶]	宄	pvb	宀九[巜]	铪	qwgk	钅人一口
耿	boY	耳火[丶]	咕	kdg	口古[一]	诖	yffg	讠土土[一]	轨	lvN	车九[乙]	哈	kwgK	口人一口
梗	sgjq	木一日乂	姑	vdG	女古[一]	挂	rffg	扌土土[一]	庋	yfcI	广十又[氵]	虾	jghy	虫一卜[丶]
鲠	qggq	鱼一一乂	孤	brCY	子厂厶乀	褂	pufh	衤冫土卜	匦	alvV	匚车九[巛]		**hai**	
	gong		沽	idg	氵古[一]		**guai**		诡	yqdB	讠⺈厂㔾	孩	bynw	子亠乙人
工	aaaa	工工工工	轱	ldg	车古[一]	乖	tfuX	丿十丬匕	癸	wgdU	癶一大[冫]	骸	meyW	冎月亠人
弓	xngN	弓乙一乙	鸪	dqyg	古勹丶一	拐	rklN	扌口力[乙]	鬼	rqcI	白儿厶[氵]	海	itxU	氵𠂉毌冫
公	wcU	八厶[冫]	菇	avdF	艹女古[二]	怪	ncFG	忄又土[一]	晷	jthk	日夂卜口	胲	eynw	月亠乙人
功	alN	工力[乙]	菰	abrY	艹子厂乀	掴	rlgy	扌囗王丶	簋	tvel	⺮彐𠄌皿	醢	sgdl	西一𠂇皿
攻	atY	工攵[丶]	蛄	jdg	虫古[一]		**guan**		刽	wfcj	人二厶刂	亥	yntw	亠乙丿人
供	wawY	亻廾八[丶]	觚	qerY	⺈用厂乀	关	udU	丷大[冫]	刿	mqjh	山夕刂[丨]	骇	cynw	马亠乙人
肱	edcY	月𠂇厶[丶]	辜	duj	古辛[刂]	观	cmQN	又冂儿[乙]	柜	sanG	木匚コ[一]	害	pdHK	宀三丨口
宫	pkKF	宀口口[二]	酤	sgdg	西一古[一]	官	pnHN	宀コ丨コ	炅	jou	日火[冫]	氦	rnyw	𠂉乙亠人
恭	awnu	廾八⺗[冫]	毂	fplC	士冖车又	冠	pfqf	冖二儿寸	贵	khgm	口丨一贝	还	gipI	一小辶[氵]
蚣	jwcY	虫八厶[丶]	箍	traH	⺮扌匚丨	倌	wpnN	亻宀ココ	桂	sffG	木土土[一]	咳	kynw	口亠乙人
躬	tmdx	丿冂三弓	鹘	meqG	冎月勹一	棺	spnN	木宀ココ	跪	khqb	口止⺈㔾	嗨	kitu	口氵𠂉冫
龚	dxaW	尤匕廾八	汩	ijg	氵日[一]	鳏	qgli	鱼一罒小	鳜	qgdw	鱼一厂人		**han**	
觥	qeiQ	⺈用⺌儿	诂	ydg	讠古[一]	馆	qnpN	⺈乙宀コ	桧	swfC	木人二厶	顸	fdmy	干丆贝[丶]
巩	amyY	工几丶[丶]	谷	wwkF	八人口[二]	管	tpNN	⺮宀ココ		**gun**		蚶	jafG	虫廾二[一]
汞	aiu	工水[冫]	股	emcY	月几又[丶]	贯	xfmU	毌十贝[冫]	衮	uceu	六厶𧘇[冫]	酣	sgaf	西一廾二
拱	rawY	扌廾八[丶]	牯	trdg	丿扌古[一]	惯	nxfm	忄毌十贝	绲	xjxX	纟日匕匕	憨	nbtn	乙耳攵心
珙	gawY	王廾八[丶]	骨	meF	冎月[二]	掼	rxfM	扌毌十贝	辊	ljXX	车日匕匕	鼾	thlf	丿目田干
共	awU	廾八[冫]	罟	ldf	罒古[二]	涫	ipnN	氵宀ココ	滚	iucE	氵六厶𧘇	邗	fbh	干阝[丨]
贡	amU	工贝[冫]	钴	qdg	钅古[一]	盥	qgiL	𠃊一水皿	磙	ducE	石六厶𧘇	含	wynk	人丶乙口
	gou		蛊	jlf	虫皿[二]	灌	iakY	氵廾口圭	鲧	qgti	鱼一丿小	邯	afbH	廾二阝[丨]
勾	qci	勹厶[氵]	鼓	fkuc	士口丷又	鹳	akkg	廾口口一	棍	sjxX	木日匕匕	函	bibK	了㐅凵[川]
佝	wqkG	亻勹口[一]	嘏	dnhC	古コ丨又	罐	rmay	𠂉山廾圭		**guo**		晗	jwyk	日人丶口
沟	iqcY	氵勹厶[丶]	臌	efkc	月士口又	莞	apfq	艹宀二儿	呙	kmwu	口冂人[冫]	涵	ibiB	氵了㐅凵
钩	qqcY	钅勹厶[丶]	瞽	fkuh	士口丷目		**guang**		埚	fkmW	土口冂人	焓	owyK	火人丶口
缑	xwnD	纟亻コ大	固	ldd	囗古[三]	光	iqB	⺌儿[巜]	郭	ybbH	亠子阝[丨]	寒	pfjU	宀二刂冫
篝	tfjf	⺮二刂土	故	dty	古攵[丶]	咣	kiqN	口⺌儿[乙]	崞	mybG	山亠子[一]	韩	fjfh	十早二丨
鞲	afff	廿串二土	顾	dbDM	厂㔾丆贝	桄	siqn	木⺌儿[乙]	聒	btdG	耳丿古[一]	罕	pwfJ	冖八干[刂]
岣	mqkG	山勹口[一]	崮	mldF	山囗古[二]	胱	eiqN	月⺌儿[乙]	锅	qkmW	钅口冂人	喊	kdgt	口厂一丿
狗	qtqK	犭丿勹口	梏	stfk	木丿土口	广	yygt	广丶一丿	蝈	jlgY	虫囗王丶	汉	icY	氵又[丶]
苟	aqkf	艹勹口[二]	牿	trtk	丿扌丿口	犷	qtyt	犭丿广[丿]	国	lGYI	囗王丶[氵]	汗	ifh	氵干[丨]
枸	sqkG	木勹口[一]	雇	ynwy	丶尸亻圭	逛	qtgp	犭丿王辶	帼	mhlY	冂丨囗丶	旱	jfj	日干[刂]

字	86码	字根	字	86码	字根	字	86码	字根	字	86码	字根	字	86码	字根
悍	njfH	忄曰干[丨]	河	iskG	氵丁口[一]	荭	axaF	艹纟工[二]	浒	iytf	氵讠𠂉十	寰	plgE	宀四一𧘇
捍	rjfH	扌曰干[丨]	曷	jqwn	曰勹人乙	蕻	adaw	艹镸艹八	唬	kham	口虍七几	缳	xlge	纟四一𧘇
焊	ojfH	火曰干[丨]	阂	uynW	门亠乙人	黉	ipaW	⺌冖艹八	琥	ghaM	王虍七几	鬟	delE	镸彡四𧘇
菡	abib	艹了ㄨ凵	核	synw	木亠乙人	hou			互	gxGD	一ㄅ一[三]	缓	xefC	纟爫二又
颔	wynm	人丶乙贝	盍	fclf	土厶皿[二]	侯	wntD	亻ユ⺈大	户	yne	丶尸[彡]	幻	xnn	幺乙[乙]
撖	rnbt	扌乙耳攵	荷	awsK	艹亻丁口	喉	kwnD	口亻ユ大	冱	ugxG	冫一ㄅ一	奂	qmdU	𠂊冂大[冫]
憾	ndgn	忄厂一心	涸	ildG	氵囗古[一]	猴	qtwD	犭丿亻大	护	rynT	扌丶尸[丿]	宦	pahH	宀匚丨丨
撼	rdgn	扌厂一心	盒	wgkl	人一口皿	瘊	uwnD	疒亻ユ大	沪	iynT	氵丶尸[丿]	换	rqMD	扌𠂊冂大
翰	fjwN	十早人羽	菏	aisK	艹氵丁口	篌	twnD	⺮亻ユ大	岵	mdg	山古[一]	患	kkhn	口口丨心
瀚	ifjn	氵十早羽	颌	wgkm	人一口贝	糇	ownD	米亻ユ大	戽	ynuF	丶尸⺀十	浣	ipfq	氵宀二儿
hang			阖	ufcL	门土厶皿	骺	merK	冎月厂口	祜	pydg	礻丶古[一]	涣	iqmD	氵𠂊冂大
杭	symN	木亠几[乙]	翮	gkmn	一口冂羽	吼	kbnN	口子乙[乙]	笏	tqrR	⺮勹彡[彡]	唤	kqmD	口𠂊冂大
绗	xtfh	纟彳二丨	贺	lkmU	力口贝[冫]	厚	djbD	厂曰子[三]	扈	ynkc	丶尸口巴	痪	uqmD	疒𠂊冂大
航	teyM	丿舟亠几	褐	pujn	衤ㄑ曰乙	后	rgKD	厂一口[三]	瓠	dfny	大二乙㇏	豢	udeU	丷大豕[冫]
颃	ymdm	亠几丆贝	赫	fofO	土小土小	逅	rgkp	厂一口辶	鹱	qync	勹丶乙又	焕	oqmD	火𠂊冂大
沆	iymN	氵亠几[乙]	鹤	pwyG	冖亻主一	候	whnD	亻丨ユ大	hua			逭	pnhp	宀コ丨辶
行	tfHH	彳二丨[丨]	壑	hpgF	卜冖一土	堠	fwnd	土亻ユ大	花	awxB	艹亻匕[巛]	漶	ikkn	氵口口心
hao			hei			鲎	ipqg	⺌冖鱼一	哗	kwxF	口亻匕十	鲩	qgpQ	鱼一宀儿
蒿	aymK	艹亠冂口	黑	lfoU	四土灬[冫]	後	txtY	彳幺夂[丶]	华	wxfJ	亻匕十[刂]	擐	rlge	扌四一𧘇
嚆	kayK	口艹亠口	嘿	klfO	口四土灬	hu			骅	cwxF	马亻匕十	阛	llgE	囗四一𧘇
薅	avdf	艹女厂寸	hen			鹄	tfkg	丿土口一	铧	qwxF	钅亻匕十	huang		
蚝	jtfN	虫丿二乙	痕	uveI	疒彐𧘇[氵]	乎	tuhK	丿丷丨[川]	猾	qtmE	犭丿冎月	肓	ynef	亠乙月[二]
毫	yptN	亠冖丿乙	很	tveY	彳彐𧘇[丶]	呼	ktUH	口丿丷丨	滑	imeG	氵冎月[一]	荒	bynq	艹亠乙儿
嗥	krdF	口白大十	狠	qtvE	犭丿彐𧘇	忽	qrnU	勹彡心[冫]	画	glBJ	一田凵[刂]	慌	nayQ	忄艹亠儿
豪	ypeu	亠冖豕[冫]	恨	nvEY	忄彐𧘇[丶]	烀	otuH	火丿丷丨	划	ajH	戈刂[丨]	皇	rgf	白王[二]
嚎	kypE	口亠冖豕	heng			轷	ltuh	车丿丷丨	化	wxN	亻匕[乙]	凰	mrgD	几白王[三]
壕	fypE	土亠冖豕	亨	ybj	亠了[刂]	唿	kqrN	口勹彡心	话	ytdG	讠丿古[一]	隍	brgG	阝白王[一]
濠	iypE	氵亠冖豕	哼	kybH	口亠了[丨]	惚	nqrN	忄勹彡心	桦	swxF	木亻匕十	黄	amwU	艹由八[冫]
好	vbG	女子[一]	恒	ngjG	忄一日一	滹	ihaH	氵虍七丨	砉	dhdf	三丨石[二]	徨	trgG	彳白王[一]
郝	fobH	土小阝[丨]	桁	stfH	木彳二丨	囫	lqrE	囗勹彡[彡]	豁	pdhk	宀三丨口	惶	nrgg	忄白王[一]
号	kgnB	口一乙[巛]	珩	gtfH	王彳二丨	弧	xrcY	弓厂厶㇏	huai			湟	irgg	氵白王[一]
昊	jgdU	曰一大[冫]	横	samW	木艹由八	狐	qtrY	犭丿厂㇏	槐	srqC	木白儿厶	磺	damW	石艹由八
浩	itfk	氵丿土口	衡	tqdh	彳鱼大丨	胡	deG	古月[一]	徊	tlkG	彳囗口[一]	遑	rgpD	白王辶[三]
耗	ditn	三小丿乙	hong			壶	fpoG	士冖业一	怀	ngIY	忄一小[丶]	煌	orGG	火白王[一]
皓	rtfk	白丿土口	轰	lccU	车又又[冫]	斛	qeuF	𠂊用⺀十	淮	iwyG	氵亻主[一]	蝗	jrGG	虫白王[一]
颢	jyim	曰亠小贝	哄	kawY	口艹八[丶]	湖	ideG	氵古月[一]	踝	khjs	口止曰木	璜	gamw	王艹由八
灏	ijym	氵曰亠贝	訇	qyd	勹言[三]	猢	qtde	犭丿古月	坏	fgiY	土一小[丶]	簧	tamw	⺮艹由八
he			烘	oawY	火艹八[丶]	葫	adef	艹古月[二]	划	ajH	戈刂[丨]	癀	uamW	疒艹由八
诃	yskG	讠丁口[一]	薨	alpx	艹四冖匕	煳	odeg	火古月[一]	huan			蟥	jamW	虫艹由八
呵	kskG	口丁口[一]	弘	xcy	弓厶[丶]	瑚	gdeG	王古月[一]	欢	cqwY	又𠂊人[丶]	鳇	qgrG	鱼一白王
喝	kjqN	口曰勹乙	红	xaG	纟工[一]	鹕	deqG	古月勹一	獾	qtay	犭丿艹主	晃	jiQB	曰⺌儿[乙]
嗬	kawk	口艹亻口	宏	pdcU	宀ナ厶[冫]	槲	sqef	木𠂊用十	环	ggiY	王一小[丶]	幌	mhjq	冂丨曰儿
禾	tttT	禾禾禾禾	闳	udcI	门ナ厶[氵]	蝴	jdeG	虫古月[一]	桓	sgjg	木一日一	谎	yayQ	讠艹亠儿
合	wgkF	人一口[二]	泓	ixcY	氵弓厶[丶]	糊	odeG	米古月[一]	洹	igjg	氵一日一	恍	niqN	忄⺌儿[乙]
何	wskG	亻丁口[一]	虹	jaG	虫工[一]	醐	sgde	西一古月	还	gipI	一小辶[氵]	hui		
劾	yntl	亠乙丿力	鸿	iaqg	氵工勹一	縠	fpgc	士冖一又	萑	awyf	艹亻主[二]	灰	doU	ナ火[冫]
和	tKG	禾口[一]	洪	iawY	氵艹八[丶]	虎	haMV	虍七几[巛]	锾	qefc	钅爫二又	诙	ydoY	讠ナ火[丶]

字	86码	字根	字	86码	字根	字	86码	字根	字	86码	字根	字	86码	字根
咴	kdoY	口ナ火[丶]	锪	qqrN	钅勹彡心	箕	tadW	竹艹三八	剂	yjjh	文川刂[丨]	颊	guwm	一䒑人贝
恢	ndoY	忄ナ火[丶]	劐	awyj	艹亻主刂	畿	xxaL	幺幺戈田	季	tbF	禾子㊁	甲	lhnh	甲丨乙丨
挥	rplH	扌冖车[丨]	豁	pdhk	宀三丨口	稽	tdnj	禾尤乙曰	哜	kyjH	口文川[丨]	胛	elh	月甲[丨]
虺	gqji	一儿虫[氵]	攉	rfwy	扌雨亻主	齑	ydjj	文三刂川	既	vcaQ	彐厶二儿	贾	smu	西贝[冫]
晖	jplh	日冖车[丨]	活	itdG	氵丿古㊀	激	iryT	氵白方攵	洎	ithg	氵丿目㊀	钾	qlh	钅甲[丨]
珲	gplH	王冖车[丨]	伙	woY	亻火[丶]	墼	gjff	一曰十土	济	iyjH	氵文川[丨]	瘕	unhC	疒コ丨又
辉	iqpl	业儿冖车	火	oooO	火火火火	及	eyI	乃乀[氵]	继	xoNN	纟米乙[乙]	价	wwjH	亻人川[丨]
徽	tmgt	彳山一攵	钬	qoy	钅火[丶]	吉	fkF	士口㊁	觊	mnmq	山己冂儿	架	lksU	力口木[冫]
麾	yssn	广木木乙	夥	jsqQ	曰木夕夕	岌	meyu	山乃乀[冫]	偈	wjqN	亻曰勹乙	驾	lkcF	力口马㊁
蛔	jlkG	虫囗口㊀	货	wxmU	亻七贝[冫]	汲	ieyY	氵乃乀[丶]	寂	phIC	宀上小又	假	wnhC	亻コ丨又
回	lkd	囗口㊂	获	aqtD	艹犭丿犬	级	xeYY	纟乃乀[丶]	寄	pdsK	宀大丁口	稼	tpeY	禾宀豕[丶]
洄	ilkG	氵囗口㊀	或	akGD	戈口一㊂	即	vcbH	彐厶卩[丨]	悸	ntbG	忄禾子㊀	嫁	vpeY	女宀豕[丶]
悔	ntxU	忄𠂉母	祸	pykw	礻丶口人	极	seYY	木乃乀[丶]	祭	wfiU	癶二小[冫]		jian	
茴	alkf	艹囗口㊁	惑	akgn	戈口一心	亟	bkcG	了口又一	蓟	aqgj	艹鱼一刂	戋	gggt	戋一一丿
卉	faj	十廾[‖]	霍	fwyf	雨亻主㊁	佶	wfkg	亻士口㊀	暨	vcag	彐厶匚一	奸	vfh	女干[丨]
汇	ian	氵匚[乙]	镬	qawC	钅艹亻又	急	qvnU	𠂊彐心[冫]	跽	khnn	口止已心	尖	idU	小大[冫]
会	wfCU	人二厶[冫]	嚯	kfwy	口雨亻主	笈	teyu	竹乃乀[冫]	霁	fyjJ	雨文川[‖]	坚	jcfF	刂又土㊁
讳	yfnh	讠二乙丨	藿	afwy	艹雨亻主	疾	utdI	疒𠂉大[氵]	鲚	qgyj	鱼一文川	歼	gqtF	一夕丿十
绘	xwfc	纟人二厶	蠖	jawc	虫艹亻又	戢	kbnt	口耳乙丿	稷	tlwT	禾田八夂	间	ujD	门日㊂
荟	awfC	艹人二厶		ji		棘	gmii	一冂小小	鲫	qgvb	鱼一彐卩	肩	yned	丶尸月㊂
桧	swfC	木人二厶	讥	ymn	讠几[乙]	殛	gqbG	一夕了一	髻	defk	镸彡士口	艰	cvEY	又彐𠄌[丶]
诲	ytxU	讠𠂉母	击	fmk	二山[川]	集	wysU	亻主木[冫]	冀	uxlW	丬匕田八	兼	uvoU	䒑彐小[冫]
恚	ffnu	土土心[冫]	叽	kmn	口几[乙]	嫉	vutD	女疒𠂉大	骥	cuxW	马丬匕八	监	jtyl	刂𠂉丶皿
烩	owfC	火人二厶	饥	qnmN	𠂊乙几[乙]	楫	skbG	木口耳㊀	藉	adiJ	艹三小曰	笺	tgr	竹戋[彡]
贿	mdeG	贝ナ月㊀	乩	hknN	⺊口乙[乙]	蒺	autD	艹疒𠂉大		jia		菅	apnn	艹宀ココ
秽	tmqY	禾山夕[丶]	圾	feYY	土乃乀[丶]	辑	lkbg	车口耳㊀	加	lkG	力口㊀	湔	iueJ	氵䒑月刂
晦	jtxU	日𠂉母	机	smN	木几[乙]	瘠	uiwE	疒⺍人月	夹	guwI	一䒑人[氵]	犍	trvP	丿扌彐廴
喙	kxeY	口彑豕[丶]	玑	gmn	王几[乙]	蕺	akbt	艹口耳丿	佳	wffg	亻土土㊀	缄	xdgT	纟厂一丿
惠	gjhN	一曰丨心	肌	emN	月几[乙]	籍	tdij	竹三小曰	迦	lkpD	力口辶㊂	搛	ruvo	扌䒑彐小
缋	xkhM	纟口丨贝	芨	aeyU	艹乃乀[冫]	几	mtN	几丿乙	枷	slkG	木力口㊀	煎	uejo	䒑月刂灬
毁	vaMC	臼工几又	矶	dmn	石几[乙]	己	nngN	已乙一乙	浃	iguW	氵一䒑人	缣	xuvO	纟䒑彐小
慧	dhdn	三丨三心	鸡	cqyG	又勹丶一	虮	jmn	虫几[乙]	珈	glkG	王力口㊀	蒹	auvO	艹䒑彐小
蕙	agjN	艹一曰心	咭	kfkg	口士口㊀	挤	ryjH	扌文川[丨]	家	peU	宀豕[冫]	鲣	qgjf	鱼一刂土
蟪	jgjn	虫一曰心	迹	yopI	亠小辶[氵]	脊	iweF	⺍人月㊁	痂	ulkd	疒力口㊂	鹣	uvog	䒑彐小一
	hun		剞	dskj	大丁口刂	掎	rdsK	扌大丁口	笳	tlkf	竹力口㊁	鞯	afaB	廿串艹子
昏	qajf	𠂆七曰㊁	唧	kvcb	口彐厶卩	戟	fjaT	十早戈[丿]	袈	lkyE	力口亠𧘇	囝	lbD	囗子㊂
荤	aplj	艹冖车[‖]	姬	vahH	女匚丨丨	嵴	miwE	山⺍人月	葭	anhc	艹コ丨又	拣	ranw	扌七乙八
婚	vqAJ	女𠂆七曰	屐	ntfc	尸彳十又	麂	ynjm	广コ刂几	跏	khlk	口止力口	枧	smqn	木冂儿[乙]
阍	uqaJ	门𠂆七曰	积	tkwY	禾口八[丶]	计	yfH	讠十[丨]	嘉	fkuk	士口䒑口	俭	wwgi	亻人一⺍
浑	iplH	氵冖车[丨]	笄	tgaj	竹一廾[‖]	记	ynN	讠己[乙]	镓	qpeY	钅宀豕[丶]	柬	gliI	一罒小[氵]
馄	qnjx	𠂊乙曰匕	基	adWF	艹三八土	伎	wfcy	亻十又[丶]	岬	mlh	山甲[丨]	茧	aju	艹虫[冫]
魂	fcrC	二厶白厶	绩	xgmY	纟龶贝[丶]	纪	xnN	纟己[乙]	郏	guwb	一䒑人阝	捡	rwgi	扌人一⺍
诨	yplH	讠冖车[丨]	嵇	tdnm	禾尤乙山	妓	vfcY	女十又[丶]	荚	aguw	艹一䒑人	笕	tmqb	竹冂儿[巛]
混	ijxX	氵曰匕匕	犄	trdK	丿扌大口	忌	nnu	已心[冫]	恝	dhvn	三丨刀心	减	udgT	冫厂一丿
溷	iley	氵囗豕[丶]	缉	xkbG	纟口耳㊀	技	rfcY	扌十又[丶]	戛	dhaR	丆目戈[彡]	剪	uejv	䒑月刂刀
	huo		赍	fwwM	十人人贝	芰	afcu	艹十又[冫]	铗	qguw	钅一䒑人	检	swGI	木人一⺍
耠	diwK	三小人口	畸	ldSK	田大丁口	际	bfIY	阝二小[丶]	蛱	jguW	虫一䒑人	趼	khga	口止一廾

字	86码	字根	字	86码	字根	字	86码	字根	字	86码	字根	字	86码	字根
睑	hwgi	目人一䒑	桨	uqsU	丬夕木⑤	教	ftbt	土丿子攵	骱	mewJ	⺆月人川	鲸	qgyI	鱼一亠小
硷	dwgi	石人一䒑	蒋	auqF	艹丬夕寸	窖	pwtk	宀八丿口		jin		精	ogeG	米丰月㊀
裥	puuj	礻⺀门日	耩	diff	三小二土	酵	sgfb	西一土子	巾	mhk	冂丨⑩	井	fjk	二川⑩
锏	qujg	钅门日㊀	匠	arK	匚斤⑩	噍	kwyo	口亻主灬	今	wynb	人丶乙㊁	阱	bfjH	阝二川①
简	tujF	⺮门日㊀	降	btAH	阝夂匚丨	醮	sgwo	西一亻灬	斤	rttH	斤丿丿丨	刭	cajh	ス工刂①
谫	yueV	讠䒑月刀	洚	itaH	氵夂匚丨	觉	ipmq	⺍冖冂儿	金	qqqq	金金金金	肼	efjH	月二川①
戬	goga	一⺌一戋	绛	xtah	纟夂匚丨	嚼	kelF	口⺤罒寸	津	ivfh	氵彐二丨	颈	cadM	ス工𠂇贝
碱	ddgT	石厂一丿	酱	uqsg	丬夕西一		jie		矜	cbtn	マ卩丿乙	景	jyIU	日亠小⑤
翦	uejn	䒑月刂羽	犟	xkjh	弓口虫丨	阶	bwjH	阝人川①	衿	puwn	礻⺀人乙	儆	waqt	亻艹勹攵
謇	pfjy	宀二丨言	糨	oxKJ	米弓口虫	疖	ubk	疒卩⑩	筋	telb	⺮月力㊁	憬	njyI	忄日亠小
蹇	pfjh	宀二丨龰		jiao		皆	xxrF	匕匕白㊀	襟	pusI	礻⺀木小	警	aqky	艹勹口言
见	mqb	冂儿㊁	艽	avb	艹九㊁	接	ruvG	扌立女㊀	仅	wcy	亻又⊙	净	uqvH	冫⺈彐丨
件	wrhH	亻𠂉丨①	交	uqU	六乂⑤	秸	tfkg	禾士口㊀	卺	bigb	了⺌一㔾	弪	xcag	弓ス工㊀
建	vfhp	彐二丨廴	郊	uqbH	六乂阝①	喈	kxxr	口匕匕白	紧	jcXI	刂又幺小	径	tcaG	彳ス工㊀
剑	wgiJ	人一䒑刂	姣	vuqY	女六乂⊙	嗟	kuda	口丷𦍌工	堇	akgf	廿口丰㊀	迳	capD	ス工辶㊂
饯	qngt	𠂊乙戋①	娇	vtdj	女丿大川	揭	rjqN	扌曰勹乙	谨	yakG	讠廿口丰	胫	ecaG	月ス工㊀
牮	warH	亻弋𠂉丨	浇	iatQ	氵七丿儿	街	tffh	彳土土丨	锦	qrmH	钅白冂丨	痉	ucaD	疒ス工㊂
荐	adhB	艹ナ丨子	茭	auqu	艹六乂⑤	孑	bnhg	子乙丨一	廑	yakg	广廿口丰	竞	ukqb	立口儿㊁
贱	mgt	贝戋①	骄	ctdj	马丿大川	节	abJ	艹卩⑩	尽	nyuU	尸㇏⺀⑤	婧	vgeG	女丰月㊀
健	wvfP	亻彐二廴	胶	euQY	月六乂⊙	讦	yfh	讠干①	劲	calN	ス工力㊁	竟	ujqB	立日儿㊁
涧	iujg	氵门日㊀	椒	shiC	木上小又	劫	fcln	土厶力㊁	妗	vwyN	女人丶乙	敬	aqkT	艹勹口攵
舰	temq	丿舟冂儿	焦	wyoU	亻主灬⑤	杰	soU	木灬⑤	进	fjPK	二川辶⑩	靖	ugeG	立丰月㊀
渐	ilRH	氵车斤①	蛟	juqY	虫六乂⊙	诘	yfkG	讠士口㊀	近	rpK	斤辶⑩	境	fujQ	土立日儿
谏	yglI	讠一罒小	跤	khuq	口止六乂	拮	rfkG	扌士口㊀	荩	anyu	艹尸㇏⺀	獍	qtuq	犭丿立儿
槛	sjtL	木刂𠂉皿	僬	wwyo	亻亻主灬	洁	ifkG	氵士口㊀	晋	gogj	一⺌一日	静	geqH	丰月⺈丨
毽	tfnp	丿二乙廴	鲛	qguq	鱼一六乂	结	xfKG	纟士口㊀	浸	ivpC	氵彐冖又	镜	qujQ	钅立日儿
溅	imgt	氵贝戋①	蕉	awyO	艹亻主灬	桀	qahs	夕匚丨木	烬	onyU	火尸㇏⺀		jiong	
腱	evfp	月彐二廴	礁	dwyO	石亻主灬	婕	vgvH	女一彐龰	赆	mnyU	贝尸㇏⺀	扃	ynmk	丶尸冂口
践	khgT	口止戋①	鹪	wyog	亻主灬一	捷	rgvH	扌一彐龰	缙	xgoj	纟一⺌日	迥	mkpD	冂口辶㊂
鉴	jtyq	刂𠂉丶金	角	qeJ	⺈用⑩	颉	fkdM	士口𠂇贝	靳	afrH	廿申斤①	炯	omkG	火冂口㊀
键	qvfp	钅彐二廴	佼	wuqY	亻六乂⊙	睫	hgvH	目一彐龰	禁	ssfI	木木二小	窘	pwvk	宀八彐口
僭	waqj	亻匚儿日	挢	rtdj	扌丿大川	截	fawY	十戈亻主	觐	akgq	廿口丰儿	炅	jou	日火⑤
箭	tueJ	⺮䒑月刂	狡	qtuQ	犭丿六乂	碣	djqN	石曰勹乙	噤	kssi	口木木小		jiu	
踺	khvp	口止彐廴	绞	xuqY	纟六乂⊙	竭	ujqn	立曰勹乙		jing		纠	xnhH	纟乙丨①
	jiang		饺	qnuq	𠂊乙六乂	鲒	qgfk	鱼一士口	京	yiu	亠小⑤	究	pwvB	宀八九㊁
江	iaG	氵工㊀	皎	ruqY	白六乂⊙	羯	udjn	丷𦍌曰乙	泾	icaG	氵ス工㊀	鸠	vqyg	九勹丶一
姜	ugvF	丷王女㊀	矫	tdtj	𠂉大丿川	姐	vegG	女月一㊀	经	xCAG	纟ス工㊀	赳	fhnh	土龰乙丨
将	uqfY	丬夕寸⊙	脚	efcb	月土厶卩	解	qevH	⺈用刀丨	茎	acaF	艹ス工㊀	阄	uqjN	门⺈曰乙
茳	aiaF	艹氵工㊀	铰	quqY	钅六乂⊙	介	wjJ	人川⑩	荆	agaJ	艹一廾刂	啾	ktoY	口禾火⊙
浆	uqiU	丬夕水⑤	搅	ripq	扌⺍冖儿	戒	aak	戈廾⑩	惊	nyiy	忄亠小⊙	揪	rtoY	扌禾火⊙
豇	gkua	一口䒑工	剿	vjsj	巛日木刂	芥	awjJ	艹人川⑩	旌	yttg	方𠂉丿丰	鬏	deto	镸彡禾火
僵	wglG	亻一田一	敫	ryty	白方攵⊙	届	nmD	尸由㊂	菁	agef	艹丰月㊀	九	vtN	九丿乙
缰	xglG	纟一田一	徼	tryT	彳白方攵	界	lwjJ	田人川⑩	晶	jjjF	日日日㊀	久	qyI	ク㇏⑤
礓	dglG	石一田一	缴	xryT	纟白方攵	疥	uwjK	疒人川⑩	腈	egeg	月丰月㊀	灸	qyoU	ク㇏火⑤
疆	xfgG	弓土一一	叫	knHH	口乙丨①	诫	yaah	讠戈廾①	睛	hgEG	目丰月㊀	玖	gqyY	王ク㇏⊙
讲	yfjH	讠二川①	轿	ltdJ	车丿大川	借	wajG	亻艹日㊀	粳	ogjQ	米一曰乂	韭	djdg	三刂三一
奖	uqdU	丬夕大⑤	较	luQY	车六乂⊙	蚧	jwjH	虫人川①	兢	dqdQ	古儿古儿	酒	isgg	氵西一㊀

字	86码	字根
旧	hjG	丨日㊀
臼	vthG	臼丿丨一
咎	thkF	夂卜口㊁
疚	uqyI	疒久乀(氵)
柩	saqy	木匚夂乀
桕	svg	木臼㊀
厩	dvcQ	厂彐厶儿
救	fiyt	十氺丶攵
舅	vlLB	臼田力(《)
就	yiDN	亠小ナ乙
僦	wyiN	亻亠小乙
鹫	yidg	亠小ナ一
ju		
居	ndD	尸古㊂
拘	rqkG	扌勹口㊀
狙	qteg	犭丿月一
苴	aegf	艹月一㊁
驹	cqkG	马勹口㊀
疽	uegD	疒月一㊂
掬	rqoY	扌勹米(丶)
椐	sndG	木尸古㊀
琚	gndG	王尸古㊀
锔	qnnk	钅尸乙口
裾	pund	衤⺀尸古
雎	hwyG	目亻主㊀
鞠	afqO	廿串勹米
鞫	afqy	廿串勹言
局	nnkD	尸乙口㊂
桔	sfkG	木士口㊀
菊	aqoU	艹勹米(冫)
橘	scbk	木マ卩口
咀	kegG	口月一㊀
沮	iegG	氵月一㊀
举	iwfH	兴八二丨
矩	tdaN	𠂉大匚コ
莒	akkf	艹口口㊁
榉	siwH	木兴八丨
榘	tdas	𠂉大匚木
龃	hwbg	止人凵一
踽	khty	口止丿丶
句	qkd	勹口㊂
巨	and	匚コ㊂
讵	yang	讠匚コ㊀
拒	ranG	扌匚コ㊀
苣	aanF	艹匚コ㊁
具	hwU	且八(冫)
炬	oanG	火匚コ㊀
钜	qanG	钅匚コ㊀
俱	whwY	亻且八(丶)
倨	wndG	亻尸古㊀
剧	ndjH	尸古刂(丨)
惧	nhwY	忄且八(丶)
据	rndG	扌尸古㊀
距	khaN	口止匚コ
犋	trhw	丿扌且八
飓	mqhW	几㐅且八
锯	qndG	钅尸古㊀
窭	pwoV	宀八米女
聚	bctI	耳又丿氺
屦	ntov	尸彳米女
踞	khnd	口止尸古
遽	haeP	虍七豕辶
醵	sghe	西一虍豕
juan		
娟	vkeG	女口月㊀
捐	rkeG	扌口月㊀
涓	ikeG	氵口月㊀
鹃	keqG	口月勹一
镌	qwye	钅亻主乃
蠲	uwlj	丷八皿虫
卷	udbb	丷大㔾(《)
锩	qudb	钅丷大㔾
倦	wudB	亻丷大㔾
桊	udsU	丷大木(冫)
狷	qtke	犭丿口月
绢	xkeG	纟口月㊀
眷	udhf	丷大目㊁
鄄	sfbH	西土阝(丨)
jue		
噘	kduW	口厂丷人
撅	rduw	扌厂丷人
孓	byi	了丶(氵)
决	unWY	冫コ人(丶)
诀	ynwy	讠コ人(丶)
抉	rnwy	扌コ人(丶)
珏	ggyY	王王丶(丶)
绝	xqcN	纟𠂊巴(乙)
倔	wnbM	亻尸凵山
崛	mnbm	山尸凵山
掘	rnbm	扌尸凵山
桷	sqeH	木𠂊用(丨)
觖	qenW	𠂊用コ人
厥	dubw	厂丷凵人
劂	dubJ	厂丷凵刂
谲	ycbk	讠マ卩口
獗	qtdw	犭丿厂人
蕨	aduW	艹厂丷人
橛	sduW	木厂丷人
爵	elvF	爫罒彐寸
镢	qduw	钅厂丷人
蹶	khdw	口止厂人
矍	hhwC	目目亻又
爝	oelF	火爫罒寸
攫	rhhC	扌目目又
jun		
军	plJ	冖车(刂)
君	vtkd	彐丿口㊂
均	fquG	土勹冫㊀
钧	qqug	钅勹冫㊀
皲	plhC	冖车广又
菌	altU	艹口禾(冫)
筠	tfqu	竹土勹冫
麇	ynjt	广コ刂禾
俊	wcwT	亻厶八夂
郡	vtkb	彐丿口阝
峻	mcwT	山厶八夂
捃	rvtK	扌彐丿口
浚	icwt	氵厶八夂
骏	ccwt	马厶八夂
竣	ucwT	立厶八夂
ka		
咔	khhy	口上卜(丶)
咖	klkG	口力口㊀
喀	kptK	口宀夂口
卡	hhu	上卜(冫)
佧	whhY	亻上卜(丶)
胩	ehHY	月上卜(丶)
咯	ktkG	口夂口㊀
kai		
开	gaK	一廾(川)
揩	rxxr	扌匕匕白
锎	quga	钅门一廾
凯	mnmN	山己几(乙)
剀	mnjH	山己刂(丨)
垲	fmnN	土山己(乙)
恺	nmnN	忄山己(乙)
铠	qmnN	钅山己(乙)
慨	nvcQ	忄彐厶儿
蒈	axxr	艹匕匕白
楷	sxXR	木匕匕白
锴	qxxR	钅匕匕白
忾	nrnN	忄𠂉乙(乙)
kan		
槛	sjtL	木刂𠂉皿
刊	fjh	干刂(丨)
勘	adwl	艹三八力
龛	wgkx	人一口匕
堪	fadN	土艹三乙
戡	adwa	艹三八戈
坎	fqwY	土𠂊人(丶)
侃	wkqN	亻口儿(乙)
砍	dqwY	石𠂊人(丶)
莰	afqw	艹土𠂊人
看	rhf	手目㊁
阚	unbT	门乙耳攵
瞰	hnbT	目乙耳攵
kang		
康	yviI	广彐氺(氵)
慷	nyvI	忄广彐氺
糠	oyvi	米广彐氺
亢	ymb	亠几(《)
扛	rag	扌工㊀
伉	wymN	亻亠几(乙)
抗	rymn	扌亠几(乙)
闶	uymv	门亠几(巛)
炕	oymN	火亠几(乙)
钪	qymn	钅亠几(乙)
kao		
尻	nvv	尸九(巛)
考	ftgN	土丿一乙
拷	rftN	扌土丿乙
栲	sftn	木土丿乙
烤	oftN	火土丿乙
铐	qftn	钅土丿乙
犒	tryk	丿扌亠口
靠	tfkd	丿土口三
ke		
蚵	jskG	虫丁口㊀
坷	fskG	土丁口㊀
苛	asKF	艹丁口㊁
柯	sskG	木丁口㊀
珂	gskG	王丁口㊀
科	tuFH	禾冫十(丨)
轲	lskG	车丁口㊀
疴	uskd	疒丁口㊂
钶	qskG	钅丁口㊀
棵	sjsY	木曰木(丶)
颏	yntm	亠乙丿贝
稞	tjsy	禾曰木(丶)
窠	pwjS	宀八曰木
颗	jsdM	曰木丆贝
瞌	hfcl	目土厶皿
磕	dfcL	石土厶皿
蝌	jtuF	虫禾冫十
髁	mejS	骨月曰木
壳	fpmB	士冖几(《)
咳	kynw	口亠乙人
可	skD	丁口㊂
岢	mskF	山丁口㊁
渴	ijqN	氵曰勹乙
克	dqB	古儿(《)
刻	yntJ	亠乙丿刂
客	ptKF	宀夂口㊁
恪	ntkg	忄夂口㊀
课	yjsY	讠曰木(丶)
氪	rndq	𠂉乙古儿
骒	cjSY	马曰木(丶)
缂	xafh	纟廿串(丨)
嗑	kfcl	口土厶皿
溘	ifcl	氵土厶皿
锞	qjsY	钅曰木(丶)
ken		
肯	heF	止月㊁
垦	vefF	彐⻀土㊁
恳	venu	彐⻀心(冫)
啃	kheG	口止月㊀
裉	puve	衤⺀彐⻀
keng		
坑	fymN	土亠几(乙)
吭	kymN	口亠几(乙)
铿	qjcF	钅刂又土
kong		
空	pwAF	宀八工㊁
倥	wpwA	亻宀八工
崆	mpwA	山宀八工
箜	tpwA	竹宀八工
恐	amyn	工几丶心
孔	bnn	子乙(乙)
控	rpwA	扌宀八工
kou		
抠	raqY	扌匚乂(丶)
芤	abnB	艹子乙(《)
眍	haqY	目匚乂(丶)
口	kkkk	口口口口
叩	kbh	口卩(丨)

字	86码	字根	字	86码	字根	字	86码	字根	字	86码	字根	字	86码	字根
扣	rkG	扌口㊀	纩	xyt	纟广[丿]		kuo		览	jtyq	刂⺈丶儿	勒	aflN	廿串力[乙]
寇	pfqc	宀二儿又	况	ukqN	冫口儿[乙]	括	rtdG	扌丿古㊀	揽	rjtQ	扌刂⺈儿	鳓	qgal	鱼一廿力
筘	trkF	⺮扌口㊁	旷	jyt	日广[丿]	扩	ryT	扌广[丿]	缆	xjtQ	纟刂⺈儿	了	bNH	了乙丨
蔻	apfl	艹宀二又	矿	dyt	石广[丿]	栝	stdG	木丿古㊀	榄	sjtq	木刂⺈儿		lei	
	ku		贶	mkqN	贝口儿[乙]	蛞	jtdg	虫丿古㊀	榄	sjtq	木刂⺈儿	雷	flf	雨田㊁
刳	dfnj	大二乙刂	框	sagg	木匚王㊀	廓	yybB	广亠子阝	漤	issv	氵木木女	嫘	vlxI	女田幺小
枯	sdG	木古㊀	眶	hagG	目匚王㊀	阔	uitD	门氵丿古	罱	lfmF	罒十冂十	缧	xlxi	纟田幺小
哭	kkdu	口口犬[冫]		kui			la		懒	ngkm	忄一口贝	檑	sflG	木雨田㊀
堀	fnbm	土尸凵山	亏	fnv	二乙[巛]	垃	fug	土立㊀	烂	oufg	火丷二㊀	镭	qflG	钅雨田㊀
窟	pwnM	宀八尸山	岿	mjvF	山刂彐㊁	拉	ruG	扌立㊀	滥	ijtL	氵刂⺈皿	羸	ynky	亠乙口丶
骷	medg	冎月古㊀	悝	njfg	忄曰土㊀	啦	kruG	口扌立㊀		lang		耒	dii	三小[氵]
苦	adf	艹古㊁	盔	dolF	大火皿㊁	邋	vlqP	巛囗乂辶	啷	kyvB	口丶彐阝	诔	ydiy	讠三小[丶]
库	ylk	广车[川]	窥	pwfq	宀八二儿	旯	jvb	日九[巜]	郎	yvcb	丶彐厶阝	垒	cccf	厶厶厶土
绔	xdfN	纟大二乙	奎	dfff	大土土㊁	砬	dug	石立㊀	狼	qtyE	犭丿丶ㄟ	蕾	aflf	艹雨田㊁
酷	sgtk	西一丿口	逵	fwfp	土八土辶	喇	kgkJ	口一口刂	廊	yyvB	广丶彐阝	磊	dddF	石石石㊁
裤	puyl	衤冫广车	馗	vuth	九丷丿目	剌	gkij	一口小刂	琅	gyvE	王丶彐ㄟ	儡	wllL	亻田田田
	kua		喹	kdfF	口大土土	蜡	jajG	虫艹日㊀	榔	syvB	木丶彐阝	肋	elN	月力[乙]
夸	dfnB	大二乙[巜]	揆	rwgd	扌癶一大	瘌	ugkj	疒一口刂	稂	tyvE	禾丶彐ㄟ	泪	ihg	氵目㊀
侉	wdfn	亻大二乙	葵	awgD	艹癶一大	腊	eajG	月艹日㊀	锒	qyve	钅丶彐ㄟ	类	odU	米大[冫]
垮	fdfn	土大二乙	暌	jwgd	日癶一大	辣	ugkI	辛一口小	螂	jyvB	虫丶彐阝	累	lxIU	田幺小[冫]
挎	rdfn	扌大二乙	魁	rqcf	白儿厶十		lai		朗	yvcE	丶彐厶月	酹	sgeF	西一爫寸
跨	khdN	口止大乙	睽	hwgd	目癶一大	来	goI	一米[氵]	阆	uyvE	门丶彐ㄟ	擂	rflG	扌雨田㊀
胯	edfN	月大二乙	蝰	jdff	虫大土土	崃	mgoY	山一米[丶]	浪	iyvE	氵丶彐ㄟ	嘞	kafL	口廿串力
	kuai		夔	uhtT	丷止丿夂	徕	tgoY	彳一米[丶]	蒗	aiye	艹氵丶ㄟ		leng	
蒯	aeej	艹月月刂	傀	wrqC	亻白儿厶	涞	igoY	氵一米[丶]		lao		塄	flyN	土罒方[乙]
块	fnwY	土ユ人[丶]	跬	khff	口止土土	莱	agoU	艹一米[冫]	捞	rapL	扌艹冖力	棱	sfwT	木土八夂
快	nnwY	忄ユ人[丶]	匮	akhM	匚口丨贝	铼	qgoy	钅一米[丶]	劳	bplB	艹冖力[巜]	楞	slYN	木罒方[乙]
侩	wwfc	亻人二厶	喟	kleG	口田月㊀	赉	gomU	一米贝[冫]	牢	prhJ	宀⺧丨[刂]	冷	uwyc	冫人丶マ
郐	wfcb	人二厶阝	愦	nkhm	忄口丨贝	睐	hgoY	目一米[丶]	唠	kapL	口艹冖力	愣	nlyN	忄罒方[乙]
哙	kwfc	口人二厶	愧	nrqC	忄白儿厶	赖	gkim	一口小贝	崂	mapL	山艹冖力		li	
狯	qtwc	犭丿人厶	溃	ikhM	氵口丨贝	濑	igkm	氵一口贝	痨	uapL	疒艹冖力	厘	djfd	厂曰土㊂
脍	ewfC	月人二厶	蒉	akhm	艹口丨贝	癞	ugkm	疒一口贝	铹	qapL	钅艹冖力	梨	tjsU	禾刂木[冫]
筷	tnnW	⺮忄ユ人	馈	qnkM	饣乙口贝	籁	tgkm	⺮一口贝	醪	sgne	西一羽彡	狸	qtjf	犭丿曰土
	kuan		篑	tkhm	⺮口丨贝		lan		老	ftxB	土丿匕[巜]	离	ybMC	文凵冂厶
宽	paMQ	宀艹冂儿	聩	bkhM	耳口丨贝	兰	uff	丷二㊁	佬	wftX	亻土丿匕	莉	atjJ	艹禾刂[刂]
髋	mepq	冎月宀儿		kun		岚	mmqu	山几乂[冫]	姥	vftX	女土丿匕	骊	cgMY	马一冂丶
款	ffiW	士二小人	坤	fjhh	土曰丨[丨]	拦	rufG	扌丷二㊀	栳	sftx	木土丿匕	犁	tjrH	禾刂⺧丨
	kuang		昆	jxXB	曰匕匕[巜]	栏	sufG	木丷二㊀	铑	qftx	钅土丿匕	喱	kdjf	口厂曰土
匡	agd	匚王㊂	琨	gjxX	王曰匕匕	婪	ssvF	木木女㊁	涝	iapL	氵艹冖力	鹂	gmyg	一冂丶一
诓	yagg	讠匚王㊀	锟	qjxX	钅曰匕匕	阑	ugli	门一罒小	烙	otkG	火夂口㊀	漓	iybc	氵文凵厶
哐	kagG	口匚王㊀	髡	degq	镸彡一儿	蓝	ajtL	艹刂⺈皿	耢	dial	三小艹力	缡	xybC	纟文凵厶
筐	tagF	⺮匚王㊁	醌	sgjx	西一曰匕	谰	YugI	讠门一小	酪	sgtk	西一夂口	蓠	aybc	艹文凵厶
狂	qtgG	犭丿王㊀	鲲	qgjx	鱼一曰匕	澜	iugI	氵门一小		le		蜊	jtjH	虫禾刂[丨]
诳	yqtG	讠犭丿王	悃	nlsY	忄囗木[丶]	褴	pujl	衤冫刂皿	仂	wln	亻力[乙]	嫠	fitV	二小夂女
夼	dkj	大川[刂]	捆	rlsY	扌囗木[丶]	斓	yugI	文门一小	乐	qiI	⺁小[氵]	璃	gybC	王文凵厶
邝	ybh	广阝[丨]	阃	ulsI	门囗木[氵]	篮	tjtl	⺮刂⺈皿	叻	kln	口力[乙]	黎	tqtI	禾勹丿氺
圹	fyt	土广[丿]	困	lsI	囗木[氵]	镧	qugi	钅门一小	泐	iblN	氵阝力[乙]	篱	tybC	⺮文凵厶

字	86码	字根	字	86码	字根	字	86码	字根	字	86码	字根	字	86码	字根
罹	lnwY	罒忄亻圭	笠	tuf	竹立[二]	粱	ivwo	氵刀八米	啉	kssY	口木木[丶]	呤	kwyc	口人丶マ
藜	atqI	艹禾勹氺	粒	oug	米立[一]	墚	fivS	土氵刀木	淋	issY	氵木木[丶]		liu	
黧	tqto	禾勹丿灬	粝	oddN	米厂丆乙	踉	khye	口止丶𧘇	琳	gssY	王木木[丶]	溜	iqyl	氵𠂆丶田
蠡	xejJ	ㄅ豕虫虫	蛎	jddN	虫厂丆乙	两	gmww	一冂人人	粼	oqab	米夕匚巛	熘	oqyl	火𠂆丶田
礼	pynn	礻丶乙[乙]	傈	wssY	亻西木[丶]	魉	rqcw	白儿厶人	嶙	moqH	山米夕丨	刘	yjH	文刂[丨]
李	sbF	木子[二]	痢	utjK	疒禾刂[川]	亮	ypmB	亠冖几[巜]	遴	oqaP	米夕匚辶	浏	iyjh	氵文刂[丨]
里	jfd	曰土[三]	詈	lyf	罒言[二]	谅	yyiY	讠亠小[丶]	辚	loQH	车米夕丨	流	iycQ	氵亠厶儿
俚	wjfG	亻曰土[一]	跞	khqi	口止𠂆小	辆	lgmW	车一冂人	霖	fssU	雨木木[冫]	留	qyvl	𠂆丶刀田
哩	kjfG	口曰土[一]	雳	fdlb	雨厂力[巜]	晾	jyiy	日亠小[丶]	磷	doqH	石米夕丨	琉	gycQ	王亠厶儿
娌	vjfg	女曰土[一]	溧	issy	氵西木[丶]	量	jgJF	曰一曰土	鳞	qgoH	鱼一米丨	硫	dycQ	石亠厶儿
逦	gmyp	一冂丶辶	篥	tssU	竹西木[冫]		liao		麟	ynjh	广コ刂丨	旒	ytyq	方𠂉亠儿
理	gjFG	王曰土[一]		lian		潦	idui	氵大丷小	凛	uylI	冫亠口小	遛	qyvp	𠂆丶刀辶
锂	qjfG	钅曰土[一]	奁	daqU	大匚乂[冫]	辽	bpK	了辶[川]	廪	yyli	广亠口小	馏	qnql	饣乙𠂆田
鲤	qgjf	鱼一曰土	连	lpk	车辶[川]	疗	ubk	疒了[川]	懔	nylI	忄亠口小	骝	cqyl	马𠂆丶田
澧	imaU	氵冂艹丷	帘	pwmH	宀八冂丨	聊	bqtB	耳𠂆丿卩	檩	syli	木亠口小	榴	sqyL	木𠂆丶田
醴	sgmu	西一冂丷	怜	nwyc	忄人丶マ	僚	wduI	亻大丷小	吝	ykf	文口[二]	瘤	uqyl	疒𠂆丶田
鳢	qgmu	鱼一冂丷	涟	ilpY	氵车辶[丶]	寥	pnwE	宀羽人彡	赁	wtfm	亻丿士贝	镏	qqyl	钅𠂆丶田
力	ltN	力丿乙	莲	alpU	艹车辶[冫]	廖	ynwE	广羽人彡	蔺	auwY	艹门亻圭	鎏	iycq	氵亠厶金
历	dlV	厂力[巛]	联	buDY	耳丷大[丶]	嘹	kdui	口大丷小	膦	eoqH	月米夕丨	柳	sqtB	木𠂆丿卩
厉	ddnV	厂丆乙[巛]	裢	pulP	礻く车辶	寮	pduI	宀大丷小	躏	khay	口止艹圭	绺	xthK	纟夂卜口
立	uuUU	立立立立	廉	yuvo	广丷彐小	撩	rduI	扌大丷小		ling		锍	qycq	钅亠厶儿
吏	gkqI	一口乂[氵]	鲢	qglp	鱼一车辶	獠	qtdi	犭丿大小	伶	wwyc	亻人丶マ	六	uyGY	六丶一㇏
丽	gmyY	一冂丶丶	濂	iyuO	氵广丷小	燎	odui	火大丷小	灵	voU	彐火[冫]	鹨	nweg	羽人彡一
利	tjh	禾刂[丨]	臁	eyuO	月广丷小	镣	qduI	钅大丷小	囹	lwyC	口人丶マ		long	
励	ddnl	厂丆乙力	镰	qyuo	钅广丷小	鹩	dujg	大丷曰一	岭	mwyc	山人丶マ	龙	dxV	𠂇匕[巛]
呖	kdlN	口厂力[乙]	蠊	jyuO	虫广丷小	钌	qbh	钅了[丨]	泠	iwyc	氵人丶マ	咙	kdxN	口𠂇匕[乙]
坜	fdlN	土厂力[乙]	敛	wgit	人一丷攵	蓼	anwE	艹羽人彡	苓	awyc	艹人丶マ	泷	idxN	氵𠂇匕[乙]
沥	idlN	氵厂力[乙]	琏	glpY	王车辶[丶]	料	ouFH	米⺀十[丨]	柃	swyc	木人丶マ	茏	adxB	艹𠂇匕[巜]
苈	adlB	艹厂力[巜]	脸	ewGI	月人一丷	撂	rltK	扌田夂口	玲	gwyC	王人丶マ	栊	sdxN	木𠂇匕[乙]
例	wgqJ	亻一夕刂	裣	puwi	礻く人丷		lie		瓴	wycn	人丶マ乙	珑	gdxN	王𠂇匕[乙]
戾	yndI	丶尸犬[氵]	蔹	awgt	艹人一攵	咧	kgqJ	口一夕刂	凌	ufwT	冫土八夂	胧	edxN	月𠂇匕[乙]
枥	sdlN	木厂力[乙]	练	xanW	纟七乙八	列	gqJH	一夕刂[丨]	铃	qwyc	钅人丶マ	砻	dxdF	𠂇匕石[二]
疠	udnv	疒丆乙[巛]	炼	oanw	火七乙八	劣	itlB	小丿力[巜]	陵	bfwT	阝土八夂	笼	tdxB	竹𠂇匕[巜]
隶	vii	彐氺[氵]	恋	yonU	亠⺌心[冫]	冽	ugqJ	冫一夕刂	棂	svoY	木彐火[丶]	聋	dxbF	𠂇匕耳[二]
俐	wtjH	亻禾刂[丨]	殓	gqwI	一夕人丷	洌	igqJ	氵一夕刂	绫	xfwT	纟土八夂	隆	btgG	阝夂一丰
俪	wgmy	亻一冂丶	链	qlpY	钅车辶[丶]	埒	fefY	土爫寸[丶]	羚	udwc	丷𫇦人マ	癃	ubtg	疒阝夂丰
栎	sqiY	木𠂆小[丶]	楝	sglI	木一罒小	烈	gqjo	一夕刂灬	翎	wycn	人丶マ羽	窿	pwbG	宀八阝丰
疬	udlV	疒厂力[巛]	潋	iwgt	氵人一攵	捩	rynd	扌丶尸犬	聆	bwyc	耳人丶マ	陇	bdxN	阝𠂇匕[乙]
荔	allL	艹力力力		liang		猎	qtaJ	犭丿艹日	菱	afwt	艹土八夂	垄	dxfF	𠂇匕土[二]
轹	lqiY	车𠂆小[丶]	冫	uyg	冫丶一	裂	gqje	一夕刂𧘇	蛉	jwyc	虫人丶マ	垅	fdxN	土𠂇匕[乙]
郦	gmyb	一冂丶阝	靓	gemQ	龶月冂儿	趔	fhgj	土龰一刂	零	fwyc	雨人丶マ	拢	rdxN	扌𠂇匕[乙]
栗	ssu	西木[冫]	俩	wgmW	亻一冂人	躐	khvn	口止巛乙	龄	hwbc	止人凵マ		lou	
猁	qttJ	犭丿禾刂	良	yvEI	丶彐𧘇[氵]	鬣	devn	镸彡巛乙	鲮	qgft	鱼一土夂	娄	ovF	米女[二]
砺	dddN	石厂丆乙	凉	uyiy	冫亠小[丶]		lin		酃	fkkB	雨口口阝	喽	kovG	口米女[一]
砾	dqiY	石𠂆小[丶]	梁	ivwS	氵刀八木	邻	wycb	人丶マ阝	领	wycm	人丶マ贝	蒌	aovf	艹米女[二]
莅	awuf	艹亻立[二]	椋	syiy	木亠小[丶]	林	ssY	木木[丶]	令	wycU	人丶マ[冫]	楼	sovG	木米女[一]
唳	kynd	口丶尸犬	粮	oyvE	米丶彐𧘇	临	jtyJ	刂𠂉丶罒	另	klB	口力[巜]	耧	dioV	三小米女

字	86码	字根	字	86码	字根	字	86码	字根	字	86码	字根	字	86码	字根
蝼	jovG	虫米女[一]	鹭	khtg	口止夂一	荦	aprH	艹冖⺧丨	迈	dnpV	丆乙辶[巛]	峁	mqtB	山⺁丿卩
髅	meoV	冎月米女	麓	ssyx	木木广匕	骆	ctkG	马夂口[一]	麦	gtu	龶夂[冫]	铆	qqtB	钅⺁丿卩
嵝	movG	山米女[一]	氇	tfnj	丿二乙曰	珞	gtkG	王夂口[一]	卖	fnud	十乙冫大	茂	adnT	艹厂乙丿
搂	roVG	扌米女[一]	luan			落	aitK	艹氵夂口	脉	eyni	月丶乙八	冒	jhf	曰目[二]
篓	tovF	⺮米女[二]	娈	yovF	亠小女[二]	摞	rlxI	扌田幺小	man			贸	qyvM	⺁丶刀贝
陋	bgmN	阝一冂乙	孪	yobF	亠小子[二]	漯	ilxI	氵田幺小	颟	agmm	艹一冂贝	耄	ftxn	土丿匕乙
漏	infy	氵尸雨[丶]	峦	yomJ	亠小山[刂]	雒	tkwy	夂口亻主	蛮	yojU	亠小虫[冫]	袤	ycbe	亠⺓卩𧘇
瘘	uovD	疒米女[三]	挛	yorJ	亠小手[刂]	lü			馒	qnjc	⺈乙曰又	帽	mhjH	冂丨曰目
镂	qovG	钅米女[一]	栾	yosU	亠小木[冫]	滤	ihaN	氵虍七心	瞒	hagw	目艹一人	瑁	gjhg	王曰目[一]
偻	wovG	亻米女[一]	鸾	yoqG	亠小勹一	驴	cynT	马丶尸[丿]	鞔	afqq	廿串⺈儿	瞀	cbth	⺓卩丿目
lu			脔	yomw	亠小冂人	闾	ukkd	门口口[三]	满	iagw	氵艹一人	貌	eerq	爫豸白儿
露	fkhk	雨口止口	滦	iyos	氵亠小木	榈	sukK	木门口口	螨	jagw	虫艹一人	懋	scbn	木⺓卩心
噜	kqgJ	口⺈田一曰	銮	yoqf	亠小金[二]	吕	kkF	口口[二]	曼	jlcU	曰罒又[冫]	me		
撸	rqgJ	扌⺈田一曰	卵	qytY	⺁丶丿丶	侣	wkkG	亻口口[一]	谩	yjlC	讠曰罒又	么	tcU	丿厶[冫]
卢	hnE	⺊尸[彡]	乱	tdnN	丿古乙[乙]	旅	ytey	方𠂉𧘇[丶]	墁	fjlC	土曰罒又	麽	yssc	广木木厶
庐	yyne	广丶尸[彡]	lüe			稆	tkkG	禾口口[一]	幔	mhjc	冂丨曰又	mei		
芦	aynr	艹丶尸[〃]	掠	ryiy	扌亠小[丶]	铝	qkkG	钅口口[一]	慢	njLC	忄曰罒又	没	imCY	氵几又[丶]
垆	fhnt	土⺊尸[丿]	略	ltkG	田夂口[一]	屡	noVD	尸米女[三]	漫	ijlc	氵曰罒又	枚	sty	木攵[丶]
泸	ihnT	氵⺊尸[丿]	锊	qefy	钅爫寸[丶]	缕	xovG	纟米女[一]	缦	xjlC	纟曰罒又	玫	gtY	王攵[丶]
炉	oynT	火丶尸[丿]	lun			膂	ytee	方𠂉氏月	蔓	ajlC	艹曰罒又	眉	nhd	尸目[三]
栌	shnt	木⺊尸[丿]	抡	rwxN	扌人匕[乙]	褛	puoV	礻冫米女	熳	ojlC	火曰罒又	莓	atxU	艹𠂉⺟冫
胪	ehnt	月⺊尸[丿]	仑	wxb	人匕[巜]	履	nttT	尸彳𠂉夂	镘	qjlC	钅曰罒又	梅	stxU	木𠂉⺟冫
轳	lhnt	车⺊尸[丿]	伦	wwxN	亻人匕[乙]	律	tvfh	彳彐二丨	mang			媒	vafS	女艹二木
鸬	hnqG	⺊尸勹一	囵	lwxV	囗人匕[巛]	虑	hanI	虍七心[氵]	邙	ynbH	亠乙阝[丨]	嵋	mnhG	山尸目[一]
舻	tehN	丿舟⺊尸	沦	iwxN	氵人匕[乙]	率	yxIF	亠幺冫十	忙	nynn	忄亠乙[乙]	湄	inhG	氵尸目[一]
颅	hndm	⺊尸丆贝	纶	xwxN	纟人匕[乙]	绿	xvIY	纟彐氺[丶]	芒	aynB	艹亠乙[巜]	猸	qtnh	犭丿尸目
卤	hlQI	⺊囗乂[氵]	轮	lwxN	车人匕[乙]	氯	rnvI	𠂉乙彐氺	盲	ynhF	亠乙目[二]	楣	snhG	木尸目[一]
虏	halv	虍七力[巛]	论	ywxN	讠人匕[乙]	捋	refy	扌爫寸[丶]	茫	aiyN	艹氵亠乙	煤	oaFS	火艹二木
掳	rhaL	扌虍七力	luo			ma			硭	dayN	石艹亠乙	酶	sgtu	西一𠂉冫
鲁	qgjF	⺈田一曰[二]	罗	lqU	罒夕[冫]	妈	vcG	女马[一]	莽	adaJ	艹犬廾[刂]	镅	qnhG	钅尸目[一]
橹	sqgJ	木⺈田一曰	猡	qtlq	犭丿罒夕	麻	yssI	广木木[氵]	漭	iada	氵艹犬廾	鹛	nhqG	尸目勹一
镥	qqgJ	钅⺈田一曰	脶	ekmW	月口冂人	蟆	jajd	虫艹曰大	蟒	jada	虫艹犬廾	霉	ftxu	雨𠂉⺟冫
陆	bfmH	阝二山[丨]	萝	alqU	艹罒夕[冫]	马	cnNG	马乙乙一	氓	ynna	亠乙巳弋	每	txgU	𠂉⺟一冫
录	viU	彐氺[冫]	逻	lqpI	罒夕辶[氵]	犸	qtcg	犭丿马[一]	mao			美	ugdu	丷王大[冫]
赂	mtkG	贝夂口[一]	椤	slqY	木罒夕[丶]	玛	gcg	王马[一]	猫	qtal	犭丿艹田	浼	iqkQ	氵⺈口儿
渌	iviY	氵彐氺[丶]	锣	qlqY	钅罒夕[丶]	码	dcg	石马[一]	毛	tfnV	丿二乙[巛]	镁	qugD	钅丷王大
逯	vipi	彐氺辶[氵]	箩	tlqU	⺮罒夕[冫]	蚂	jcg	虫马[一]	矛	cbtR	⺓卩丿[〃]	妹	vfiY	女二小[丶]
鹿	ynjX	广コ刂匕	骡	clxI	马田幺小	杩	scg	木马[一]	牦	trtn	丿扌丿乙	昧	jfiY	日二小[丶]
禄	pyvI	礻丶彐氺	镙	qlxI	钅田幺小	骂	kkcF	口口马[一]	茅	acbt	艹⺓卩丿	袂	punW	礻冫コ人
碌	dviY	石彐氺[丶]	螺	jlxI	虫田幺小	吗	kcg	口马[一]	旄	yttn	方𠂉丿乙	媚	vnhG	女尸目[一]
路	khtK	口止夂口	倮	wjsY	亻曰木[丶]	嘛	kySS	口广木木	锚	qalG	钅艹田[一]	寐	pnhi	宀乙丨小
漉	iynx	氵广コ匕	裸	pujs	礻冫曰木	mai			髦	detn	镸彡丿乙	魅	rqci	白儿厶小
戮	nweA	羽人彡戈	瘰	ulxI	疒田幺小	埋	fjfG	土曰土[一]	蝥	cbtj	⺓卩丿虫	men		
辘	lynX	车广コ匕	蠃	ynky	亠乙口丶	霾	feef	雨爫豸土	卯	qtbh	⺁丿卩[丨]	门	uyhN	门丶丨乙
潞	ikhk	氵口止口	泺	iqiY	氵⺁小[丶]	买	nudu	乙冫大[氵]	昴	jqtB	曰⺁丿卩	扪	run	扌门[乙]
璐	gkhk	王口止口	洛	itkG	氵夂口[一]	荬	anud	艹乙冫大	泖	iqtB	氵⺁丿卩	钔	qun	钅门[乙]
簏	tynx	⺮广コ匕	络	xtkG	纟夂口[一]	劢	dnlN	丆乙力[乙]	茆	aqtb	艹⺁丿卩	闷	uni	门心[氵]

字	86码	字根	字	86码	字根	字	86码	字根	字	86码	字根	字	86码	字根
焖	ounY	火门心⊙	幂	pjdH	冖曰大丨	珉	gnaN	王巳七Ⓩ	莫	ajdU	艹曰大(冫)	纳	xmwY	纟冂人⊙
懑	iagn	氵艹一心	谧	yntl	讠心丿皿	缗	xnaJ	纟巳七曰	寞	pajD	宀艹曰大	肭	emwY	月冂人⊙
们	wuN	亻门Ⓩ	嘧	kpnM	口宀心山	皿	lhnG	皿丨乙一	漠	iajD	氵艹曰大	娜	vvfB	女刀二阝
meng			蜜	pntj	宀心丿虫	闵	uyi	门文(氵)	蓦	ajdc	艹曰大马	衲	pumw	衤冫冂人
虻	jynN	虫亠乙Ⓩ	**mian**			抿	rnaN	扌巳七Ⓩ	貊	eedJ	爫豸丆日	钠	qmwY	钅冂人⊙
萌	ajeF	艹日月㊁	眠	hnaN	目巳七Ⓩ	泯	inaN	氵巳七Ⓩ	墨	lfof	罒土灬土	捺	rdfi	扌大二小
盟	jelF	日月皿㊁	绵	xrMH	纟白冂丨	闽	uji	门虫(氵)	瘼	uajd	疒艹曰大	呐	kmwY	口冂人⊙
甍	alpn	艹罒冖乙	棉	srmH	木白冂丨	悯	nuyY	忄门文⊙	镆	qajd	钅艹曰大	**nai**		
瞢	alph	艹罒冖目	免	qkqB	勹口儿(巜)	敏	txgt	𠂉母一攵	默	lfod	罒土灬犬	乃	etn	乃丿乙
朦	eapE	月艹冖豕	沔	ighN	氵一卜乙	愍	natn	巳七攵心	貘	eeaD	爫豸艹大	奶	veN	女乃Ⓩ
檬	sapE	木艹冖豕	勉	qkql	勹口儿力	鳘	txgg	𠂉母一一	耱	diyD	三小广石	艿	aeb	艹乃(巜)
礞	dapE	石艹冖豕	眄	hghN	目一卜乙	**ming**			**mou**			氖	rneV	𠂉乙乃(巛)
艨	teae	丿舟艹豕	娩	vqkQ	女勹口儿	名	qkF	夕口㊁	蛑	jcrH	虫厶𠂉丨	奈	dfiU	大二小(冫)
勐	bllN	子皿力Ⓩ	冕	jqkq	曰勹口儿	明	jeG	日月㊀	蝥	cbtj	マ卩丿虫	柰	sfiu	木二小(冫)
猛	qtbl	犭丿子皿	湎	idmD	氵丆冂三	鸣	kqyG	口勹丶一	哞	kcrH	口厶𠂉丨	耐	dmjf	丆冂刂寸
蒙	apgE	艹冖一豕	缅	xdmd	纟丆冂三	茗	aqkf	艹夕口㊁	牟	crHJ	厶𠂉丨(刂)	萘	adfi	艹大二小
锰	qblG	钅子皿㊀	腼	edmd	月丆冂三	冥	pjuU	冖曰六(冫)	侔	wcrH	亻厶𠂉丨	鼐	ehnN	乃目乙乙
艋	tebl	丿舟子皿	面	dmJD	丆冂刂三	铭	qqkG	钅夕口㊀	眸	hcrH	目厶𠂉丨	**nan**		
蜢	jblG	虫子皿㊀	渑	ikjN	氵口曰乙	溟	ipju	氵冖曰六	谋	yafS	讠艹二木	囡	lvd	囗女㊂
懵	nalH	忄艹罒目	**miao**			暝	jpju	日冖曰六	鍪	cbtq	マ卩丿金	男	llB	田力(巜)
蠓	japE	虫艹冖豕	喵	kalG	口艹田㊀	瞑	hpjU	目冖曰六	某	afsU	艹二木(冫)	南	fmUF	十冂丷十
孟	blf	子皿㊁	苗	alf	艹田㊁	螟	jpjU	虫冖曰六	**mu**			难	cwYG	又亻圭㊀
梦	ssqU	木木夕(冫)	描	ralG	扌艹田㊀	酩	sgqk	西一夕口	母	xguI	𠃊一:(氵)	喃	kfmF	口十冂十
mi			瞄	halG	目艹田㊀	命	wgkb	人一口卩	毪	tfnh	丿二乙丨	楠	sfmF	木十冂十
祢	pyqI	礻丶勹小	鹋	alqg	艹田勹一	**miu**			亩	ylf	亠田㊁	赧	fobc	土小卩又
弥	xqiY	弓勹小⊙	杪	sitT	木小丿①	谬	ynwe	讠羽人彡	牡	trfg	丿扌土㊀	腩	efmF	月十冂十
迷	opI	米辶(氵)	眇	hitT	目小丿①	缪	xnwE	纟羽人彡	姆	vxGU	女𠃊一:	蝻	jfmF	虫十冂十
猕	qtxi	犭丿弓小	秒	tiTT	禾小丿①	**mo**			拇	rxgU	扌𠃊一:	**nang**		
谜	yopy	讠米辶⊙	淼	iiiu	水水水(冫)	貉	eetk	爫豸夂口	木	ssss	木木木木	囔	kgke	口一口𧘇
醚	sgoP	西一米辶	渺	ihit	氵目小丿	摸	rajd	扌艹曰大	仫	wtcy	亻丿厶⊙	囊	gkhE	一口丨𧘇
糜	ysso	亠木木米	缈	xhiT	纟目小丿	谟	yajD	讠艹曰大	目	hhhh	目目目目	馕	qnge	𠂊乙一𧘇
縻	yssi	广木木小	藐	aeeQ	艹爫豸儿	嫫	vajd	女艹曰大	沐	isy	氵木⊙	曩	jykE	曰亠口𧘇
麋	ynjo	广コ刂米	邈	eerp	爫豸白辶	馍	qnad	𠂊乙艹大	坶	fxgU	土𠃊一:	攮	rgke	扌一口𧘇
靡	yssd	广木木三	妙	vitT	女小丿①	摹	ajdr	艹曰大手	牧	trtY	丿扌攵⊙	**nao**		
蘼	aysd	艹广木三	庙	ymd	广由㊂	模	sajD	木艹曰大	苜	ahf	艹目㊁	孬	givb	一小女子
米	oyTY	米丶丿八	**mie**			膜	eajd	月艹曰大	募	ajdL	艹曰大力	呶	kvcY	口女又⊙
芈	gjgh	一刂一丨	咩	kudH	口丷三丨	摩	yssr	广木木手	墓	ajdf	艹曰大土	挠	ratq	扌七丿儿
弭	xbg	弓耳㊀	灭	goi	一火(氵)	磨	yssd	广木木石	幕	ajdh	艹曰大丨	硇	dtlQ	石丿囗乂
敉	oty	米攵⊙	篾	tldt	𥫗罒厂丿	蘑	aysD	艹广木石	睦	hfWF	目土八土	铙	qatQ	钅七丿儿
脒	eoy	月米⊙	蔑	aldt	艹罒厂丿	魔	yssc	广木木厶	慕	ajdn	艹曰大⺗	猱	qtcs	犭丿マ木
眯	hoY	目米⊙	蠛	jalT	虫艹罒丿	抹	rgsY	扌一木⊙	暮	ajdj	艹曰大曰	蛲	jatq	虫七丿儿
汨	ijg	氵日㊀	**min**			末	gsI	一木(氵)	穆	triE	禾白小彡	垴	fybh	土文凵①
宓	pntr	宀心丿(彡)	黾	kjnB	口曰乙(巜)	殁	gqmc	一夕几又	**na**			恼	nybH	忄文凵①
泌	intT	氵心丿①	民	nAV	巳七(巛)	沫	igsY	氵一木⊙	拿	wgkr	人一口手	脑	eybH	月文凵①
觅	emqB	爫冂儿(巜)	岷	mnaN	山巳七Ⓩ	茉	agsU	艹一木(冫)	镎	qwgr	钅人一手	瑙	gvtq	王巛丿乂
秘	tnTI	禾心丿①	玟	gyy	王文⊙	陌	bdjG	阝丆日㊀	哪	kvFB	口刀二阝	闹	uymH	门丶冂丨
密	pntM	宀心丿山	茛	anaB	艹巳七(巜)	秣	tgsY	禾一木⊙	那	vfbH	刀二阝①	淖	ihjH	氵卜早①

字	86码	字根	字	86码	字根	字	86码	字根	字	86码	字根	字	86码	字根
	ne		酿	sgye	西一丶𧘇	哝	kpeY	口冖𧘇⊙	沤	iaqY	氵匚乂⊙	胖	eufH	月䒑十①
讷	ymwY	讠冂人⊙		**niao**		浓	ipeY	氵冖𧘇⊙		**pa**			**pao**	
呢	knxN	口尸匕Ⓩ	鸟	qyng	勹丶乙一	脓	epeY	月冖𧘇⊙	钯	qcn	钅巴Ⓩ	抛	rvlN	扌九力Ⓩ
	nei		茑	aqyg	艹勹丶一	弄	gaj	王廾⑪	趴	khwY	口止八⊙	脬	eebG	月爫子⊖
内	mwI	冂人③	袅	qyne	勹丶乙𧘇		**nou**		啪	krrG	口扌白⊖	刨	qnjh	勹巳刂①
馁	qneV	⺈乙爫女	嬲	llvL	田力女力	耨	didF	三小厂寸	葩	arcB	艹白巴⑧	咆	kqnN	口勹巳Ⓩ
	nen		尿	nii	尸水③		**nu**		杷	scn	木巴Ⓩ	庖	yqnV	广勹巳⑩
嫩	vgkT	女一口攵	脲	eniY	月尸水⊙	奴	vcy	女又⊙	爬	rhyc	𠂆丨乀巴	狍	qtqn	犭丿勹巳
	neng			**nie**		孥	vcbf	女又子⊜	耙	dicN	三小巴Ⓩ	炮	oqNN	火勹巳Ⓩ
能	ceXX	厶月匕匕	乜	nnv	乙乙⑩	驽	vccF	女又马⊜	琶	ggcB	王王巴⑧	袍	puqN	衤冫勹巳
	ni		捏	rjfg	扌日土⊖	努	vclB	女又力⑧	筢	trcB	⺮扌巴⑧	匏	dfnn	大二乙巳
妮	vnxN	女尸匕Ⓩ	陧	bjfG	阝日土⊖	弩	vcxB	女又弓⑧	帕	mhrG	冂丨白⊖	跑	khqN	口止勹巳
尼	nxV	尸匕⑩	涅	ijfg	氵日土⊖	胬	vcmw	女又冂人	怕	nrG	忄白⊖	泡	iqnN	氵勹巳Ⓩ
坭	fnxN	土尸匕Ⓩ	聂	bccu	耳又又②	怒	vcnU	女又心②		**pai**		疱	uqnV	疒勹巳⑩
怩	nnxN	忄尸匕Ⓩ	臬	thsU	丿目木②		**nuan**		拍	rrg	扌白⊖		**pei**	
泥	inxN	氵尸匕Ⓩ	啮	khwb	口止人凵	暖	jefG	日爫二又	俳	wdjd	亻三刂三	呸	kgiG	口一小一
倪	wvqN	亻臼儿Ⓩ	嗫	kbcC	口耳又又		**nue**		徘	tdjd	彳三刂三	胚	egiG	月一小一
铌	qnxN	钅尸匕Ⓩ	镊	qbcC	钅耳又又	虐	haaG	广七匚一	排	rdjD	扌三刂三	醅	sguk	西一立口
猊	qtvq	犭丿臼儿	镍	qthS	钅丿目木	疟	uagd	疒匚一㊂	牌	thgf	丿丨一十	陪	bukG	阝立口⊖
霓	fvqB	雨臼儿⑧	颞	bccm	耳又又贝		**nuo**		哌	kreY	口𠂆𠂢⊙	培	fukG	土立口⊖
鲵	qgvq	鱼一臼儿	蹑	khbC	口止耳又	挪	rvfB	扌刀二阝	派	ireY	氵𠂆𠂢⊙	赔	mukG	贝立口⊖
伲	wnxN	亻尸匕Ⓩ	孽	awnb	艹亻コ子	傩	wcwy	亻又亻圭	湃	irdF	氵手三十	锫	qukg	钅立口⊖
你	wqIY	亻⺈小⊙	蘖	awns	艹亻コ木	诺	yadK	讠艹ナ口	蒎	airE	艹氵𠂆𧘇	裴	djde	三刂三𧘇
拟	rnyW	扌乙丶人		**nin**		喏	kadk	口艹ナ口		**pan**		沛	igmh	氵一冂丨
旎	ytnx	方𠂉尸匕	您	wqin	亻⺈小心	搦	rxuU	扌弓冫冫	潘	itol	氵丿米田	佩	wmgH	亻几一丨
昵	jnxN	日尸匕Ⓩ		**ning**		锘	qadK	钅艹ナ口	攀	sqqR	木乂乂手	帔	mhhc	冂丨𠂆又
逆	ubtP	䒑凵丿辶	宁	psJ	宀丁⑪	懦	nfdj	忄雨丆刂	爿	nhde	乙丨丆③	旆	ytgH	方𠂉一丨
匿	aadk	匚艹ナ口	咛	kpsH	口宀丁①	糯	ofdJ	米雨丆刂	盘	telF	丿舟皿⊜	配	sgnN	西一己Ⓩ
溺	ixuU	氵弓冫冫	拧	rpsH	扌宀丁①		**nü**		磐	temd	丿舟几石	辔	xlxK	纟车纟口
睨	hvqN	目臼儿Ⓩ	狞	qtpS	犭丿宀丁	女	vvvV	女女女女	蹒	khaw	口止艹人	霈	figH	雨氵一丨
腻	eafM	月弋二贝	柠	spsH	木宀丁①	钕	qvg	钅女⊖	蟠	jtol	虫丿米田		**pen**	
	nian		聍	bpsH	耳宀丁①	恧	dmjn	丆冂刂心	判	udjh	䒑ナ刂①	喷	kfaM	口十艹贝
拈	rhkg	扌⺊口⊖	凝	uxtH	冫匕𠂉龰	衄	tlnf	丿皿乙土	泮	iufH	氵䒑十①	盆	wvlF	八刀皿⊜
年	rhFK	𠂉丨十⑪	佞	wfvG	亻二女⊖		**o**		叛	udrc	䒑ナ厂又	湓	iwvl	氵八刀皿
鲇	qghk	鱼一⺊口	泞	ipsH	氵宀丁①	噢	ktmd	口丿冂大	盼	hwvN	目八刀Ⓩ		**peng**	
鲶	qgwn	鱼一人心	甯	pneJ	宀心用⑪	哦	ktrT	口丿扌丿	畔	lufH	田䒑十①	怦	nguH	忄一䒑丨
黏	twik	禾人氺口		**niu**			**ou**		袢	puuF	衤冫䒑十	抨	rguh	扌一䒑丨
捻	rwyn	扌人丶心	拗	rxlN	扌幺力Ⓩ	讴	yaqY	讠匚乂⊙	襻	pusr	衤冫木手	砰	dguH	石一䒑丨
辇	fwfl	二人二车	妞	vnfG	女乙土⊖	欧	aqqW	匚乂⺈人		**pang**		烹	ybou	亠口了灬②
撵	rfwl	扌二人车	牛	rhk	𠂉丨⑪	殴	aqmC	匚乂几又	彷	tyn	彳方Ⓩ	嘭	kfke	口士口彡
碾	dnaE	石尸艹𧘇	忸	nnfG	忄乙土⊖	瓯	aqgn	匚乂一乙	乓	rgyU	斤一丶②	朋	eeG	月月⊖
廿	aghG	廿一丨一	扭	rnfG	扌乙土⊖	鸥	aqqg	匚乂勹一	滂	iupY	氵立冖方	堋	feeG	土月月⊖
念	wynn	人丶乙心	纽	xnfG	纟乙土⊖	呕	kaqy	口匚乂⊙	庞	ydxV	广𠂇匕⑩	彭	fkue	士口䒑彡
埝	fwyn	土人丶心	钮	qnfG	钅乙土⊖	偶	wjmY	亻日冂丶	逄	tahP	夂匚丨辶	棚	seeG	木月月⊖
蔫	agho	艹一止灬		**nong**		耦	dijY	三小日丶	旁	upyB	立冖方⑧	硼	deeG	石月月⊖
	niang		农	pei	冖𧘇③	藕	adiy	艹三小丶	螃	jupY	虫立冖方	蓬	atdp	艹夂三辶
娘	vyvE	女丶彐𧘇	侬	wpeY	亻冖𧘇⊙	怄	naqY	忄匚乂⊙	耪	diuy	三小立方	鹏	eeqG	月月勹一

字	86码	字根	字	86码	字根	字	86码	字根	字	86码	字根	字	86码	字根
澎	ifke	氵士口彡	譬	nkuy	尸口辛言	凭	wtfm	亻丿士几	谱	yuoJ	讠丷业日	蜞	jadW	虫艹三八
篷	ttdp	竹夂三辶		**pian**		坪	fguH	土一丷丨	氆	tfnj	丿二乙日	蕲	aujr	艹丷曰斤
膨	efkE	月士口彡	片	thgN	丿丨一乙	苹	aguH	艹一丷丨	镨	quoJ	钅丷业日	鳍	qgfj	鱼一土曰
蟛	jfke	虫士口彡	偏	wyna	亻丶尸艹	屏	nuaK	尸丷廾⑩	蹼	khoY	口止业③	麒	ynjw	广コ刂八
捧	rdwH	扌三人丨	犏	trya	丿扌丶艹	枰	sguH	木一丷丨	曝	jjaI	日曰艹氺	乞	tnb	𠂉乙⑥
碰	duoG	石丷业一	篇	tyna	竹丶尸艹	瓶	uagN	丷廾一乙	瀑	ijaI	氵曰艹氺	企	whf	人止⊖
	pi		翩	ynmn	丶尸冂羽	萍	aigh	艹氵一丨		**qi**		屺	mnn	山己Ⓩ
辟	nkuH	尸口辛①	骈	cuAH	马丷廾①	鲆	qggH	鱼一一丨	七	agN	七一乙	岂	mnB	山己⑥
丕	gigf	一小一⊖	胼	euaH	月丷廾①		**po**		沏	iavN	氵七刀Ⓩ	芑	anb	艹己⑥
批	rxXN	扌匕匕Ⓩ	蹁	khya	口止丶艹	钋	qhy	钅卜⊙	妻	gvHV	一彐丨女	启	ynkD	丶尸口⊜
纰	xxxn	纟匕匕Ⓩ	谝	yyna	讠丶尸艹	坡	fhcY	土广又⊙	柒	iasU	氵七木③	杞	snn	木己Ⓩ
邳	gigb	一小一阝	骗	cyna	马丶尸艹	泼	inty	氵乙丿丶	凄	ugvv	冫一彐女	起	fhnV	土止己⑥
坯	fgig	土一小一		**piao**		颇	hcdM	广又𠂆贝	栖	ssg	木西⊖	绮	xdsK	纟大丁口
披	rhcY	扌广又⊙	剽	sfij	西二小刂	婆	ihcv	氵广又女	桤	smnn	木山己Ⓩ	气	rnb	𠂉乙⑥
砒	dxxN	石匕匕Ⓩ	漂	isfI	氵西二小	鄱	tolb	丿米田阝	戚	dhiT	厂上小丿	讫	ytnn	讠𠂉乙Ⓩ
铍	qhcY	钅广又⊙	缥	xsfI	纟西二小	皤	rtol	白丿米田	萋	agvV	艹一彐女	汔	itnN	氵𠂉乙Ⓩ
劈	nkuv	尸口辛刀	飘	sfiq	西二小乂	叵	akd	匚口⊜	期	adwe	艹三八月	迄	tnpV	𠂉乙辶⑥
噼	knkU	口尸口辛	螵	jsfI	虫西二小	钷	qakG	钅匚口⊖	欺	adww	艹三八人	弃	ycaJ	亠厶廾⑩
霹	fnkU	雨尸口辛	瓢	sfiy	西二小㇏	笸	takf	竹匚口⊖	槭	sdht	木厂上丿	汽	irnN	氵𠂉乙Ⓩ
皮	hcI	广又③	殍	gqeb	一夕爫子	迫	rpd	白辶⊜	漆	iswI	氵木人氺	泣	iug	氵立⊖
枇	sxxn	木匕匕Ⓩ	瞟	hsfI	目西二小	珀	grg	王白⊖	蹊	khed	口止爫大	契	dhvG	三丨刀大
毗	lxxN	田匕匕Ⓩ	票	sfiu	西二小③	破	dhcY	石广又⊙	亓	fjj	二川⑩	砌	davN	石七刀Ⓩ
疲	uhcI	疒广又③	嘌	ksfI	口西二小	粕	org	米白⊖	祁	pybH	礻丶阝①	荠	ayjj	艹文川⑩
蚍	jxxn	虫匕匕Ⓩ	嫖	vsfI	女西二小	魄	rrqc	白白儿厶	齐	yjj	文川⑩	葺	akbF	艹口耳⊖
郫	rtfB	白丿十阝		**pie**			**pou**		圻	frh	土斤①	碛	dgmY	石龶贝⊙
陴	brtF	阝白丿十	氕	rntr	𠂉乙丿⊘	剖	ukjH	立口刂①	岐	mfcY	山十又⊙	器	kkdK	口口犬口
啤	krtF	口白丿十	撇	rumt	扌丷冂攵	掊	rukG	扌立口⊖	芪	aqaB	艹𠂇七⑥	憩	tdtn	丿古丿心
埤	frtF	土白丿十	瞥	umih	丷冂小目	裒	yveu	亠臼𧘇	其	adwU	艹三八③		**qia**	
琵	ggxX	王王匕匕	苤	agiG	艹一小一		**pu**		奇	dskf	大丁口⊖	袷	puwk	衤⺀人口
脾	ertF	月白丿十		**pin**		脯	egeY	月一月丶	歧	hfcY	止十又⊙	掐	rqvG	扌⺈臼⊖
罴	lfco	罒土厶灬	拚	rcaH	扌厶廾①	仆	why	亻卜⊙	祈	pyrH	礻丶斤①	葜	adhd	艹三丨大
蜱	jrtF	虫白丿十	姘	vuaH	女丷廾①	扑	rhy	扌卜⊙	耆	ftxj	土丿匕曰	恰	nwgk	忄人一口
貔	eetx	爫豸丿匕	拼	ruaH	扌丷廾①	铺	qgeY	钅一月丶	脐	eyjH	月文川①	洽	iwgK	氵人一口
鼙	fkuf	士口丷十	贫	wvmU	八刀贝③	噗	koGY	口业一㇏	颀	rdmY	斤𠂆贝⊙	髂	mepK	骨月宀口
匹	aqv	匚儿⑥	嫔	vprW	女宀𠂆八	匍	qgey	勹一月丶	崎	mdsK	山大丁口		**qian**	
庀	yxv	广匕⑥	频	hidM	止小𠂆贝	莆	ageY	艹一月丶	淇	iadw	氵艹三八	千	tfk	丿十⑩
仳	wxxN	亻匕匕Ⓩ	颦	hidf	止小𠂆十	菩	aukF	艹立口⊖	畦	lffG	田土土⊖	仟	wtfH	亻丿十①
圮	fnn	土己Ⓩ	品	kkkF	口口口⊖	葡	aqgY	艹勹一丶	萁	aadw	艹艹三八	阡	btfH	阝丿十①
痞	ugiK	疒一小口	榀	skkK	木口口口	蒲	aigy	艹氵一丶	骐	cadw	马艹三八	扦	rtfh	扌丿十①
擗	rnkU	扌尸口辛	牝	trxN	丿扌匕Ⓩ	璞	gogy	王业一㇏	骑	cdsK	马大丁口	芊	atfJ	艹丿十⑩
癖	unkU	疒尸口辛	聘	bmgN	耳由一乙	濮	iwoY	氵亻业㇏	棋	sadW	木艹三八	迁	tfpK	丿十辶⑩
屁	nxxV	尸匕匕⑥		**ping**		朴	shy	木卜⊙	琦	gdsK	王大丁口	佥	wgif	人一丷⊖
淠	ilgj	氵田一川	娉	vmgn	女由一乙	圃	lgey	囗一月丶	琪	gadW	王艹三八	岍	mgah	山一廾①
媲	vtlX	女丿口匕	乒	rgtR	斤一丿⊘	埔	fgey	土一月丶	祺	pyaW	礻丶艹八	钎	qtfH	钅丿十①
睥	hrTF	目白丿十	俜	wmgn	亻由一乙	浦	igey	氵一月丶	蛴	jyjH	虫文川①	牵	dprH	大冖𠂉丨
僻	wnkU	亻尸口辛	平	guHK	一丷丨⑩	普	uoGJ	丷业一曰	旗	ytaW	方𠂉艹八	悭	njcF	忄刂又土
甓	nkun	尸口辛乙	评	yguH	讠一丷丨	溥	igef	氵一月寸	綦	adwi	艹三八小	铅	qmkG	钅几口⊖

字	86码	字根	字	86码	字根	字	86码	字根	字	86码	字根	字	86码	字根
谦	yuvO	讠䒑彐小	襁	puxJ	衤丷弓虫	衾	wyne	人丶乙衣	茕	apnF	艹冖乙十	衢	thhh	彳目目丨
签	twgi	⺮人一䒑	炝	owbN	火人㔾Ⓝ	芩	awyn	艹人丶乙	筇	tabJ	⺮工阝Ⓙ	蠼	jhhc	虫目目又
骞	pfjc	宀二刂马		qiao		芹	arj	艹斤Ⓙ	琼	gyiy	王亠小Ⓨ	取	bcY	耳又Ⓨ
搴	pfjr	宀二刂手	峤	mtdj	山丿大川	秦	dwtU	三人禾Ⓤ	蛩	amyj	工几丶虫	娶	bcvF	耳又女Ⓕ
褰	pfje	宀二刂衣	悄	niEG	忄⺌月Ⓖ	琴	ggwN	王王人乙		qiu		龋	hwby	止人凵丶
前	ueJJ	䒑月刂Ⓙ	硗	datq	石弋丿儿	禽	wybC	人文凵厶	湫	itoy	氵禾火Ⓨ	去	fcu	土厶Ⓤ
虔	hayI	虍七文Ⓘ	跷	khaq	口止弋儿	勤	akgl	廿口龶力	丘	rgd	斤一Ⓓ	阒	uhdI	门目犬Ⓘ
钱	qgT	钅戋Ⓣ	劁	wyoj	亻龶灬刂	嗪	kdwt	口三人禾	邱	rgbH	斤一阝Ⓗ	觑	haoq	虍七业儿
钳	qafG	钅廿二Ⓖ	敲	ymkc	亠冂口又	溱	idwT	氵三人禾	秋	toY	禾火Ⓨ	趣	fhbC	土龰耳又
乾	fjtN	十早𠂉乙	锹	qtoY	钅禾火Ⓨ	噙	kwyc	口人文厶	蚯	jrgg	虫斤一Ⓖ		quan	
掮	ryne	扌丶尸月	橇	stfN	木丿二乙	擒	rwyc	扌人文厶	鳅	qgto	鱼一禾火	悛	ncwT	忄厶八夂
箝	traf	⺮扌廿二	缲	xkkS	纟口口木	檎	swyc	木人文厶	囚	lwi	囗人Ⓘ	圈	ludB	囗䒑大㔾
潜	ifwJ	氵二人曰	乔	tdjJ	丿大川Ⓙ	螓	jdwt	虫三人禾	犰	qtvn	犭丿九Ⓝ	全	wgF	人王Ⓕ
黔	lfon	四土灬乙	侨	wtdJ	亻丿大川	锓	qvpC	钅彐冖又	求	fiyI	十𣥂丶Ⓘ	权	scY	木又Ⓨ
浅	igt	氵戋Ⓣ	荞	atdj	艹丿大川	寝	puvc	宀丬彐又	虬	jnn	虫乙Ⓝ	诠	ywgG	讠人王Ⓖ
肷	eqwY	月⺈人Ⓨ	桥	stdJ	木丿大川	吣	kny	口心Ⓨ	泅	ilwY	氵口人Ⓨ	泉	riu	白水Ⓤ
慊	nuvO	忄䒑彐小	谯	ywyo	讠亻龶灬	沁	inY	氵心Ⓨ	酋	usgf	丷西一Ⓕ	荃	awgf	艹人王Ⓕ
遣	khgp	口丨一辶	憔	nwyo	忄亻龶灬	揿	rqqW	扌钅⺈人	逑	fiyp	十𣥂丶辶	拳	udrJ	䒑大手Ⓙ
谴	ykhp	讠口丨辶	鞒	aftj	廿串丿川		qing		球	gfiY	王十𣥂丶	辁	lwgg	车人王Ⓖ
缱	xkhp	纟口丨辶	樵	swyo	木亻龶灬	青	gef	龶月Ⓕ	赇	mfiY	贝十𣥂丶	痊	uwgD	疒人王Ⓓ
欠	qwU	⺈人Ⓤ	瞧	hwyO	目亻龶灬	氢	rncA	𠂉乙ㄡ工	巯	cayQ	ㄡ工亠⺍	铨	qwgG	钅人王Ⓖ
芡	aqwU	艹⺈人Ⓤ	巧	agnn	工一乙Ⓝ	轻	lcAG	车ㄡ工Ⓖ	遒	usgp	丷西一辶	筌	twgf	⺮人王Ⓕ
茜	asf	艹西Ⓕ	愀	ntoY	忄禾火Ⓨ	倾	wxdM	亻匕𠂆贝	裘	fiye	十𣥂丶衣	蜷	judb	虫䒑大㔾
倩	wgeg	亻龶月Ⓖ	俏	wieG	亻⺌月Ⓖ	卿	qtvb	𠃊丿彐卩	蝤	jusG	虫丷西一	醛	sgag	西一艹王
堑	lrfF	车斤土Ⓕ	诮	yieG	讠⺌月Ⓖ	圊	lged	囗龶月Ⓓ	鼽	thlv	丿目田九	鬈	deuB	镸彡䒑㔾
嵌	mafW	山廿二人	峭	miG	山⺌月Ⓖ	清	igeG	氵龶月Ⓖ	糗	othd	米丿目犬	颧	akkM	艹口口贝
椠	lrsU	车斤木Ⓤ	窍	pwan	宀八工乙	蜻	jgeg	虫龶月Ⓖ		qu		犬	dgty	犬一丿丶
歉	uvow	䒑彐小人	翘	atgn	弋丿一羽	鲭	qgge	鱼一龶月	瞿	hhwy	目目亻龶	畎	ldy	田犬Ⓨ
	qiang		撬	rtfn	扌丿二乙	情	ngeG	忄龶月Ⓖ	区	aqI	匚乂Ⓘ	绻	xudb	纟䒑大㔾
呛	kwbN	口人㔾Ⓝ	鞘	afie	廿串⺌月	晴	jgeG	日龶月Ⓖ	曲	maD	冂廿Ⓓ	劝	clN	又力Ⓝ
强	xkJY	弓口虫Ⓨ		qie		氰	rnge	𠂉乙龶月	岖	maqY	山匚乂Ⓨ	券	udvB	䒑大刀Ⓑ
抢	rwbN	扌人㔾Ⓝ	趄	fheG	土龰月一	擎	aqkr	艹勹口手	诎	ybmh	讠凵山Ⓗ		que	
羌	udnb	丷𡗗乙Ⓑ	切	avN	七刀Ⓝ	檠	aqks	艹勹口木	驱	caqY	马匚乂Ⓨ	炔	onwY	火コ人Ⓨ
戕	nhda	乙丨丆戈	茄	alkf	艹力口Ⓕ	黥	lfoi	四土灬小	屈	nbmK	尸凵山Ⓚ	缺	rmnW	𠂉山コ人
戗	wbaT	人㔾戈Ⓣ	且	egD	月一Ⓓ	苘	amkF	艹冂口Ⓕ	祛	pyfc	礻丶土厶	瘸	ulkw	疒力口人
枪	swbN	木人㔾Ⓝ	妾	uvf	立女Ⓕ	顷	xdMY	匕𠂆贝Ⓨ	蛆	jegg	虫月一Ⓖ	却	fcbH	土厶卩Ⓗ
跄	khwb	口止人㔾	怯	nfcy	忄土厶Ⓨ	请	ygeG	讠龶月Ⓖ	躯	tmdq	丿冂三乂	悫	fpmn	士冖几心
腔	epwA	月宀八工	窃	pwav	宀八七刀	謦	fnmy	士尸几言	蛐	jmaG	虫冂廿Ⓖ	雀	iwyf	小亻龶Ⓕ
蜣	judn	虫丷𡗗乙	挈	dhvr	三丨刀手	庆	ydI	广大Ⓘ	趋	fhqv	土龰⺈彐	确	dqeH	石⺈用Ⓗ
锖	qgeg	钅龶月Ⓖ	惬	nagW	忄匚一人	箐	tgeF	⺮龶月Ⓕ	麴	fwwo	十人人米	阕	uwgd	门癶一大
锵	quqf	钅丬夕寸	箧	tagw	⺮匚一人	磬	fnmd	士尸几石	黢	lfot	四土灬夂	阙	uubW	门䒑凵人
镪	qxkJ	钅弓口虫	锲	qdhD	钅三丨大	罄	fnmm	士尸几山	劬	qklN	勹口力Ⓝ	鹊	ajqG	艹日勹一
墙	ffuk	土土丷口	郄	qdcB	乂𠂇厶阝		qiong		渠	ians	氵匚コ木	榷	spwy	木冖亻龶
嫱	vfuk	女土丷口		qin		銎	amyq	工几丶金	蕖	aias	艹氵匚木		qun	
蔷	afuK	艹土丷口	亲	usU	立木Ⓤ	邛	abh	工阝Ⓗ	磲	dias	石氵匚木	逡	cwtP	厶八夂辶
樯	sfuK	木土丷口	侵	wvpC	亻彐冖又	穷	pwlB	宀八力Ⓑ	氍	hhwn	目目亻乙	裙	puvk	衤彐口
羟	udca	丷𡗗ㄡ工	钦	qqwY	钅⺈人Ⓨ	穹	pwxB	宀八弓Ⓑ	癯	uhhY	疒目目龶	群	vtkD	彐丿口手

字	86码	字根	字	86码	字根	字	86码	字根	字	86码	字根	字	86码	字根
ran			日	jjjj	日日日日	软	lqwY	车⺈人Ⓨ	骚	ccyj	马又丶虫	钐	qet	钅彡Ⓣ
蚺	jmfG	虫冂土㊀	**rong**			**rui**			缫	xvjS	纟巛曰木	埏	fthP	土丿止廴
然	qdOU	夕犬灬Ⓤ	戎	ade	戈ナⒺ	蕤	aetg	艹豕丿丰	臊	ekks	月口口木	珊	gmmG	王冂冂一
髯	demF	镸彡冂土	肜	eet	月彡Ⓣ	蕊	annN	艹心心心	鳋	qgcj	鱼一又虫	舢	temh	丿舟山Ⓗ
燃	oqdo	火夕犬灬	狨	qtad	犭丿戈ナ	芮	amwu	艹冂人Ⓤ	扫	rvG	扌彐㊀	跚	khmg	口止冂一
冉	mfd	冂土㊂	绒	xadT	纟戈ナⓉ	枘	smwY	木冂人Ⓨ	嫂	vvhC	女臼丨又	煽	oynn	火丶尸羽
苒	amfF	艹冂土㊁	茸	abf	艹耳㊁	蚋	jmwY	虫冂人Ⓨ	埽	fvpH	土彐冖丨	潸	isse	氵木木月
染	ivsU	氵九木Ⓤ	荣	apsU	艹冖木Ⓤ	锐	qukQ	钅丷口儿	瘙	ucyJ	疒又丶虫	膻	eylG	月亠回一
rang			容	pwwK	宀八人口	瑞	gmdJ	王山𠂆刂	**se**			闪	uwI	门人Ⓘ
禳	pyye	衤丶亠𧘇	嵘	maps	山艹冖木	**run**			色	qcB	⺈巴Ⓑ	陕	bguW	阝一丷人
瓤	ykky	亠口口乀	溶	ipwk	氵宀八口	闰	ugD	门王㊂	涩	ivyH	氵刀丶止	讪	ymh	讠山Ⓗ
穰	tykE	禾亠口𧘇	蓉	apwK	艹宀八口	润	iugg	氵门王㊀	啬	fulk	土丷口口	汕	imh	氵山Ⓗ
嚷	kykE	口亠口𧘇	榕	spwk	木宀八口	**ruo**			铯	qqcn	钅⺈巴Ⓝ	疝	umk	疒山Ⓚ
壤	fykE	土亠口𧘇	熔	opwK	火宀八口	若	adkF	艹ナ口㊁	瑟	ggnT	王王心丿	苫	ahkF	艹⺊口㊁
攘	rykE	扌亠口𧘇	蝾	japs	虫艹冖木	偌	wadK	亻艹ナ口	穑	tfuk	禾土丷口	扇	ynnd	丶尸羽㊂
让	yhG	讠上㊀	融	gkmJ	一口冂虫	弱	xuXU	弓冫弓冫	**sen**			善	uduk	丷丰䒑口
rao			冗	pmb	冖几Ⓑ	箬	tadk	𥫗艹ナ口	森	sssU	木木木Ⓤ	骟	cynn	马丶尸羽
荛	aatQ	艹弋丿儿	**rou**			**sa**			**seng**			鄯	udub	丷丰䒑阝
饶	qnaQ	⺈乙弋儿	柔	cbts	マ卩丿木	仨	wdg	亻三㊀	僧	wulJ	亻丷罒曰	缮	xudK	纟丷丰口
桡	satQ	木弋丿儿	揉	rcbs	扌マ卩木	撒	raeT	扌艹月攵	**sha**			嬗	vylg	女亠回一
扰	rdnN	扌𠂇乙Ⓝ	糅	ocbS	米マ卩木	洒	isG	氵西㊀	杀	qsu	乂木Ⓤ	擅	rylG	扌亠回一
娆	vatQ	女弋丿儿	蹂	khcs	口止マ木	卅	gkk	一川Ⓚ	沙	iitT	氵小丿Ⓣ	膳	eudk	月丷丰口
绕	xatQ	纟弋丿儿	鞣	afcs	廿申マ木	飒	umqy	立几乂Ⓨ	纱	xiTT	纟小丿Ⓣ	赡	mqdY	贝⺈厂言
re			肉	mwwI	冂人人Ⓘ	脎	eqsY	月乂木Ⓨ	砂	diTT	石小丿Ⓣ	蟮	judk	虫丷丰口
惹	adkn	艹ナ口心	**ru**			萨	abuT	艹阝立丿	莎	aiit	艹氵小丿	鳝	qguk	鱼一丷口
热	rvyo	扌九丶灬	如	vkG	女口㊀	**sai**			铩	qqsY	钅乂木Ⓨ	栅	smmG	木冂冂一
ren			茹	avkF	艹女口㊁	塞	pfjf	宀二刂土	痧	uiiT	疒氵小丿	**shang**		
人	wwww	人人人人	铷	qvkG	钅女口㊀	腮	elny	月田心Ⓨ	裟	iite	氵小丿𧘇	裳	ipke	⺌冖口𧘇
仁	wfg	亻二㊀	儒	wfdJ	亻雨𠂆刂	噻	kpfF	口宀二土	鲨	iitg	氵小丿一	垧	ftmK	土丿冂口
壬	tfd	丿士㊂	孺	bfdJ	子雨𠂆刂	鳃	qglN	鱼一田心	傻	wtlt	亻丿口夂	尚	imkf	⺌冂口㊁
忍	vynu	刀丶心Ⓤ	濡	ifdJ	氵雨𠂆刂	赛	pfjm	宀二刂贝	唼	kuvG	口立女㊀	伤	wtlN	亻𠂉力Ⓝ
荏	awtf	艹亻丿士	薷	afdj	艹雨𠂆刂	**san**			啥	kwfk	口人干口	殇	gqtr	一夕𠂉𠂊
稔	twyn	禾人丶心	襦	pufj	礻冫雨刂	三	dgGG	三一一一	歃	tfvW	丿十臼人	商	umWK	立冂八口
刃	vyi	刀丶Ⓘ	蠕	jfdj	虫雨𠂆刂	叁	cddF	厶大三㊁	煞	qvtO	⺈彐攵灬	觞	qetr	⺈用𠂉𠂊
认	ywY	讠人Ⓨ	颥	fdmm	雨𠂆冂贝	毵	cden	厶大彡乙	霎	fuvF	雨立女㊁	墒	fumK	土立冂口
仞	wvyY	亻刀丶Ⓨ	汝	ivg	氵女㊀	伞	wuhJ	人丷丨Ⓙ	厦	ddhT	厂𠂆目夂	熵	oumK	火立冂口
任	wtfG	亻丿士㊀	乳	ebnN	爫子乙Ⓝ	糁	ocdE	米厶大彡	**shai**			晌	jtmK	日丿冂口
纫	xvyY	纟刀丶Ⓨ	辱	dfef	厂二𧘇寸	馓	qnat	⺈乙艹攵	筛	tjgh	𥫗刂一丨	赏	ipkm	⺌冖口贝
妊	vtfG	女丿士㊀	入	tyI	丿乀Ⓘ	**sang**			晒	jsg	日西㊀	上	hHGG	上丨一一
轫	lvyY	车刀丶Ⓨ	洳	ivkg	氵女口㊀	桑	cccs	又又又木	酾	sggy	西一一丶	绱	ximK	纟⺌冂口
韧	fnhy	二乙丨丶	溽	idff	氵厂二寸	嗓	kccS	口又又木	**shan**			**shao**		
饪	qntf	⺈乙丿士	缛	xdff	纟厂二寸	搡	rccs	扌又又木	山	mmmM	山山山山	杓	sqyy	木勹丶Ⓨ
衽	putf	礻冫丿士	蓐	adff	艹厂二寸	磉	dccS	石又又木	删	mmgj	冂冂一刂	捎	rieG	扌⺌月㊀
reng			褥	pudf	礻冫厂寸	颡	cccm	又又又贝	杉	set	木彡Ⓣ	梢	sieG	木⺌月㊀
扔	reN	扌乃Ⓝ	**ruan**			丧	fueU	土丷𧘇Ⓤ	芟	amcU	艹几又Ⓤ	烧	oatQ	火弋丿儿
仍	weN	亻乃Ⓝ	阮	bfqN	阝二儿Ⓝ	**sao**			姗	vmmG	女冂冂一	稍	tieG	禾⺌月㊀
ri			朊	efqN	月二儿Ⓝ	搔	rcyj	扌又丶虫	衫	pueT	礻冫彡Ⓣ	筲	tief	禾⺌月㊀

字	86码	字根	字	86码	字根	字	86码	字根	字	86码	字根	字	86码	字根
艄	teie	丿舟⺌月	渖	ipjH	氵宀日丨	矢	tdu	𠂉大冫⃝	狩	qtpf	犭丿宀寸	墅	jfcf	日土龴土
勺	qyi	勹丶氵⃝	肾	jceF	刂又月二⃝	豕	egtY	豕一丿乀	兽	ulgK	丷田一口	漱	igkw	氵一口人
芍	aqyU	艹勹丶冫⃝	甚	adwn	艹三八乙	使	wgkq	亻一口乂	售	wykF	亻主口二⃝	澍	ifkf	氵士口寸
韶	ujvK	立日刀口	椹	sadn	木艹三乙	始	vckG	女厶口一⃝	授	repC	扌爫冖又	属	ntkY	尸丿口丶
少	itR	小丿彡⃝	渗	icdE	氵厶大彡	驶	ckqY	马口乂丶⃝	绶	xepC	纟爫冖又		shua	
劭	vklN	刀口力乙⃝	慎	nfhW	忄十且八	屎	noi	尸米氵⃝	瘦	uvhC	疒臼丨又	刷	nmhJ	尸冂丨刂
邵	vkbH	刀口阝丨⃝		sheng		士	fghg	士一丨一		shu		唰	knmJ	口尸冂刂
绍	xvkG	纟刀口一⃝	升	tak	丿廾川⃝	氏	qaV	𠂋弋巛⃝	书	nnhY	乙乙丨丶	耍	dmjv	丆冂刂女
哨	kieG	口⺌月一⃝	生	tgD	丿龶三⃝	世	anV	廿乙巛⃝	殳	mcu	几又冫⃝		shuai	
潲	itiE	氵禾⺌月	声	fnr	士尸彡⃝	仕	wfg	亻士一⃝	抒	rcbH	扌龴卩丨⃝	衰	ykge	亠口一⻀
	she		牲	trtg	丿扌丿龶	市	ymhj	亠冂丨刂⃝	纾	xcbH	纟龴卩丨⃝	摔	ryxF	扌亠幺十
奢	dftJ	大土丿日	晟	jdnT	日厂乙丿	示	fiU	二小冫⃝	叔	hicY	上小又丶⃝	甩	enV	月乙巛⃝
猞	qtwk	犭丿人口	盛	dnnl	厂乙乙皿	式	aaD	弋工三⃝	枢	saqY	木匚乂丶⃝	帅	jmhH	刂冂丨丨⃝
赊	mwfI	贝人二小	嵊	mtuQ	山禾丬匕	事	gkVH	一口彐丨	姝	vriY	女𠂉小丶⃝	蟀	jyxF	虫亠幺十
畲	wfil	人二小田	胜	etgG	月丿龶一⃝	侍	wffY	亻土寸丶⃝	倏	whtd	亻丨夂犬		shuan	
舌	tdd	丿古三⃝	笙	ttgf	⺮丿龶二⃝	势	rvyl	扌九丶力	殊	gqrI	一夕𠂉小	闩	ugd	门一三⃝
佘	wfiu	人二小冫⃝	甥	tgll	丿龶田力	视	pymQ	礻丶冂儿	梳	sycQ	木亠厶儿	拴	rwgG	扌人王一⃝
蛇	jpxN	虫宀匕乙⃝	绳	xkjn	纟口日乙	试	yaaG	讠弋工一⃝	淑	ihic	氵上小又	栓	swgG	木人王一⃝
舍	wfkF	人干口二⃝	省	ithF	小丿目二⃝	饰	qnth	𠂊乙𠂉丨丶	菽	ahiC	艹上小又	涮	inmJ	氵尸冂刂
厍	dlk	厂车川⃝	眚	tghf	丿龶目二⃝	室	pgcF	宀一厶土	疏	nhyQ	乙止亠儿		shuang	
设	ymcY	讠几又丶⃝	圣	cff	又土二⃝	恃	nffY	忄土寸丶⃝	舒	wfkb	人干口卩	双	ccY	又又丶⃝
社	pyFG	礻丶土一⃝	剩	tuxj	禾丬匕刂	拭	raaG	扌弋工一⃝	摅	rhan	扌虍七心	霜	fsHF	雨木目二⃝
射	tmdf	丿冂三寸		shi		是	jGHU	日一龰冫⃝	毹	wgen	人一月乙	孀	vfsH	女雨木目
涉	ihiT	氵止小丿⃝	匙	jghx	日一龰匕	柿	symh	木亠冂丨	输	lwgJ	车人一刂	爽	dqqQ	大乂乂乂
赦	fotY	土⺌攵丶⃝	尸	nngt	尸乙一丿	贳	anmU	廿乙贝冫⃝	蔬	anhQ	艹乙止儿		shui	
慑	nbcC	忄耳又又	失	rwI	𠂉人氵⃝	适	tdpD	丿古辶三⃝	秫	tsyY	禾木丶丶⃝	谁	ywyg	讠亻主一⃝
摄	rbcc	扌耳又又	师	jgmH	刂一冂丨	舐	tdqa	丿古𠂋弋	孰	ybvy	亠子九丶	水	iiII	水水水水
滠	ibcC	氵耳又又	虱	ntjI	乙丿虫氵⃝	轼	laAG	车弋工一⃝	赎	mfnD	贝十乙大	税	tukQ	禾丷口儿
麝	ynjf	广⺕刂寸	诗	yffY	讠土寸丶⃝	逝	rrpK	扌斤辶川⃝	熟	ybvO	亠子九灬	睡	htGF	目丿一士
	shen		施	ytbN	方𠂉也乙⃝	铈	qymh	钅亠冂丨	暑	jftJ	日土丿日		shun	
葚	aadn	艹艹三乙	狮	qtjh	犭丿刂丨	弑	qsaA	乂木弋工	黍	twiU	禾人氺冫⃝	吮	kcqN	口厶儿乙⃝
申	jhk	日丨川⃝	湿	ijoG	氵日业一	谥	yuwL	讠丷八皿	署	lftj	罒土丿日	顺	kdMY	川𠂆贝丶⃝
伸	wjhH	亻日丨丨⃝	蓍	aftj	艹土丿日	释	tocH	丿米又丨	鼠	vnuN	臼乙⺀乙	舜	epqh	爫冖夕丨
身	tmdT	丿冂三丿	鲺	qgnJ	鱼一乙虫	嗜	kftj	口土丿日	蜀	lqjU	罒勹虫冫⃝	瞬	hepH	目爫冖丨
呻	kjhH	口日丨丨⃝	十	fgh	十一丨	筮	tawW	⺮工人人	薯	alfj	艹罒土日		shuo	
绅	xjhH	纟日丨丨⃝	石	dgtg	石一丿一	誓	rryf	扌斤言二⃝	曙	jlfJ	日罒土日	说	yuKQ	讠丷口儿
诜	ytfq	讠丿土儿	时	jfY	日寸丶⃝	噬	ktaW	口⺮工人	术	syI	木丶氵⃝	妁	vqyY	女勹丶丶⃝
娠	vdfE	女厂二⻀	识	ykwY	讠口八丶⃝	螫	fotj	土⺌攵虫	戍	dynt	厂丶乙丿	烁	oqiY	火𠂋小丶⃝
砷	djhH	石日丨丨⃝	实	puDU	宀⺀大冫⃝	似	wnyW	亻乙丶人	束	gkiI	一口小氵⃝	朔	ubte	丷凵丿月
深	ipwS	氵冖八木	拾	rwgk	扌人一口		shou		沭	isyy	氵木丶丶⃝	铄	qqiY	钅𠂋小丶⃝
神	pyjH	礻丶日丨	炻	odg	火石一⃝	收	nhTY	乙丨攵丶⃝	述	sypI	木丶辶氵⃝	硕	ddmY	石𠂆贝丶⃝
沈	ipqN	氵冖几乙⃝	蚀	qnjY	𠂊乙虫丶⃝	手	rtgH	手丿一丨	树	scfY	木又寸丶⃝	搠	rubE	扌丷凵月
审	pjhJ	宀日丨刂⃝	食	wyvE	人丶彐⻀	守	pfU	宀寸冫⃝	竖	jcuF	刂又立二⃝	蒴	aubE	艹丷凵月
哂	ksg	口西一⃝	埘	fjfy	土日寸丶⃝	首	uthF	丷丿目二⃝	恕	vknU	女口心冫⃝	槊	ubts	丷凵丿木
矧	tdxh	𠂉大弓丨	莳	ajfu	艹日寸冫⃝	艏	teuH	丿舟丷目	庶	yaoI	广廿灬氵⃝		si	
谂	ywyn	讠人丶心	鲥	qgjf	鱼一日寸	寿	dtfU	三丿寸冫⃝	数	ovtY	米女攵丶⃝	丝	xxgF	纟纟一二⃝
婶	vpjH	女宀日丨	史	kqI	口乂氵⃝	受	epcU	爫冖又冫⃝	腧	ewgj	月人一刂	司	ngkD	乙一口三⃝

字	86码	字根	字	86码	字根	字	86码	字根	字	86码	字根	字	86码	字根
私	tcy	禾厶[丶]		**sou**		隋	bdaE	阝ナ工月	塔	fawk	土艹人口	叹	kcy	口又[丶]
呲	kxxg	口纟纟一	嗽	kgkw	口一口人	随	bdeP	阝ナ月辶	獭	qtgm	犭丿一贝	炭	mdoU	山ナ火[冫]
思	lnU	田心[冫]	溲	ivhC	氵臼丨又	髓	medP	冎月ナ辶	鳎	qgjn	鱼一曰羽	探	rpws	扌冖八木
鸶	xxgg	纟纟一一	搜	rvhC	扌臼丨又	岁	mqu	山夕[冫]	挞	rdpY	扌大辶[丶]	碳	dmdO	石山ナ火
斯	adwr	廾三八斤	馊	qnvc	⺈乙臼又	祟	bmfI	凵山二小	闼	udpi	门大辶[氵]		**tang**	
缌	xlnY	纟田心[丶]	飕	mqvc	几乂臼又	谇	yywF	讠亠人十	遢	jnpD	曰羽辶[三]	汤	inrT	氵乙彡[丿]
蛳	jjgH	虫刂一丨	锼	qvhc	钅臼丨又	遂	uepI	丷豕辶[氵]	榻	sjnG	木曰羽[一]	铴	qinR	钅氵乙彡
厮	dadr	厂廾三斤	艘	tevc	丿舟臼又	碎	dywF	石亠人十	踏	khij	口止水曰	羰	udmO	丷𦍌山火
锶	qlnY	钅田乙丶	螋	jvhC	虫臼丨又	隧	bueP	阝丷豕辶	蹋	khjn	口止曰羽	镗	qipf	钅⺌冖土
嘶	kadR	口廾三斤	叟	vhcU	臼丨又[冫]	燧	oueP	火丷豕辶		**tai**		饧	qnnr	⺈乙乙彡
撕	radR	扌廾三斤	嗾	kytD	口方𠂉大	穗	tgjn	禾一曰心	骀	cckG	马厶口[一]	唐	yvhK	广彐丨口
澌	iadr	氵廾三斤	瞍	hvhC	目臼丨又	邃	pwup	宀八丷辶	胎	eckG	月厶口[一]	堂	ipkf	⺌冖口土
死	gqxB	一夕匕[巜]	擞	rovt	扌米女攵		**sun**		台	ckF	厶口[二]	棠	ipks	⺌冖口木
巳	nngn	巳乙一乙	薮	aovt	艹米女攵	孙	biY	子小[丶]	邰	ckbH	厶口阝[丨]	塘	fyvK	土广彐口
四	lhNG	四丨乙一		**su**		狲	qtbi	犭丿子小	抬	rckG	扌厶口[一]	搪	ryvK	扌广彐口
寺	ffU	土寸[冫]	苏	alwU	艹力八[冫]	荪	abiu	艹子小[冫]	苔	ackF	艹厶口[二]	溏	iyvk	氵广彐口
汜	inn	氵巳[乙]	酥	sgty	西一禾[丶]	飧	qwye	夕人丶𧘇	炱	ckoU	厶口火[冫]	瑭	gyvk	王广彐口
伺	wngK	亻乙一口	稣	qgty	鱼一禾[丶]	损	rkmY	扌口贝[丶]	跆	khck	口止厶口	樘	sipF	木⺌冖土
兕	mmgq	几几一儿	俗	wwwk	亻八人口	笋	tvtR	𥫗彐丿[彡]	鲐	qgcK	鱼一厶口	膛	eiPF	月⺌冖土
姒	vnyW	女乙丶人	夙	mgqI	几一夕[氵]	隼	wyfj	亻主十[刂]	薹	afkf	艹士口土	糖	oyvK	米广彐口
祀	pynn	礻丶巳[乙]	诉	yrYY	讠斤丶[丶]	榫	swyf	木亻主十	太	dyI	大丶[氵]	螗	jyvk	虫广彐口
泗	ilg	氵四[一]	肃	vijK	彐小川[川]		**suo**		汰	idyY	氵大丶[丶]	螳	jipF	虫⺌冖土
饲	qnnk	⺈乙乙口	涑	igki	氵一口小	嗍	kubE	口丷凵月	态	dynU	大丶心[冫]	醣	sgyk	西一广口
驷	clg	马四[一]	素	gxiU	龶幺小[冫]	唆	kcwT	口厶八夂	肽	edyY	月大丶[丶]	帑	vcmh	女又冂丨
俟	wctD	亻厶𠂉大	速	gkip	一口小辶	娑	iitv	氵小丿女	泰	dwiu	三人氺[冫]	倘	wimK	亻⺌冂口
笥	tngK	𥫗乙一口	粟	sou	西米[冫]	挲	iitr	氵小丿手	酞	sgdy	西一大丶	淌	iimK	氵⺌冂口
耜	dinN	三小ココ	谡	ylwT	讠田八夂	桫	siiT	木氵小丿		**tan**		傥	wipq	亻⺌冖儿
嗣	kmaK	口冂廾口	嗉	kgxi	口龶幺小	梭	scwT	木厶八夂	坍	fmyg	土冂亠[一]	耥	diik	三小⺌口
肆	dvFH	镸彐二丨	塑	ubtf	丷凵丿土	睃	hcwT	目厶八夂	贪	wynm	人丶乙贝	躺	tmdk	丿冂三口
似	wnyW	亻乙丶人	愫	ngxI	忄龶幺小	嗦	kfpi	口十冖小	摊	rcwY	扌又亻主	烫	inro	氵乙彡火
	song		溯	iubE	氵丷凵月	羧	udct	丷𦍌厶夂	滩	icwY	氵又亻主	趟	fhiK	土龰⺌口
忪	nwcY	忄八厶[丶]	僳	wsoY	亻西米[丶]	蓑	aykE	艹亠口𧘇	瘫	ucwy	疒又亻主		**tao**	
松	swcY	木八厶[丶]	蔌	agkW	艹一口人	缩	xpwE	纟宀亻日	坛	ffcY	土二厶[丶]	焘	dtfo	三丿寸灬
凇	uswC	冫木八厶	觫	qegI	⺈用一小	所	rnRH	𠂆コ斤[丨]	昙	jfcu	曰二厶[冫]	涛	idtF	氵三丿寸
崧	mswC	山木八厶	宿	pwdj	宀亻𠂆日	唢	kimY	口⺌贝[丶]	谈	yooY	讠火火[丶]	绦	xtsY	纟夂木[丶]
淞	iswc	氵木八厶		**suan**		索	fpxI	十冖幺小	郯	oobH	火火阝[丨]	掏	rqrM	扌勹𠂉山
菘	aswC	艹木八厶	狻	qtct	犭丿厶夂	琐	gimY	王⺌贝[丶]	覃	sjj	西早[刂]	滔	ievG	氵爫臼[一]
嵩	mymK	山亠冂口	酸	sgcT	西一厶夂	锁	qimY	钅⺌贝[丶]	痰	uooI	疒火火[氵]	韬	fnhv	二乙丨臼
怂	wwnU	人人心[冫]	蒜	afiI	艹二小小		**ta**		锬	qooY	钅火火[丶]	饕	kgne	口一乙𧘇
悚	ngki	忄一口小	算	thaJ	𥫗目廾[刂]	沓	ijf	水曰[二]	谭	ysjH	讠西早[丨]	洮	iiqN	氵⺀儿[乙]
耸	wwbF	人人耳[二]		**sui**		她	vbn	女也[乙]	潭	isjH	氵西早[丨]	逃	iqpV	⺀儿辶[巛]
竦	ugki	立一口小	虽	kjU	口虫[冫]	他	wbN	亻也[乙]	檀	sylG	木亠口一	桃	siqN	木⺀儿[乙]
讼	ywcY	讠八厶[丶]	荽	aevF	艹爫女[二]	它	pxB	宀匕[巜]	忐	hnu	上心[冫]	陶	bqrM	阝勹𠂉山
宋	psu	宀木[冫]	眭	hffG	目土土[一]	趿	khey	口止乃乀	坦	fjgG	土日一[一]	啕	kqrm	口勹𠂉山
诵	yceh	讠マ用[丨]	睢	hwyg	目亻主[一]	铊	qpxN	钅宀匕[乙]	袒	pujG	礻⺀日一	淘	iqrM	氵勹𠂉山
送	udpI	丷大辶[氵]	濉	ihwY	氵目亻主	塌	fjnG	土曰羽[一]	钽	qjgG	钅日一[一]	萄	aqrM	艹勹𠂉山
颂	wcdM	八厶𠂆贝	绥	xevG	纟爫女[一]	溻	ijnG	氵曰羽[一]	毯	tfno	丿二乙火	鼗	iqfC	⺀儿士又

字	86码	字根	字	86码	字根	字	86码	字根	字	86码	字根	字	86码	字根
讨	yfy	讠寸[丶]	殄	gqwe	一夕人彡	仝	waf	人工[二]	疃	lujF	田立曰土	娃	vffG	女土土[一]
套	ddu	大镸[冫]	腆	emaW	月冂艹八	同	mGKD	冂一口[三]	象	xeu	⺈豕[冫]	挖	rpwn	扌宀八乙
te			舔	tdgn	丿古一⺗	佟	wtuy	亻夂冫[丶]	**tui**			洼	iffg	氵土土[一]
忑	ghnu	一卜心[冫]	掭	rgdn	扌一大⺗	彤	myeT	冂一彡[丿]	忒	ani	弋心[氵]	娲	vkmW	女口冂人
特	trfF	丿扌土寸	**tiao**			茼	amgK	艹冂一口	推	rwyg	扌亻主[一]	蛙	jffG	虫土土[一]
铽	qany	钅弋心[丶]	调	ymfK	讠冂土口	桐	smgk	木冂一口	颓	tmdm	禾几丆贝	瓦	gnyN	一乙丶乙
慝	aadn	匚艹ナ心	苕	avkf	艹刀口[二]	砼	dwaG	石人工[一]	腿	eveP	月彐𠄌辶	佤	wgnN	亻一乙乙
teng			佻	wiqN	亻⺌儿[乙]	铜	qmgk	钅冂一口	退	vepI	彐𠄌辶[氵]	袜	pugS	礻⺀一木
疼	utuI	疒夂冫[氵]	挑	riqN	扌⺌儿[乙]	童	ujff	立曰土[二]	煺	oveP	火彐𠄌辶	腽	ejlG	月日皿[一]
腾	eudC	月丷大马	祧	pyiq	礻丶⺌儿	酮	sgmk	西一冂口	蜕	jukQ	虫丷口儿	**wai**		
誊	udyf	丷大言[二]	条	tsU	夂木[冫]	僮	wujf	亻立曰土	褪	puvp	礻⺀彐辶	歪	gigH	一小一止
滕	eudi	月丷大氺	迢	vkpD	刀口辶[三]	潼	iujf	氵立曰土	**tun**			崴	mdgt	山厂一丿
藤	aeuI	艹月丷氺	笤	tvkF	⺮刀口[二]	瞳	huJF	目立曰土	囤	lgbN	囗一凵乙	外	qhY	夕卜[丶]
ti			龆	hwbk	止人凵口	统	xycQ	纟亠厶儿	吞	gdkf	一大口[二]	**wan**		
剔	jqrj	曰勹彡刂	蜩	jmfk	虫冂土口	捅	rceH	扌マ用[丨]	暾	jybT	日亠子攵	弯	yoxB	亠⺍弓[乙乙]
梯	suxT	木丷弓丿	髫	devk	镸彡刀口	桶	sceH	木マ用[丨]	屯	gbNV	一凵乙[乙乙乙]	剜	pqbj	宀夕㔾刂
锑	quxT	钅丷弓丿	鲦	qgts	鱼一夂木	筒	tmgk	⺮冂一口	饨	qngn	⺈乙一乙	湾	iyoX	氵亠⺍弓
踢	khjR	口止曰彡	窕	pwiQ	宀八⺌儿	恸	nfcl	忄二厶力	豚	eey	月豕[丶]	蜿	jpqB	虫宀夕㔾
绨	xuxt	纟丷弓丿	眺	hiqN	目⺌儿[乙]	痛	uceK	疒マ用[丨丨丨]	臀	nawe	尸艹八月	豌	gkub	一口丷㔾
啼	kuPH	口立冖丨	粜	bmoU	凵山米[冫]	**tou**			汆	wiu	人水[冫]	丸	vyi	九丶[氵]
提	rjGH	扌日一止	跳	khiQ	口止⺌儿	钭	qufH	钅冫十[丨]	**tuo**			纨	xvyy	纟九丶[丶]
缇	xjgH	纟日一止	**tie**			偷	wwgj	亻人一刂	乇	tav	丿七[乙乙乙]	芄	avyU	艹九丶[冫]
鹈	uxhg	丷弓丨一	贴	mhkG	贝⺊口[一]	投	rmcY	扌几又[丶]	托	rtaN	扌丿七[乙]	完	pfqB	宀二儿[乙乙]
题	jghm	日一止贝	萜	amhk	艹冂丨口	头	udi	冫丶大[氵]	拖	rtbN	扌𠂉也[乙]	玩	gfqN	王二儿[乙]
蹄	khuh	口止立丨	铁	qrWY	钅𠂉人[丶]	骰	memC	⺲月几又	脱	eukQ	月丷口儿	顽	fqdM	二儿丆贝
醍	sgjh	西一日止	帖	mhhK	冂丨⺊口	透	tepV	禾乃辶[乙乙乙]	驮	cdy	马大[丶]	烷	opfQ	火宀二儿
体	wsgG	亻木一[一]	餮	gqwe	一夕人𧘇	**tu**			佗	wpxN	亻宀匕[乙]	宛	pqBB	宀夕㔾[乙乙]
屉	nanV	尸廿乙[乙乙乙]	**ting**			凸	hgmG	丨一冂一	陀	bpxN	阝宀匕[乙]	挽	rqkq	扌⺈口儿
剃	uxhj	丷弓丨刂	厅	dsK	厂丁[丨丨丨]	秃	tmb	禾几[乙乙]	坨	fpxn	土宀匕[乙]	晚	jqKQ	日⺈口儿
倜	wmfK	亻冂土口	汀	ish	氵丁[丨]	突	pwdU	宀八犬[冫]	沱	ipxN	氵宀匕[乙]	婉	vpqB	女宀夕㔾
悌	nuxT	忄丷弓丿	听	krH	口斤[丨]	图	ltuI	囗夂冫[氵]	驼	cpXN	马宀匕[乙]	惋	npqb	忄宀夕㔾
涕	iuxt	氵丷弓丿	烃	ocAG	火𠫓工[一]	徒	tfhy	彳土止[丶]	柁	spxN	木宀匕[乙]	绾	xpnN	纟宀 ココ
逖	qtop	犭丿火辶	廷	tfpd	丿士廴[三]	涂	iwtY	氵人禾[丶]	砣	dpxN	石宀匕[乙]	脘	epfQ	月宀二儿
惕	njqR	忄日勹彡	亭	ypsJ	亠冖丁[丨丨]	荼	awtU	艹人禾[冫]	鸵	qynx	勹丶乙匕	菀	apqb	艹宀夕㔾
替	fwfJ	二人二曰	庭	ytfp	广丿士廴	途	wtpI	人禾辶[氵]	跎	khpx	口止宀匕	琬	gpqB	王宀夕㔾
裼	pujr	礻⺀曰彡	莛	atfp	艹丿士廴	屠	nftJ	尸土丿曰	酡	sgpX	西一宀匕	皖	rpfQ	白宀二儿
嚏	kfph	口十冖止	停	wypS	亻亠冖丁	酴	sgwt	西一人禾	橐	gkhs	一口丨木	畹	lpqB	田宀夕㔾
tian			婷	vypS	女亠冖丁	土	ffff	土土土土	鼍	kklN	口口田乙	碗	dpqB	石宀夕㔾
天	gdI	一大[氵]	葶	aypS	艹亠冖丁	吐	kfg	口土[一]	妥	evF	爫女[二]	万	dnv	丆乙[乙乙乙]
添	igdN	氵一大⺗	蜓	jtfp	虫丿士廴	钍	qfg	钅土[一]	庹	yany	广廿尸㇏	腕	epqB	月宀夕㔾
田	lllL	田田田田	霆	ftfT	雨丿士廴	兔	qkqy	⺈口儿丶	椭	sbdE	木阝ナ月	**wang**		
恬	ntdG	忄丿古[一]	挺	rtfp	扌丿士廴	堍	fqkY	土⺈口丶	拓	rdG	扌石[一]	汪	igG	氵王[一]
畋	lty	田攵[丶]	梃	stfp	木丿士廴	菟	aqky	艹⺈口丶	箨	trch	⺮扌又丨	亡	ynv	亠乙[乙乙乙]
甜	tdaf	丿古艹二	艇	tetP	丿舟丿廴	**tuan**			唾	ktgF	口丿一士	王	gggG	王王王王
填	ffhW	土十且八	**tong**			湍	imdJ	氵山丆刂	柝	sryy	木斤丶[丶]	网	mqqI	冂乂乂[氵]
阗	ufhW	门十且八	通	cepK	マ用辶[丨丨丨]	团	lftE	囗十丿[彡]	**wa**			往	tygG	彳丶王[一]
忝	gdnU	一大⺗[冫]	嗵	kceP	口マ用辶	抟	rfnY	扌二乙丶	哇	kffG	口土土[一]	枉	sgg	木王[一]

字	86码	字根	字	86码	字根	字	86码	字根	字	86码	字根	字	86码	字根
罔	muyN	冂丷亠乙	猥	qtle	犭丿田𧘇	窝	pwkw	宀八口人	兀	gqv	一儿[巛]	翕	wgkn	人一口羽
惘	nmuN	忄冂丷乙	痿	utvD	疒禾女㊂	蜗	jkmW	虫口冂人	勿	qre	勹彡[彡]	舾	tesg	丿舟西㊀
辋	lmuN	车冂丷乙	艉	tenN	丿舟尸乙	我	trnT	丿扌乙丿	务	tlB	夂力[巜]	溪	iexD	氵爫幺大
魍	rqcn	白儿厶乙	韪	jghh	日一龰丨	沃	itdy	氵丿大[丶]	戊	dnyT	厂乙丶丿	皙	srrF	木斤白㊁
妄	ynvf	亠乙女㊁	鲔	qgde	鱼一𠂇月	肟	efnN	月二乙[乙]	阢	bgqN	阝一儿[乙]	锡	qjqR	钅日勹彡
忘	ynnu	亠乙心[冫]	卫	bgD	卩一㊂	卧	ahnh	匚丨コ丨	杌	sgqn	木一儿[乙]	僖	wfkk	亻士口口
旺	jgg	日王㊀	未	fii	二 小[氵]	幄	mhnf	冂丨尸土	芴	aqrr	艹勹彡[彡]	熄	othn	火丿目心
望	yneg	亠乙月王	位	wug	亻立㊀	握	rngF	扌尸一土	物	trQR	丿扌勹彡	熙	ahko	匚丨口灬
wei			味	kfiY	口二小[丶]	渥	ingF	氵尸一土	误	ykgD	讠口一大	蜥	jsrh	虫木斤[丨]
危	qdbB	⺈厂㔾[巜]	畏	lgeU	田一𧘇[冫]	硪	dtrT	石丿扌丿	悟	ngkg	忄五口㊀	嘻	kfkK	口士口口
威	dgvT	厂一女丿	胃	leF	田月㊁	斡	fjwf	十早人十	晤	jgkG	日五口㊀	嬉	vfkK	女士口口
偎	wlge	亻田一𧘇	尉	nfif	尸二小寸	龌	hwbf	止人凵土	焐	ogkG	火五口㊀	膝	eswI	月木人氺
逶	tvpD	禾女辶㊂	谓	yleG	讠田月㊀	**wu**			婺	cbtv	⺋卩丿女	樨	snih	木尸氺丨
隈	blge	阝田一𧘇	喂	klge	口田一𧘇	乌	qngD	勹乙一㊂	痦	ugkd	疒五口㊂	歙	wgkw	人一口人
葳	adgT	艹厂一丿	渭	ileG	氵田月㊀	圬	ffnN	土二乙[乙]	骛	cbtc	⺋卩丿马	熹	fkuo	士口丷灬
微	tmgT	彳山一攵	猬	qtle	犭丿田月	污	ifnN	氵二乙[乙]	雾	ftlB	雨夂力[巜]	羲	ugtT	丷王禾丿
煨	olgE	火田一𧘇	蔚	anfF	艹尸二寸	邬	qngb	勹乙一阝	寤	pnhk	宀乙丨口	螅	jthn	虫丿目心
薇	atmT	艹彳山攵	慰	nfiN	尸二小心	呜	kqng	口勹乙一	鹜	cbtg	⺋卩丿一	蟋	jtoN	虫丿米心
巍	mtvC	山禾女厶	魏	tvrC	禾女白厶	巫	awwI	工人人[氵]	鋈	itdq	氵丿大金	醯	sgyl	西一亠皿
为	ylYI	丶力丶[氵]	**wen**			屋	ngcF	尸一厶土	**xi**			曦	jugT	日丷王丿
韦	fnhK	二乙丨[川]	温	ijlG	氵日皿㊀	诬	yawW	讠工人人	夕	qtny	夕丿乙丶	鼷	vnud	臼乙⺀大
围	lfnh	囗二乙丨	瘟	ujlD	疒日皿㊂	钨	qqnG	钅勹乙一	兮	wgnb	八一乙[巜]	习	nuD	乙冫㊂
帏	mhfH	冂丨二丨	文	yygy	文丶一㇏	无	fqV	二儿[巛]	汐	iqy	氵夕[丶]	席	yamH	广廿冂丨
沩	iylY	氵丶力丶	纹	xyy	纟文[丶]	毋	xde	⺟𠂇[彡]	西	sghg	西一丨一	袭	dxyE	𠂇匕亠𧘇
违	fnhp	二乙丨辶	闻	ubD	门耳㊂	吴	kgdU	口一大[冫]	吸	keYY	口乃㇏[丶]	觋	awwq	工人人儿
闱	ufnH	门二乙丨	蚊	jyy	虫文[丶]	吾	gkf	五口㊁	希	qdmH	㐅𠂇冂丨	媳	vthn	女丿目心
桅	sqdB	木⺈厂㔾	阌	uepc	门罒冖又	芜	afqb	艹二儿[巜]	昔	ajf	龷日㊁	隰	bjxO	阝日幺灬
涠	ilfH	氵囗二丨	雯	fyu	雨文[冫]	梧	sgkG	木五口㊀	析	srH	木斤[丨]	檄	sryT	木白方攵
唯	kwyg	口亻主㊀	刎	qrjH	勹彡刂[丨]	浯	igkg	氵五口㊀	矽	dqy	石夕[丶]	洗	itfQ	氵丿土儿
帷	mhwY	冂丨亻主	吻	kqrT	口勹彡[丿]	蜈	jkgD	虫口一大	穸	pwqU	宀八夕[冫]	玺	qigY	⺈小王丶
惟	nwyG	忄亻主㊀	紊	yxiu	文幺小[冫]	鼯	vnuk	臼乙⺀口	郗	qdmb	㐅𠂇冂阝	徙	thhY	彳止龰[丶]
维	xwyG	纟亻主㊀	稳	tqvN	禾⺈彐心	五	ggHG	五一丨一	唏	kqdH	口㐅𠂇丨	喜	fkuK	士口丷口
嵬	mrqC	山白儿厶	问	ukd	门口㊂	午	tfj	⺧十[丨丨]	奚	exdU	爫幺大[冫]	葸	alnu	艹田心[冫]
潍	ixwY	氵纟亻主	汶	iyy	氵文[丶]	仵	wtfh	亻⺧十[丨]	浠	iqdh	氵㐅𠂇丨	屣	nthh	尸彳止龰
伟	wfnH	亻二乙丨	璺	wfmY	亻二冂丶	伍	wgg	亻五㊀	息	thnU	丿目心[冫]	蓰	athH	艹彳止龰
伪	wylY	亻丶力丶	**weng**			坞	fqng	土勹乙一	牺	trsG	丿扌西㊀	禧	pyfk	礻丶士口
尾	ntfN	尸丿二乙	翁	wcnF	八厶羽㊁	妩	vfqN	女二儿[乙]	悉	tonU	丿米心[冫]	戏	caT	又戈[丿]
纬	xfnh	纟二乙丨	嗡	kwcN	口八厶羽	庑	yfqV	广二儿[巛]	惜	najg	忄龷日㊀	系	txiU	丿幺小[冫]
苇	afnH	艹二乙丨	蓊	awcN	艹八厶羽	忤	ntfh	忄⺧十[丨]	欷	qdmw	㐅𠂇冂人	饩	qnrn	⺈乙𠂉乙
委	tvF	禾女㊁	瓮	wcgN	八厶一乙	怃	nfqN	忄二儿[乙]	淅	isrH	氵木斤[丨]	细	xlG	纟田㊀
炜	ofnH	火二乙丨	蕹	ayxy	艹亠纟主	迕	tfpk	⺧十辶[川]	烯	oqdH	火㐅𠂇丨	阋	uvqV	门臼儿[巛]
玮	gfnH	王二乙丨	**wo**			武	gahD	一弋止㊂	硒	dsg	石西㊀	舄	vqoU	臼勹灬[冫]
洧	ideg	氵𠂇月㊀	挝	rfpY	扌寸辶[丶]	侮	wtxU	亻⺧⺟⺀	菥	asrJ	艹木斤[丨丨]	隙	bijI	阝小日小
娓	vntn	女尸丿乙	倭	wtvG	亻禾女㊀	捂	rgkg	扌五口㊀	晰	jsrH	日木斤[丨]	禊	pydd	礻丶三大
诿	ytvG	讠禾女㊀	涡	ikmW	氵口冂人	牾	trgk	丿扌五口	犀	nirH	尸水⺧丨	**xia**		
萎	atvF	艹禾女㊁	莴	akmW	艹口冂人	鹉	gahg	一弋止一	稀	tqdH	禾㐅𠂇丨	虾	jghy	虫一卜[丶]
隗	brqC	阝白儿厶	喔	kngf	口尸一土	舞	rlgH	𠂉罒一丨	粞	osg	米西㊀	瞎	hpDK	目宀三口

字	86码	字根	字	86码	字根	字	86码	字根	字	86码	字根	字	86码	字根
匣	alk	匚甲[川]	蚬	jmN	虫冂儿[乙]	xiao			泄	iann	氵廿乙[乙]	型	gajf	一廾刂土
侠	wguW	亻一丷人	筅	ttfq	⺮丿土儿	枭	qyns	勹丶乙木	泻	ipgg	氵冖一一	硎	dgaj	石一廾刂
狎	qtlH	犭丿甲[丨]	跣	khtq	口止丿儿	晓	jatQ	日弋丿儿	绁	xann	纟廿乙[乙]	醒	sgjG	西一曰龶
峡	mguW	山一丷人	藓	aqgd	艹角一手	枵	skgN	木口一乙	卸	rhbH	𠂉止卩[丨]	擤	rthJ	扌丿目川
柙	slh	木甲[丨]	燹	eeoU	豕豕火[冫]	骁	catq	马弋丿儿	屑	nied	尸⺌月㊂	杏	skf	木口㊁
狭	qtgw	犭丿一人	县	egcU	月一厶[冫]	霄	fieF	雨⺌月㊁	械	saAH	木弋廾[丨]	姓	vtgG	女丿龶㊀
硖	dguw	石一丷人	岘	mmqn	山冂儿[乙]	消	iieG	氵⺌月㊀	亵	yrvE	亠扌九𧘇	幸	fufJ	土丷十[刂]
遐	nhfP	コ丨二辶	苋	amqB	艹冂儿[巜]	绡	xieG	纟⺌月㊀	渫	ians	氵廿乙木	性	ntgG	忄丿龶㊀
暇	jnhC	日コ丨又	现	gmQN	王冂儿[乙]	逍	iepD	⺌月辶㊂	谢	ytmF	讠丿冂寸	荇	atfh	艹彳二丨
瑕	gnhC	王コ丨又	线	xgT	纟戋[丿]	萧	aviJ	艹彐小川	榍	sniE	木尸⺌月	悻	nfuf	忄土丷十
辖	lpdk	车宀三口	限	bvEY	阝彐𧘇[丶]	硝	dieG	石⺌月㊀	榭	stmF	木丿冂寸	xiong		
霞	fnhc	雨コ丨又	宪	ptfQ	宀丿土儿	销	qieG	钅⺌月㊀	廨	yqeH	广𠂊用丨	兄	kqb	口儿[巜]
黠	lfok	罒土灬口	陷	bqvG	阝𠂊臼㊀	潇	iavj	氵艹彐川	懈	nqEH	忄𠂊用丨	凶	qbK	㐅凵[川]
下	ghI	一卜[氵]	馅	qnqv	𠂊乙𠂊臼	箫	tvij	⺮彐小川	獬	qtqh	犭丿𠂊丨	匈	qqbK	勹㐅凵[川]
吓	kghY	口一卜[丶]	羡	uguW	丷王冫人	魈	rqce	白儿厶月	薤	agqg	艹一夕一	芎	axb	艹弓[巜]
夏	dhtU	丆目夂[冫]	腺	eriY	月白水[丶]	嚣	kkdk	口口丆口	邂	qevp	𠂊用刀辶	汹	iqbh	氵㐅凵[丨]
厦	ddhT	厂丆目夂	献	fmud	十冂丷犬	崤	mqde	山㐅𠂇月	燮	oyoC	火言火又	胸	eqQB	月勹㐅凵
xian			xiang			淆	iqdE	氵㐅𠂇月	瀣	ihqG	氵⺊夕一	雄	dcwY	ナ厶亻主
铣	qtfq	钅丿土儿	乡	xte	纟丿[彡]	小	ihtY	小丨丿丶	蟹	qevj	𠂊用刀虫	熊	cexo	厶月匕灬
仙	wmH	亻山[丨]	芗	axtR	艹纟丿[丿丿]	哓	katQ	口弋丿儿	躞	khoc	口止火又	xiu		
先	tfqB	丿土儿[巜]	相	shG	木目㊀	筱	twhT	⺮亻丨攵	xin			宿	pwdj	宀亻丆日
纤	xtfH	纟丿十[丨]	香	tjf	禾曰㊁	孝	ftbF	土丿子㊁	心	nyNY	心丶乙丶	休	wsY	亻木[丶]
氙	rnmJ	𠂉乙山[刂]	厢	dshD	厂木目㊂	肖	ieF	⺌月㊁	忻	nrh	忄斤[丨]	修	whtE	亻丨夂彡
祆	pygd	礻丶一大	湘	ishg	氵木目㊀	哮	kftB	口土丿子	芯	anu	艹心[冫]	咻	kwsY	口亻木[丶]
籼	omh	米山[丨]	缃	xshG	纟木目㊀	效	uqtY	六㐅攵[丶]	辛	uygh	辛丶一丨	庥	ywsI	广亻木[氵]
莶	awgi	艹人一⺍	葙	ashF	艹木目㊁	校	suqY	木六㐅[丶]	昕	jrh	日斤[丨]	羞	udnF	丷尹乙土
掀	rrqW	扌斤𠂊人	箱	tshF	⺮木目㊁	笑	ttdU	⺮丿大[冫]	欣	rqwY	斤𠂊人[丶]	鸺	wsqG	亻木勹一
跹	khtp	口止丿辶	襄	ykkE	亠口口𧘇	啸	kviJ	口彐小川	锌	quh	钅辛[丨]	貅	eewS	爫彡亻木
酰	sgtq	西一丿儿	骧	cykE	马亠口𧘇	宵	piEF	宀⺌月㊁	新	usrH	立木斤[丨]	馐	qnuf	𠂊乙丷土
锨	qrqW	钅斤𠂊人	镶	qykE	钅亠口𧘇	削	iejH	⺌月刂[丨]	歆	ujqw	立日𠂊人	髹	dewS	镸彡亻木
鲜	qguD	角一丷手	详	yudH	讠丷手[丨]	xie			薪	ausR	艹立木斤	朽	sgnn	木一乙[乙]
暹	jwyP	曰亻主辶	庠	yudk	广丷手[川]	些	hxfF	止匕二㊁	馨	fnmJ	士尸几曰	秀	teB	禾乃[巜]
闲	usi	门木[氵]	祥	pyuD	礻丶丷手	楔	sdhD	木三丨大	鑫	qqqF	金金金㊁	岫	mmg	山由㊀
弦	xyxY	弓亠幺[丶]	翔	udng	丷尹羽㊀	歇	jqwW	曰勹人人	囟	tlqi	丿口㐅[氵]	绣	xten	纟禾乃[乙]
贤	jcmU	〢又贝[冫]	享	ybf	亠子㊁	蝎	jjqN	虫曰勹乙	信	wyG	亻言㊀	袖	pumg	礻丶由㊀
咸	dgkT	厂一口丿	响	ktmK	口丿冂口	协	flWY	十力八[丶]	衅	tluF	丿皿丷十	锈	qten	钅禾乃[乙]
涎	ithp	氵丿止廴	饷	qntk	𠂊乙丿口	邪	ahtb	匚丨丿阝	xing			溴	ithd	氵丿目犬
娴	vusY	女门木[丶]	飨	xtwE	纟丿人𧘇	胁	elwY	月力八[丶]	兴	iwU	⺍八[冫]	嗅	kthd	口丿目犬
舷	teyx	丿舟亠幺	想	shnU	木目心[冫]	偕	wxxr	亻匕匕白	星	jtgF	曰丿龶㊁	xu		
衔	tqfH	彳钅二丨	鲞	udqg	丷大角一	斜	wtuf	人禾冫十	惺	njtG	忄曰丿龶	圩	fgfH	土一十[丨]
痫	uusI	疒门木[氵]	向	tmKD	丿冂口㊂	谐	yxxr	讠匕匕白	猩	qtjg	犭丿曰龶	戌	dgnT	厂一乙丿
鹇	usqG	门木勹一	巷	awnB	龷八巳[巜]	携	rwye	扌亻主乃	腥	ejtG	月曰丿龶	盱	hgfH	目一十[丨]
嫌	vuVO	女丷彐⺗	项	admY	工丆贝[丶]	勰	llln	力力力心	刑	gajh	一廾刂[丨]	胥	nheF	乙龰月㊁
冼	utfQ	冫丿土儿	象	qjeU	𠂊罒豕[冫]	撷	rfkm	扌士口贝	邢	gabH	一廾阝[丨]	须	edmY	彡丆贝[丶]
显	joGF	曰业一㊁	像	wqjE	亻𠂊罒豕	缬	xfkm	纟士口贝	行	tfHH	彳二丨[丨]	顼	gdmY	王丆贝[丶]
险	bwgI	阝人一⺍	橡	sqjE	木𠂊罒豕	鞋	afff	廿串土土	形	gaeT	一廾彡[丿]	虚	haoG	虍七业一
猃	qtwi	犭丿人⺍	蟓	jqjE	虫𠂊罒豕	写	pgnG	冖一乙一	陉	bcaG	阝ス工㊀	嘘	khag	口虍七一

字	86码	字根	字	86码	字根	字	86码	字根	字	86码	字根	字	86码	字根
需	fdmJ	雨丆冂‖	渲	ipgg	氵宀一一	巽	nnaW	巳巳廾八	闫	udd	门三㊂		**yang**	
墟	fhag	土广七一	楦	spgG	木宀一一	蕈	asjJ	艹西早⑪	严	godR	一业厂ⓙ	央	mdI	冂大ⓢ
徐	twtY	彳人禾⊙	碹	dpgg	石宀一一		**ya**		妍	vgaH	女一廾①	泱	imdy	氵冂大⊙
许	ytfH	讠𠂉十①	镟	qyth	钅方𠂉龰	丫	uhk	丷丨⑪	言	yyyY	言言言言	殃	gqmD	一夕冂大
诩	yng	讠羽⊖		**xue**		压	dfyI	厂土丶ⓢ	岩	mdf	山石⊖	秧	tmdy	禾冂大⊙
栩	sng	木羽⊖	噱	khae	口广七豕	呀	kaHT	口匚丨丿	沿	imkG	氵几口⊖	鸯	mdqG	冂大勹一
糈	onhE	米乙龰月	削	iejH	⺌月刂①	押	rlH	扌甲①	炎	ooU	火火ⓢ	鞅	afmd	廿串冂大
醑	sgne	西一乙月	靴	afwx	廿串亻匕	鸦	ahtg	匚丨丿一	研	dgaH	石一廾①	扬	rnrT	扌乙彡ⓙ
旭	vjD	九日⊜	薛	awnu	艹亻コ辛	桠	sgog	木一业一	盐	fhlF	土卜皿⊜	羊	udj	丷丰⑪
序	ycbK	广マ卩⑪	穴	pwu	宀八ⓢ	鸭	lqyG	甲勹丶一	阎	uqvd	门⺈臼⊜	阳	bjG	阝日⊖
叙	wtcY	人禾又⊙	学	ipBF	⺍冖子⊜	牙	ahTE	匚丨丿③	筵	tthp	⺮丿止廴	杨	snRT	木乙彡ⓙ
恤	ntlG	忄丿皿⊖	泶	ipiU	⺍冖水ⓢ	伢	wahT	亻匚丨丿	蜒	jthp	虫丿止廴	炀	onrt	火乙彡ⓙ
洫	itlg	氵丿皿⊖	踅	rrkh	扌斤口龰	岈	mahT	山匚丨丿	颜	utem	立丿彡贝	佯	wudh	亻丷丰①
勖	jhlN	曰目力ⓩ	雪	fvF	雨彐⊜	芽	aahT	艹匚丨丿	檐	sqdy	木⺈厂言	疡	unrE	疒乙彡③
绪	xftJ	纟土丿曰	鳕	qgfv	鱼一雨彐	琊	gahb	王匚丨丿	兖	ucqB	六厶儿⑥	徉	tudH	彳丷丰①
续	xfnD	纟十乙大	血	tld	丿皿⊜	蚜	jahT	虫匚丨丿	奄	djnB	大曰乙⑥	洋	iuDH	氵丷丰①
酗	Sgqb	西一乂凵	谑	yhaG	讠广七一	崖	mdff	山厂土土	俨	wgoD	亻一业厂	烊	oudH	火丷丰①
婿	vnhe	女乙龰月		**xun**		涯	idfF	氵厂土土	衍	tifH	彳氵二丨	蛘	judH	虫丷丰①
溆	iwtc	氵人禾又	郇	qjbH	勹日阝①	睚	hdFF	目厂土土	偃	wajv	亻匚曰女	仰	wqbh	亻𠂎卩①
絮	vkxI	女口幺小	荨	avfU	艹彐寸ⓢ	衙	tgkH	彳五口丨	厣	ddlK	厂犬甲⑪	养	udyj	丷乀八川
煦	jqko	日勹口灬	勋	kmlN	口贝力ⓩ	哑	kgoG	口一业一	掩	rdjn	扌大曰乙	氧	rnuD	𠂉乙丷丰
蓄	ayxL	艹亠幺田	埙	fkmy	土口贝⊙	痖	ugog	疒一业一	眼	hvEY	目彐𧘇⊙	痒	uudK	疒丷丰⑪
蓿	apwj	艹宀亻日	熏	tglO	丿一罒灬	雅	ahty	匚丨丿圭	郾	ajvB	匚曰女阝	样	suDH	木丷丰①
吁	kgfh	口一十①	窨	pwuj	宀八立曰	亚	gogD	一业一⊜	琰	gooY	王火火⊙	漾	iugi	氵丷王八
	xuan		獯	qtto	犭丿丿灬	讶	yahT	讠匚丨丿	罨	ldjn	罒大曰乙		**yao**	
轩	lfH	车干①	薰	atgo	艹丿一灬	迓	ahtp	匚丨丿辶	演	ipgW	氵宀一八	侥	watq	亻弋丿儿
宣	pgjG	宀一曰一	曛	jtgo	日丿一灬	垭	fgoG	土一业一	魇	ddrC	厂犬白厶	幺	xnny	幺乙乙丶
谖	yefC	讠⺤二又	醺	sgto	西一丿灬	娅	vgoG	女一业一	鼹	vnuv	臼乙⺀女	夭	tdi	丿大ⓢ
喧	kpGG	口宀一一	寻	vfU	彐寸ⓢ	砑	dahT	石匚丨丿	厌	ddi	厂犬ⓢ	妖	vtdY	女丿大⊙
揎	rpgG	扌宀一一	巡	vpV	巛辶⑾	氩	rngg	𠂉乙一一	彦	uter	立丿彡ⓙ	腰	esvG	月西女⊖
萱	apgg	艹宀一一	旬	qjD	勹日⊜	揠	rajv	扌匚曰女	砚	dmqN	石冂儿ⓩ	邀	rytp	白方攵辶
暄	jpgG	日宀一一	驯	ckh	马川①		**yan**		唁	kyg	口言⊖	爻	qqu	乂乂ⓢ
煊	opgG	火宀一一	询	yqjG	讠勹日⊖	剡	oojH	火火刂①	宴	pjvF	宀曰女⊜	尧	atgq	弋丿一儿
儇	wlge	亻罒一𧘇	峋	mqjg	山勹日⊖	咽	kldY	口囗大⊙	晏	jpvF	曰宀女⊜	肴	qdeF	乂𠂇月⊜
玄	yxu	亠幺ⓢ	恂	nqjG	忄勹日⊖	恹	nddy	忄厂犬⊙	艳	dhqC	三丨⺈巴	姚	viqN	女⺦儿ⓩ
痃	uyxI	疒亠幺ⓢ	洵	iqjG	氵勹日⊖	烟	olDY	火囗大⊙	验	cwgI	马人一⺌	轺	lvkG	车刀口⊖
悬	egcn	月一厶心	浔	ivfy	氵彐寸⊙	胭	eldY	月囗大⊙	谚	yutE	讠立丿彡	珧	giqN	王⺦儿ⓩ
旋	ytnH	方𠂉乙龰	荀	aqjF	艹勹日⊜	崦	mdjN	山大曰乙	堰	fajv	土匚曰女	窑	pwrM	宀八𠂉山
漩	iyth	氵方𠂉龰	循	trfh	彳厂十目	淹	idjN	氵大曰乙	焰	oqvG	火⺈臼⊖	谣	yerM	讠⺤𠂉山
璇	gyth	王方𠂉龰	鲟	qgvf	鱼一彐寸	焉	ghgO	一止一灬	焱	ooou	火火火ⓢ	徭	term	彳⺤𠂉山
选	tfqp	丿土儿辶	训	ykH	讠川①	菸	aywu	艹方人⺀	雁	dwwY	厂亻亻圭	摇	rerM	扌⺤𠂉山
癣	uqgD	疒鱼一丰	讯	ynfH	讠乙十①	阉	udjn	门大曰乙	滟	idhc	氵三丨巴	遥	erMT	⺤𠂉山辶
泫	iyxY	氵亠幺⊙	汛	infH	氵乙十①	湮	isfg	氵西土⊖	酽	sggd	西一一厂	瑶	gerM	王⺤𠂉山
炫	oyxY	火亠幺⊙	迅	nfpK	乙十辶⑪	腌	edjn	月大曰乙	谳	yfmD	讠十冂犬	繇	ermi	⺤𠂉山小
绚	xqjG	纟勹日⊖	徇	tqjG	彳勹日⊖	鄢	ghgb	一止一阝	餍	ddwE	厂犬人𧘇	鳐	qgem	鱼一⺤山
眩	hyXY	目亠幺⊙	逊	bipI	子小辶ⓢ	嫣	vghO	女一止灬	燕	auKO	廿丬口灬	杳	sjf	木曰⊖
铉	qyxY	钅亠幺⊙	殉	gqqJ	一夕勹日	延	thpD	丿止廴⊜	赝	dwwm	厂亻亻贝	咬	kuqY	口六乂⊙

字	86码	字根	字	86码	字根	字	86码	字根	字	86码	字根	字	86码	字根
窈	pwxl	宀八幺力	仪	wyqY	亻丶乂[丶]	抑	rqbH	扌⺁卩[丨]	茵	aldU	艹口大[冫]	荧	apoU	艹冖火[冫]
舀	evf	爫臼㊁	圮	fnn	土巳[乙]	译	ycfH	讠又二丨	荫	abeF	艹阝月㊁	莹	apgY	艹冖王丶
崾	msvG	山西女㊀	夷	gxwI	一弓人[氵]	邑	kcb	口巴[巜]	音	ujf	立曰㊁	萤	apjU	艹冖虫[冫]
药	axQY	艹纟勹丶	沂	irh	氵斤[丨]	佾	wweG	亻八月㊀	殷	rvnC	厂彐乙又	营	apkK	艹冖口口
要	sVF	西女㊁	诒	yckG	讠厶口㊀	峄	mcfH	山又二丨	氤	rnlD	𠂉乙口大丶	萦	apxI	艹冖幺小
鹞	ermg	爫𠂉山一	宜	pegF	宀月一㊁	怿	ncfh	忄又二丨	铟	qldy	钅口大[丶]	楹	secL	木乃又皿
曜	jnwY	日羽亻圭	怡	nckG	忄厶口㊀	易	jqrR	曰勹𠂊[丿丿]	喑	kujG	口立曰㊀	滢	iapy	氵艹冖丶
耀	iqny	⺌儿羽圭	迤	tbpV	𠂉也辶[巛]	绎	xcfH	纟又二丨	堙	fsfG	土西土㊀	蓥	apqf	艹冖金㊁
钥	qeg	钅月㊀	饴	qncK	𠂊乙厶口	诣	yxjG	讠匕曰㊀	吟	kwyn	口人丶乙	潆	iapi	氵艹冖小
ye			咦	kgxW	口一弓人	驿	ccfH	马又二丨	垠	fveY	土彐⻀[丶]	蝇	jkN	虫口曰乙
椰	sbbH	木耳阝[丨]	姨	vgXW	女一弓人	奕	yodU	亠小大[冫]	狺	qtyg	犭丿言㊀	嬴	ynky	亠乙口丶
噎	kfpU	口士冖⺌	荑	agxW	艹一弓人	弈	yoaJ	亠小廾[‖]	寅	pgmW	宀一由八	赢	ynky	亠乙口丶
爷	wqbJ	八乂卩[‖]	贻	mckG	贝厶口㊀	疫	umcI	疒几又[氵]	淫	ietF	氵爫丿士	瀛	iyny	氵亠乙丶
耶	bbh	耳阝[丨]	胰	egxW	月一弓人	羿	naj	羽廾[‖]	银	qveY	钅彐⻀[丶]	郢	kgbh	口王阝[丨]
揶	rbbH	扌耳阝[丨]	酏	sgbN	西一也[乙]	轶	lrwY	车𠂉人[丶]	鄞	akgb	廿口丰阝	颍	xidM	匕水丆贝
铘	qahb	钅匚丨阝	痍	ugxw	疒一弓人	悒	nkcN	忄口巴[乙]	夤	qpgw	夕宀一八	颖	xtdM	匕禾丆贝
也	bnHN	也乙丨乙	移	tqqY	禾夕夕[丶]	挹	rkcN	扌口巴[乙]	龈	hwbe	止人凵⻀	影	jyie	曰亠小彡
冶	uckG	冫厶口㊀	遗	khgp	口丨一辶	益	uwlF	䒑八皿㊁	霪	fief	雨氵爫士	瘿	ummV	疒贝贝女
野	jfcB	曰土マ卩	颐	ahkm	匚丨口贝	谊	ypeG	讠宀月一	尹	vte	彐丿[彡]	映	jmdY	日冂大[丶]
业	ogD	业一㊂	疑	xtdh	匕𠂉大龰	埸	fjqR	土曰勹𠂊	引	xhH	弓丨[丨]	硬	dgjQ	石一曰乂
叶	kfH	口十[丨]	嶷	mxTH	山匕𠂉龰	翊	ung	立羽㊀	吲	kxhH	口弓丨[丨]	媵	eudv	月䒑大女
曳	jxe	曰匕[彡]	彝	xgoA	彑一米廾	翌	nuf	羽立㊁	饮	qnqW	𠂊乙𠂊人	yo		
页	dmu	丆贝[冫]	乙	nnlL	乙乙LL	逸	qkqp	𠂊口儿辶	蚓	jxhH	虫弓丨[丨]	哟	kxQY	口纟勹丶
邺	ogbH	业一阝[丨]	已	nnnn	已已已已	意	ujnU	立曰心[冫]	隐	bqVN	阝𠂊彐心	唷	kycE	口亠厶月
夜	ywtY	亠亻夂丶	以	nywY	乙丶人[丶]	溢	iuwL	氵䒑八皿	瘾	ubqN	疒阝𠂊心	yong		
晔	jwxF	日亻匕十	钇	qnn	钅乙[乙]	缢	xuwL	纟䒑八皿	印	qgbH	⺁一卩[丨]	佣	weh	亻用[丨]
烨	owxF	火亻匕十	矣	ctDU	厶𠂉大[冫]	肄	xtdh	匕𠂉大丨	茚	aqgb	艹⺁一卩	拥	reh	扌用[丨]
掖	rywY	扌亠亻丶	苡	anyW	艹乙丶人	裔	yemK	亠𧘇冂口	胤	txen	丿幺月乙	痈	uek	疒用[川]
液	iywY	氵亠亻丶	舣	teyq	丿舟丶乂	瘗	uguf	疒一䒑土	ying			邕	vkcB	巛口巴[巜]
谒	yjqN	讠曰勹乙	蚁	jyqY	虫丶乂[丶]	蜴	jjqr	虫曰勹𠂊	应	yid	广⺍㊂	庸	yveh	广彐月丨
腋	eywy	月亠亻丶	倚	wdsK	亻大丁口	毅	uemC	立豕几又	英	amdU	艹冂大[冫]	雍	yxtY	亠纟丿圭
靥	dddl	厂犬丆四	椅	sdsK	木大丁口	熠	onrg	火羽白㊀	莺	apqG	艹冖勹一	墉	fyvh	土广彐丨
yi			旖	ytdk	方𠂉大口	镒	quwL	钅䒑八皿	婴	mmvF	贝贝女㊁	慵	nyvh	忄广彐丨
一	gGLL	一一LL	义	yqI	丶乂[氵]	劓	thlj	丿目田刂	瑛	gamD	王艹冂大	壅	yxtf	亠纟丿土
伊	wvtT	亻彐丿[丿]	亿	wnN	亻乙[乙]	殪	gqfu	一夕士䒑	嘤	kmmV	口贝贝女	镛	qyvh	钅广彐丨
衣	yeU	亠𧘇[冫]	弋	agny	弋一乙丶	薏	aujn	艹立曰心	撄	rmmV	扌贝贝女	臃	eyxY	月亠纟圭
医	atdI	匚𠂉大[氵]	刈	qjh	乂刂[丨]	翳	atdn	匚𠂉大羽	缨	xmmV	纟贝贝女	鳙	qgyh	鱼一广丨
依	wyeY	亻亠𧘇[丶]	忆	nnN	忄乙[乙]	翼	nlaW	羽田艹八	罂	mmrM	贝贝𠂉山	饔	yxte	亠纟丿⻀
咿	kwvt	口亻彐丿	艺	anb	艹乙[巜]	臆	eujN	月立曰心	樱	smmv	木贝贝女	喁	kjmY	口曰冂丶
猗	qtdk	犭丿大口	仡	wtnN	亻𠂉乙[乙]	癔	uujn	疒立曰心	璎	gmmv	王贝贝女	永	yniI	丶乙八[氵]
铱	qyeY	钅亠𧘇[丶]	议	yyqY	讠丶乂[丶]	镱	qujn	钅立曰心	鹦	mmvg	贝贝女一	甬	cej	マ用[‖]
壹	fpgU	士冖一䒑	亦	you	亠小[冫]	懿	fpgn	士冖一心	膺	ywwe	广亻亻月	咏	kynI	口丶乙八
揖	rkbG	扌口耳㊀	屹	mtnn	山𠂉乙[乙]	yin			鹰	ywwg	广亻亻一	泳	iyni	氵丶乙八
欹	dskw	大丁口人	异	naj	巳廾[‖]	因	ldI	口大[氵]	迎	qbpK	⺁卩辶[川]	俑	wceH	亻マ用[丨]
漪	iqtk	氵犭丿口	佚	wrwY	亻𠂉人[丶]	阴	beG	阝月㊀	茔	apfF	艹冖土㊁	勇	celB	マ用力[巜]
噫	kujn	口立曰心	呓	kanN	口艹乙[乙]	姻	vldY	女口大[丶]	盈	eclF	乃又皿㊁	涌	iceH	氵マ用[丨]
黟	lfoq	罒土灬夕	役	tmcY	彳几又[丶]	洇	ildy	氵口大[丶]	荥	apiU	艹冖水[冫]	恿	cenU	マ用心[冫]

字	86码	字根	字	86码	字根	字	86码	字根	字	86码	字根	字	86码	字根
蛹	Jceh	虫マ用[丨]	瘀	uywu	疒方人⺀	瘐	uvwI	疒臼人[氵]	园	lfqV	囗二儿[巛]	耘	difc	三小二厶
踊	khcE	口止マ用	于	gfK	一 十[川]	窳	pwry	宀八𠂆乀	沅	ifqN	氵二儿[乙]	氲	rnjl	𠂉乙曰皿
用	etNH	用丿乙丨	予	cbj	マ 卩[刂]	龉	hwbk	止人凵口	垣	fgjg	土一日一	允	cqB	厶儿[《]
you			余	wtu	人禾[冫]	玉	gyI	王、[氵]	爰	eftC	爫二丿又	狁	qtcQ	犭丿厶儿
优	wdnN	亻𠂇乙[乙]	妤	vcbh	女マ 卩[丨]	驭	ccy	马又[丶]	原	drII	厂白小[氵]	陨	bkmY	阝口贝[丶]
忧	ndnN	忄𠂇乙[乙]	欤	gngw	一乙一人	芋	agfJ	艹一十[刂]	圆	lkmi	囗口贝[氵]	殒	gqkM	一夕口贝
攸	whty	亻丨攵[丶]	於	ywuY	方人⺀ [丶]	妪	vaqY	女匚乂[丶]	袁	fkeU	土口𧘇[冫]	孕	ebf	乃子[二]
呦	kxlN	口幺力[乙]	盂	gflF	一十皿[二]	饫	qntd	𠂊乙丿大	援	refC	扌爫二又	运	fcpI	二厶辶[氵]
幽	xxmK	幺幺山[川]	臾	vwi	臼人[氵]	育	yceF	亠厶月[二]	缘	xxeY	纟彑豕[丶]	郓	plbH	冖车阝 [丨]
悠	whtn	亻丨攵心	鱼	qgf	鱼一[二]	郁	debH	𠂇月阝 [丨]	鼋	fqkn	二儿口乙	恽	nplH	忄冖车[丨]
尤	dnv	𠂇乙[巛]	俞	wgej	人一月刂	昱	juf	曰立[二]	塬	fdrI	土厂白小	晕	jplJ	曰冖车[刂]
由	mhNG	由丨乙一	禺	jmh	曰冂丨、	狱	qtyd	犭丿讠犬	源	idrI	氵厂白小	酝	sgfC	西一二厶
犹	qtdn	犭丿𠂇乙	竽	tgfJ	⺮一十[刂]	峪	mwwk	山八人口	猿	qtfe	犭丿土 𧘇	愠	njlg	忄 曰皿[一]
邮	mbH	由 阝 [丨]	舁	vaj	臼廾 J[刂]	浴	iwwK	氵八人口	辕	lfkE	车土口𧘇	韫	fnhl	二乙丨皿
油	img	氵由[一]	娱	vkgd	女口一大	钰	qgyy	钅王、[丶]	橼	sxxe	木纟彑豕	韵	ujqu	立日勹冫
柚	smg	木 由[一]	狳	qtwt	犭丿人禾	预	cbdM	マ 卩𠂆贝	螈	jdrI	虫厂白小	熨	nfio	尸二小火
莸	aqtn	艹犭丿乙	谀	yvwy	讠臼人[丶]	域	fakg	土戈口一	远	fqpV	二儿 辶[巛]	蕴	axjL	艹纟曰皿
铀	qmg	钅由[一]	馀	qnwT	𠂊乙人禾	欲	wwkw	八人口人	苑	aqbB	艹夕㔾[《]	za		
蚰	jmg	虫由[一]	渔	iqgg	氵鱼一[一]	谕	ywgj	讠人一刂	怨	qbnU	夕㔾心[冫]	匝	amhK	匚冂丨[川]
游	iytb	氵方𠂉子	萸	avwU	艹臼人[冫]	阈	uakG	门戈口一	院	bpfQ	阝宀二儿	咂	kamH	口匚冂丨
鱿	qgdN	鱼一𠂇乙	隅	bjmY	阝曰冂、	喻	kwgj	口人一刂	垸	fpfQ	土宀二儿	拶	rvqY	扌巛夕[丶]
猷	usgd	丷西一犬	雩	ffnb	雨二乙[《]	寓	pjmY	宀曰冂、	媛	vefc	女爫二又	杂	vsU	九木[冫]
蝣	jytb	虫方𠂉子	嵛	mwgJ	山人一刂	御	trhB	彳𠂉止卩	掾	rxeY	扌彑豕[丶]	砸	damh	石匚冂丨
友	dcU	𠂇又[冫]	愉	nwGJ	忄人一刂	裕	puwK	礻冫八口	瑗	gefc	王爫二又	咋	kthf	口𠂉丨二
有	def	𠂇月[二]	揄	rwgj	扌人一刂	遇	jmHP	曰冂丨辶	愿	drin	厂白小心	zai		
卣	hlnF	⺊囗 コ[二]	腴	evwY	月臼人[丶]	鹆	wwkg	八人口一	yue			灾	poU	宀火[冫]
酉	sgd	西一[三]	逾	wgep	人一月辶	愈	wgen	人一月心	曰	jhng	曰丨乙一	甾	vlf	巛田[二]
莠	ateB	艹禾乃[《]	愚	jmhn	曰冂丨心	煜	ojuG	火曰立[一]	约	xqYY	纟勹、[丶]	哉	fakD	十戈口[三]
铕	qdeg	钅𠂇月[一]	榆	swgj	木人一刂	蓣	acbm	艹マ 卩贝	月	eeeE	月月月月	栽	fasI	十戈木[氵]
牖	thgy	丿丨一、	瑜	gwgJ	王人一刂	誉	iwyf	𭕄八言[二]	刖	ejh	月 刂[丨]	宰	puj	宀辛[刂]
黝	lfol	罒土灬力	虞	hakD	虍七口大	毓	txgq	𠂉母一ㄦ	岳	rgmJ	斤一山[刂]	载	faLK	十戈车[川]
又	cccC	又又又又	觎	wgeq	人一月儿	蜮	jakG	虫戈口一	悦	nukQ	忄丷口儿	崽	mlnU	山田心[冫]
右	dkF	𠂇口[二]	窬	pwwj	宀八人刂	豫	cbqE	マ 卩𠂊豕	钺	qant	钅匚乙丿	再	gmfD	一冂土[三]
幼	xln	幺力[乙]	舆	wflW	亻二车八	燠	otmD	火丿冂大	阅	uukQ	门丷口儿	在	dHFD	𠂇丨土[三]
佑	wdkG	亻𠂇口[一]	蝓	jwgj	虫人一刂	鹬	cbtg	マ 卩丿一	跃	khtd	口止丿大	zan		
侑	wdeG	亻𠂇月[一]	与	gnGD	一乙一[三]	鬻	xoxh	弓米弓丨	粤	tloN	丿囗米乙	咱	kthG	口丿目[一]
囿	ldeD	囗𠂇月[三]	伛	waqY	亻匚乂[丶]	吁	kgfh	口一十[丨]	越	fhaT	土龰匚丿	昝	thjF	夂卜曰[二]
宥	pdef	宀𠂇月[二]	宇	pgfJ	宀一十[刂]	yuan			樾	sfht	木土龰丿	攒	rtfm	扌丿土贝
诱	yteN	讠禾乃[乙]	屿	mgnG	山一乙一	芫	afqb	艹二儿[《]	龠	wgka	人一口艹	趱	fhtM	土龰丿贝
蚴	jxlN	虫幺力[乙]	羽	nnyG	羽乙、一	鸢	aqyg	弋勹、一	瀹	iwga	氵人一艹	暂	lrjF	车斤曰[二]
釉	tomG	丿米由[一]	雨	fghy	雨一丨、	冤	pqkY	冖𠂊口、	yun			赞	tfqm	丿土儿贝
鼬	vnum	臼乙⺀由	俣	wkgD	亻口一大	智	qbhf	夕㔾目[二]	云	fcu	二厶[冫]	錾	lrqF	车斤金[二]
yu			禹	tkmY	丿口冂、	鸳	qbqG	夕㔾勹一	匀	quD	勹冫 [三]	瓒	gtfm	王丿土贝
纡	xgfH	纟一十[丨]	语	ygkG	讠五口[一]	渊	itoH	氵丿米丨	纭	xfcY	纟二厶[丶]	zang		
迂	gfpK	一十辶[川]	圄	lgkd	囗五口[三]	篼	tpqB	⺮宀夕㔾	芸	afcu	艹二厶[冫]	赃	myfG	贝广土[一]
淤	iywu	氵方人⺀	圉	lfuF	囗土丷十	元	fqb	二儿[《]	昀	jquG	日勹冫 [一]	臧	dndT	厂乙𠂇丿
渝	iwgj	氵人一刂	庾	yvwi	广臼人[氵]	员	kmU	口贝[冫]	郧	kmbH	口贝阝 [丨]	驵	cegG	马月一[一]

字	86码	字根	字	86码	字根	字	86码	字根	字	86码	字根	字	86码	字根
奘	nhdd	乙丨丆大	渣	isjg	氵木曰一	绽	xpgH	纟宀一龰	折	rrH	扌斤丨⃝	赈	mdfe	贝厂二⋉
脏	eyfG	月广土㊀	楂	ssjG	木木曰一	湛	iadN	氵艹三乙	哲	rrkF	扌斤口㊁	镇	qfhw	钅十且八
葬	agqA	艹一夕廾	齄	thlg	丿目田一	蘸	asgo	艹西一灬	辄	lbnN	车耳乙乙⃝	震	fdfE	雨厂二⋉
	zao		扎	rnn	扌乙乙⃝		**zhang**		蛰	rvyj	扌九丶虫		**zheng**	
遭	gmap	一冂艹辶	札	snn	木乙乙⃝	张	xtAY	弓丿七㇏	谪	yumD	讠立冂古	争	qvHJ	𠂊彐丨刂⃝
糟	ogmj	米一冂曰	轧	lnn	车乙乙⃝	章	ujj	立早刂⃝	摺	rnrg	扌羽白㊀	征	tghG	彳一止㊀
凿	oguB	业一丷凵	闸	ulk	门甲川⃝	鄣	ujbH	立早阝丨⃝	磔	dqas	石夕匚木	怔	nghG	忄一止㊀
早	jhNH	早丨乙丨	铡	qmjH	钅贝刂丨⃝	嫜	vujh	女立早丨⃝	辙	lycT	车亠厶攵	峥	mqvH	山𠂊彐丨
枣	gmiu	一冂小⺀	眨	htpY	目丿之丶⃝	彰	ujeT	立早彡丿⃝	者	ftjF	土丿曰㊁	挣	rqvh	扌𠂊彐丨
蚤	cyjU	又丶虫冫⃝	砟	dthF	石𠂉丨二	漳	iujH	氵立早丨⃝	锗	qftJ	钅土丿曰	狰	qtqh	犭丿𠂊丨
澡	ikKS	氵口口木	乍	thfD	𠂉丨二㊂	獐	qtuj	犭丿立早	赭	fofj	土⺌土曰	钲	qghg	钅一止㊀
藻	aikS	艹氵口木	诈	ythF	讠𠂉丨二	樟	sujH	木立早丨⃝	褶	punr	衤冫羽白	睁	hqvH	目𠂊彐丨
灶	ofG	火土㊀	咤	kpta	口宀丿七	璋	gujH	王立早丨⃝	这	ypI	文辶氵⃝	铮	qqvH	钅𠂊彐丨
皂	rab	白七巜⃝	炸	othF	火𠂉丨二	蟑	jujh	虫立早丨⃝	柘	sdg	木石㊀	筝	tqvh	𥫗𠂊彐丨
唣	kraN	口白七乙⃝	痄	uthf	疒𠂉丨二	仉	wmn	亻几乙⃝	浙	irrH	氵扌斤丨⃝	蒸	abio	艹了⺢灬
造	tfkp	丿土口辶	蚱	jthf	虫𠂉丨二	涨	ixTY	氵弓丿㇏	蔗	ayaO	艹广廿灬	拯	rbiG	扌了⺢一
噪	kkks	口口口木	榨	spwF	木宀八二	掌	ipkr	⺌冖口手	鹧	yaog	广廿灬一	整	gkih	一口小止
燥	okkS	火口口木	栅	smmG	木冂冂一	长	taYI	丿七㇏氵⃝	着	udhF	丷𦍌目㊁	正	ghd	一止㊂
躁	khks	口止口木	柞	sthF	木𠂉丨二	丈	dyi	ナ㇏氵⃝		**zhen**		证	yghG	讠一止㊀
	ze			**zhai**		仗	wdyy	亻ナ㇏丶⃝	贞	hmU	⺊贝冫⃝	诤	yqvh	讠𠂊彐丨
则	mjH	贝刂丨⃝	斋	ydmJ	文丆冂刂	帐	mhtY	冂丨丿㇏	针	qfH	钅十丨⃝	郑	udbH	丷大阝丨⃝
择	rcfH	扌又二丨	摘	rumD	扌立冂古	杖	sdyY	木ナ㇏丶⃝	侦	whmY	亻⺊贝丶⃝	政	ghtY	一止攵丶⃝
泽	icfH	氵又二丨	宅	ptaB	宀丿七巜⃝	胀	etaY	月丿七㇏	浈	ihmY	氵⺊贝丶⃝	症	ughD	疒一止㊂
责	gmu	龶贝冫⃝	翟	nwyf	羽亻主㊁	账	mtaY	贝丿七㇏	珍	gwET	王人彡丿⃝		**zhi**	
舴	tetf	丿舟𠂉二	窄	pwtf	宀八𠂉二	障	bujH	阝立早丨⃝	桢	shmY	木⺊贝丶⃝	徵	tmgt	彳山一攵
箦	tgmu	𥫗龶贝冫⃝	债	wgmy	亻龶贝丶⃝	嶂	mujH	山立早丨⃝	真	fhwU	十且八冫⃝	之	ppPP	之之之之
赜	ahkm	匚丨口贝	砦	hxdF	止匕石㊁	幛	mhuJ	冂丨立早	砧	dhkg	石⺊口㊀	支	fcU	十又冫⃝
仄	dwi	厂人氵⃝	寨	pfjs	宀二刂木	瘴	uujk	疒立早川⃝	祯	pyhm	礻丶⺊贝	卮	rgbv	厂一㔾巛⃝
昃	jdwU	曰厂人冫⃝	瘵	uwfI	疒癶二小		**zhao**		斟	adwf	艹三八十	汁	ifh	氵十丨⃝
	zei			**zhan**		钊	qjh	钅刂丨⃝	甄	sfgn	西土一乙	芝	apU	艹之冫⃝
贼	madt	贝戈ナ丿⃝	沾	ihkG	氵⺊口㊀	招	rvkG	扌刀口㊀	蓁	adwt	艹三人禾	吱	kfcY	口十又丶⃝
	zen		毡	tfnk	丿二乙口	昭	jvkG	日刀口㊀	榛	sdwt	木三人禾	枝	sfcY	木十又丶⃝
怎	thfn	𠂉丨二心	旃	ytmy	方𠂉冂亠	找	raT	扌戈丿⃝	箴	tdgT	𥫗厂一丿	知	tdKG	𠂉大口㊀
谮	yaqj	讠匚儿曰	粘	ohKG	米⺊口㊀	沼	ivkG	氵刀口㊀	臻	gcft	一厶土禾	织	xkwY	纟口八丶⃝
	zeng		詹	qdwY	𠂊厂八言	召	vkf	刀口㊁	诊	yweT	讠人彡丿⃝	肢	efcY	月十又丶⃝
增	fuJ	土丷罒曰	谵	yqdy	讠𠂊厂言	兆	iqv	⺦儿巛⃝	枕	spqN	木冖儿乙⃝	栀	srgb	木厂一㔾
憎	nulJ	忄丷罒曰	瞻	hqdY	目𠂊厂言	诏	yvkG	讠刀口㊀	胗	eweT	月人彡丿⃝	祗	pyqy	礻丶𠂎丶
缯	xulJ	纟丷罒曰	斩	lrH	车斤丨⃝	赵	fhqI	土龰㐅氵⃝	轸	lweT	车人彡丿⃝	胝	eqaY	月𠂎七丶
罾	lulJ	罒丷罒曰	展	naeI	尸艹⋉氵⃝	笊	trhy	𥫗厂丨㇏	畛	lwet	田人彡丿⃝	脂	exJG	月匕曰㊀
锃	qkgG	钅口王㊀	盏	glf	戋皿㊁	棹	shjH	木⺊早丨⃝	疹	uweE	疒人彡彡⃝	蜘	jtdk	虫𠂉大口
甑	uljn	丷罒曰乙	崭	mlRJ	山车斤刂⃝	照	jvko	日刀口灬	缜	xfhW	纟十且八	执	rvyY	扌九丶丶⃝
赠	mulJ	贝丷罒曰	搌	rnae	扌尸艹⋉	罩	lhjJ	罒⺊早刂⃝	稹	tfhw	禾十且八	侄	wgcf	亻一厶土
	zha		辗	lnaE	车尸艹⋉	肇	ynth	丶尸攵丨	圳	fkh	土川丨⃝	直	fhF	十且㊁
喋	kans	口廿乙木	占	hkF	⺊口㊁	爪	rhyi	厂丨㇏氵⃝	阵	blH	阝车丨⃝	值	wfhg	亻十且㊀
吒	ktan	口丿七乙⃝	战	hkaT	⺊口戈丿⃝		**zhe**		鸩	pqqG	冖儿勹一	埴	ffhg	土十且㊀
喳	ksjG	口木曰一	栈	sgt	木戋丿⃝	蜇	rrjU	扌斤虫冫⃝	振	rdfE	扌厂二⋉	职	bkWY	耳口八丶⃝
揸	rsjG	扌木曰一	站	uhKG	立⺊口㊀	遮	yaop	广廿灬辶	朕	eudy	月丷大丶⃝	植	sfhg	木十且㊀

字	86码	字根	字	86码	字根	字	86码	字根	字	86码	字根	字	86码	字根
殖	gqfH	一夕十且	鹭	bhic	阝止小马	籀	trql	⺮扌⺁田	箸	tftJ	⺮土丿曰	涿	ieyy	氵豕丶[丶]
絷	rvyi	扌九丶小	稚	twyG	禾亻主㊀		**zhu**		翥	ftjn	土丿曰羽	灼	oqyY	火勹丶[丶]
跖	khdg	口止石㊀	置	lfhf	罒十且㊁	朱	riI	𠂉小[氵]		**zhua**		茁	abmJ	艹凵山[刂]
摭	ryaO	扌广廿灬	雉	tdwy	𠂉大亻主	侏	wriY	亻𠂉小[丶]	抓	rrhy	扌厂丨乀	斫	drh	石斤[丨]
踯	khub	口止丷阝	膣	epwf	月宀八土	诛	yriY	讠𠂉小[丶]	爪	rhyi	厂丨乀[氵]	浊	ijY	氵虫[丶]
止	hhHG	止丨丨一	觯	qeuf	勹用丷十	邾	ribH	𠂉小阝[丨]		**zhuai**		浞	ikhy	氵口龰[丶]
只	kwU	口八[冫]	踬	khrm	口止厂贝	洙	iriY	氵𠂉小[丶]	拽	rjxT	扌曰匕[丿]	诼	yeyY	讠豕丶[丶]
旨	xjF	匕曰㊁		**zhong**		茱	ariU	艹𠂉小[冫]		**zhuan**		酌	sgqY	西一勹丶
址	fhg	土止㊀	中	kHK	口丨[川]	株	sriY	木𠂉小[丶]	专	fnyI	二乙丶[氵]	啄	keyy	口豕丶[丶]
纸	xqaN	纟⺁七[乙]	盅	khlF	口丨皿㊁	珠	grIY	王𠂉小[丶]	砖	dfny	石二乙丶	琢	geyY	王豕丶[丶]
芷	ahf	艹止㊁	忠	khnU	口丨心[冫]	诸	yftJ	讠土丿曰	转	lfnY	车二乙[丶]	禚	pyuo	礻丶丷灬
祉	pyhG	礻丶止㊀	终	xtuY	纟夂冫[丶]	猪	qtfj	犭丿土曰	颛	mdmm	山𠂆冂贝	擢	rnwy	扌羽亻主
咫	nykW	尸乀口八	钟	qkhh	钅口丨[丨]	铢	qriY	钅𠂉小[丶]	啭	klfy	口车二丶	濯	inwY	氵羽亻主
指	rxjG	扌匕曰㊀	舯	tekH	丿舟口丨	蛛	jriY	虫𠂉小[丶]	撰	rnnw	扌巳巳八	镯	qlqj	钅罒勹虫
枳	skwY	木口八[丶]	衷	ykhe	亠口丨𧘇	槠	syfj	木讠土曰	篆	txeU	⺮彑豕[冫]		**zi**	
轵	lkwY	车口八[丶]	锺	qtgf	钅丿一土	潴	iqtj	氵犭丿曰	馔	qnnw	勹乙巳八	孜	bty	子攵[丶]
趾	khhG	口止止㊀	螽	tujj	夂冫虫虫	橥	qtfs	犭丿土木	赚	muvO	贝丷彐小	兹	uxxU	丷幺幺[冫]
黹	ogui	业一丷小	肿	ekHH	月口丨[丨]	竹	ttgH	竹丿一丨		**zhuang**		咨	uqwk	冫勹人口
酯	sgxJ	西一匕曰	冢	peyU	冖豕丶[冫]	竺	tff	⺮二㊁	庄	yfd	广土㊂	姿	uqwv	冫勹人女
至	gcfF	一厶土㊁	踵	khtf	口止丿土	烛	ojY	火虫[丶]	妆	uvG	丬女㊀	赀	hxmU	止匕贝[冫]
志	fnU	士心[冫]	种	tkhH	禾口丨[丨]	逐	epi	豕辶[氵]	桩	syfG	木广土㊀	资	uqwm	冫勹人贝
忮	nfcy	忄十又[丶]	重	tgjF	丿一曰土	舳	temg	丿舟由㊀	装	ufyE	丬士亠𧘇	淄	ivlG	氵巛田㊀
豸	eer	爫豸[丿丿]	仲	wkhh	亻口丨[丨]	瘃	ueyI	疒豕丶[氵]	壮	ufg	丬士㊀	缁	xvlG	纟巛田㊀
制	rmhj	𠂉冂丨刂	众	wwwU	人人人[冫]	躅	khlj	口止罒虫	状	udy	丬犬[丶]	谘	yuqK	讠冫勹口
帙	mhrw	冂丨𠂉人		**zhou**		主	yGD	丶王㊂	撞	rujF	扌立曰土	孳	uxxb	丷幺幺子
帜	mhkw	冂丨口八	啁	kmfK	口冂土口	拄	rygG	扌丶王㊀		**zhui**		嵫	muxX	山丷幺幺
治	ickG	氵厶口㊀	州	ytyh	丶丿丶丨	渚	iftJ	氵土丿曰	隹	wyg	亻主㊀	滋	iuxX	氵丷幺幺
炙	qoU	夕火[冫]	舟	tei	丿舟[氵]	煮	ftjo	土丿曰灬	追	wnnp	亻ココ辶	辎	lvlG	车巛田㊀
质	rfmI	厂十贝[氵]	诌	yqvg	讠勹彐㊀	嘱	kntY	口尸丿丶	骓	cwyg	马亻主㊀	趑	fhuw	土龰冫人
郅	gcfb	一厶土阝	周	mfkD	冂土口㊂	麈	ynjg	广コ刂王	椎	swyG	木亻主㊀	锱	qvlG	钅巛田㊀
峙	mffY	山土寸[丶]	洲	iytH	氵丶丿丨	瞩	hntY	目尸丿丶	锥	qwyG	钅亻主㊀	龇	hwbx	止人凵匕
栉	sabH	木艹卩[丨]	粥	xoxN	弓米弓[乙]	伫	wpgG	亻宀一㊀	坠	bwff	阝人土㊁	髭	dehX	镸彡止匕
陟	bhiT	阝止小[丿]	妯	vmg	女由㊀	住	wygg	亻丶王㊀	缀	xccC	纟又又又	鲻	qgvl	鱼一巛田
挚	rvyr	扌九丶手	轴	lmG	车由㊀	助	eglN	月一力[乙]	惴	nmdj	忄山𠂆刂	籽	obG	米子㊀
桎	sgcf	木一厶土	碡	dgxU	石龶⺟冫	苎	apgf	艹宀一㊁	缒	xwnp	纟亻コ辶	子	bbBB	子子子子
秩	trwY	禾𠂉人[丶]	肘	efy	月寸[丶]	杼	scbH	木マ卩[丨]	赘	gqtm	龶勹攵贝	姊	vtnt	女丿乙丿
致	gcft	一厶土攵	帚	vpmH	彐冖冂丨	注	iyGG	氵丶王㊀		**zhun**		秭	ttnt	禾丿乙丿
贽	rvym	扌九丶贝	纣	xfy	纟寸[丶]	贮	mpgG	贝宀一㊀	肫	egbN	月一凵乙	耔	dibG	三小子㊀
掷	rudb	扌丷大阝	咒	kkmB	口口几[巜]	驻	cyGG	马丶王㊀	窀	pwgn	宀八一乙	笫	ttnt	⺮丿乙丿
痔	uffi	疒土寸[氵]	宙	pmF	宀由㊁	柱	sygG	木丶王㊀	谆	yybg	讠亠子㊀	梓	suh	木辛[丨]
窒	pwgF	宀八一土	绉	xqvG	纟勹彐㊀	炷	oygG	火丶王㊀	准	uwyG	冫亻主㊀	紫	hxxI	止匕幺小
鸷	rvyg	扌九丶一	昼	nyjG	尸乀曰一	祝	pykQ	礻丶口儿		**zhuo**		滓	ipuH	氵宀辛[丨]
彘	xgxX	彑一匕匕	胄	mef	由月㊁	疰	uygd	疒丶王㊂	卓	hjj	⺊早[刂]	訾	hxyF	止匕言㊁
智	tdkj	𠂉大口曰	葤	axfU	艹纟寸[冫]	著	aftJ	艹土丿曰	拙	rbmH	扌凵山[丨]	字	pbF	宀子㊁
滞	igkH	氵一川丨	皱	qvhc	勹彐广又	蛀	jygG	虫丶王㊀	倬	whjh	亻⺊早[丨]	自	thd	丿目㊂
痣	ufni	疒士心[氵]	酎	sgfy	西一寸[丶]	筑	tamY	⺮工几丶	捉	rkhY	扌口龰[丶]	恣	uqwn	冫勹人心
蛭	jgcF	虫一厶土	骤	cbcI	马耳又氺	铸	qdtF	钅三丿寸	桌	hjsU	⺊曰木[冫]	渍	igmY	氵龶贝[丶]

字	86码	字根	字	86码	字根	字	86码	字根	字	86码	字根	字	86码	字根
眦	hhxN	目止匕乙⃝	驺	cqvG	马⺈彐㊀	镞	qytd	钅方𠂉大	嘴	khxE	口止匕用	左	daF	ナ工㊁
zong			诹	ybcY	讠耳又丶⃝	诅	yegG	讠月一㊀	最	jbCU	曰耳又冫⃝	佐	wdaG	亻ナ工㊀
宗	pfiU	宀二小冫⃝	陬	bbcY	阝耳又丶⃝	阻	begg	阝月一㊀	罪	ldjD	罒三刂三	作	wtHF	亻𠂉丨二
综	xpFI	纟宀二小	鄹	bctb	耳又丿阝	组	xegG	纟月一㊀	蕞	ajbC	艹曰耳又	坐	wwfF	人人土㊁
棕	spFI	木宀二小	鲰	qgbc	鱼一耳又	俎	wweg	人人月一	醉	sgyF	西一亠十	阼	bthF	阝𠂉丨二
腙	epfi	月宀二小	走	fhu	土龰冫⃝	祖	pyeG	礻丶月一	**zun**			怍	nthF	忄𠂉丨二
踪	khpI	口止宀小	奏	dwgD	三人一大	**zuan**			尊	usgF	丷西一寸	祚	pytF	礻丶𠂉二
鬃	depI	镸彡宀小	揍	rdwd	扌三人大	躜	khtm	口止丿贝	遵	usgp	丷西一辶	胙	ethF	月𠂉丨二
总	uknU	丷口心冫⃝	**zu**			缵	xtfm	纟丿土贝	樽	susf	木丷西寸	唑	kwwF	口人人土
偬	wqrn	亻勹彡心	租	tegG	禾月一㊀	纂	thdi	竹目大小	鳟	qguf	鱼一丷寸	座	ywwF	广人人土
纵	xwwY	纟人人丶⃝	菹	aieG	艹氵月一	钻	qhkG	钅⺊口㊀	撙	rusF	扌丷西寸			
粽	opfi	米宀二小	足	khu	口龰冫⃝	攥	rthi	扌竹目小	**zuo**					
zou			卒	ywwf	亠人人十	**zui**			酢	sgtf	西一𠂉二			
邹	qvbH	⺈彐阝①	族	yttD	方𠂉𠂉大	觜	hxqE	止匕⺈用	昨	jtHF	日𠂉丨二			